工业和信息化高职高专
"十三五"规划教材立项项目

高等职业教育『十三五』土建类技能型人才培养规划教材

地基与基础

王大帅 王克宏／主编

朱文景 耿文燕 孙洪硕／副主编

人民邮电出版社

北 京

图书在版编目（CIP）数据

地基与基础 / 王大帅，王克宏　主编. -- 北京：
人民邮电出版社，2016.6
高等职业教育"十三五"土建类技能型人才培养规划
教材
ISBN 978-7-115-41300-0

Ⅰ. ①地… Ⅱ. ①王… ②王… Ⅲ. ①地基－高等职
业教育－教材②基础（工程）－高等职业教育－教材
Ⅳ. ①TU47

中国版本图书馆CIP数据核字(2016)第003956号

内 容 提 要

　　本书按照高等职业教育人才培养目标以及专业教学改革的需要，依据最新建筑工程技术标准编写。全书主要内容包括确定土的物理性质与工程分类、计算地基应力、计算土的压缩性与地基沉降量、确定地基承载力、计算土压力与稳定边坡、勘察建筑场地的工程地质、设计天然地基上的浅基础、设计桩基础、设计基坑与地下连续墙工程、处理软弱地基。

　　本书既可作为高等职业院校土建类相关专业教材，也可作为工程设计、施工、监理等相关专业人员的学习、培训参考用书。

◆　主　　编　王大帅　王克宏

　　副 主 编　朱文景　耿文燕　孙洪硕

　　责任编辑　刘盛平

　　执行编辑　王丽美

　　责任印制　焦志炜

◆　人民邮电出版社出版发行　　北京市丰台区成寿寺路 11 号

　　邮编　100164　电子邮件　315@ptpress.com.cn

　　网址　http://www.ptpress.com.cn

　　大厂聚鑫印刷有限责任公司印刷

◆　开本：787×1092　1/16

　　印张：17.25　　　　　　　2016 年 6 月第 1 版

　　字数：457 千字　　　　　　2016 年 6 月河北第 1 次印刷

定价：42.00 元

读者服务热线：**(010)81055256**　印装质量热线：**(010)81055316**
反盗版热线：**(010)81055315**

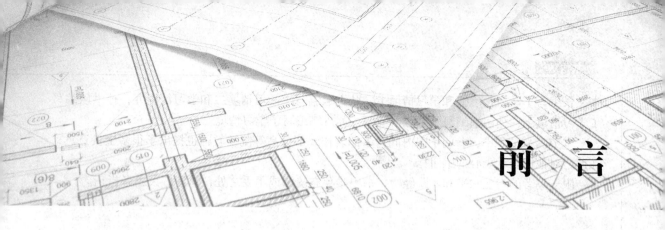

前　言

近年来，我国教育事业实现了跨越式发展，教育改革取得了突破性成果。教育部明确指出，要以促进就业为目标，进一步转变高等职业技术学院的办学指导思想，实行多样、灵活、开放的人才培养模式，把教育教学与生产实践、社会服务、技术推广结合起来，加强实践教学和就业能力的培养，探索针对岗位需要、以能力为本位的教学模式。因此，以就业为导向，培养具备"职业化"特点的高级应用型人才是当前职业教育的发展方向。

"地基与基础"这门课程实践与理论并重，专业理论知识和工程实践结合紧密，在生产实践中技术含量较高。通过这门课的学习，学生应该了解地基土的工程性质，掌握地基应力、土的承载力、变形和稳定性的计算方法，掌握一般的基础设计方法，了解软弱地基的处理方法。同时，要能够阅读和使用工程地质勘察资料，并具备初步的地基和基础设计能力，具备识读和绘制一般施工图的能力。

高等职业教育教材建设是高等职业院校教育改革的一项基础性工程，为积极推进课程改革和教材建设，满足职业教育改革与发展的需要，作者结合全国高职高专教育土建类专业教学指导委员会制定的教育标准和培养方案及主干课程教学大纲，本着"必需、够用"的原则，以"讲清概念、强化应用"为主旨，结合各种新材料、新工艺、新标准，组织编写了本教材。

本书在保证系统性的基础上，体现了知识的先进性，并通过较多的例题、思考题和练习题加强对学生动手能力的训练，便于组织教学和培养学生分析问题、解决问题的能力。本书力求突出以下特色。

（1）依据现行的相关国家标准和行业标准，结合高等职业教育要求，以社会需求为基本依据，以就业为导向，以学生为主体，在内容上注重与岗位实际要求紧密结合，符合国家对技能型人才培养工作的要求，体现教学组织的科学性和灵活性；在编写过程中，注重理论性、基础性、现代性，强化学习概念和综合思维，有助于学生知识与能力的协调发展。

（2）编写内容以突出房屋建筑的性质与应用为主题，删减了一些过时的、应用面较窄的知识，采用图、表、文字三者相结合的编写形式，注重反映房屋建筑的特点，体现房屋建筑发展的新趋势，渗透现代建筑设计与工程的基本理论，可以扩大学生的知识面，引导学生了解房屋建筑设计的发展方向。

（3）以"案例引入、案例导航、知识拓展、学习案例、案例分析、情境小结、学习检测"的编写体例形式，构建了一个"引导—学习—总结—练习"的教学全过程，给学生的学习和老师的教学做出了引导，并帮助学生从更深的层次思考、复习和巩固所学的知识。

本书在保证系统性的基础上，体现了内容的先进性，并通过较多的例题、思考题和练习题加强对学生动手能力的训练，便于组织教学和培养学生分析问题、解决问题的能力。

本书由王大帅、王克宏任主编，朱文景、耿文燕、孙洪硕任副主编。参加本书编写的还有孙丽娟、苏丹娜。其中，王大帅编写了学习情境一，王克宏编写了学习情境六和学习情境八，朱文景编写了学习情境五和学习情境七，耿文燕编写了学习情境二和学习情境九，孙洪硕编写了学习情境十，孙丽娟编写了学习情境四，苏丹娜编写了学习情境三。

本节编写过程中，参阅了国内同行多部著作，部分高等院校教师也提出了很多宝贵意见，在此，对他们表示衷心的感谢！

限于编者的专业水平和实践经验，书中难免有疏漏或不妥之处，恳请广大读者指正。

编　者

2016 年 1 月

目　录

学习情境一

确定土的物理性质与工程分类

案例引入

某房屋建筑工程占地 400m²，初步设计地下 1 层，地上 5 层。经勘察，由于地基较为软弱，柱荷载（或地基压缩性）分布不均匀，以至于采用扩展基础可能会产生较大的不均匀沉降。经施工单位与业主协商，决定采用柱下钢筋混凝土条形基础施工，如图 1-1 所示。这种基础的抗弯刚度较大，因而具有调整不均匀沉降的能力，并能将所承受的集中柱荷载较均匀地分布到整个基底面积上。柱下条形基础是常用于软弱地基上框架或排架结构的一种基础形式。

图 1-1　柱下钢筋混凝土条形基础施工现场

案例导航

地基与基础设计以建筑场地的工程地质条件和上部结构的要求为主要设计依据。本案例中，设计该房屋建筑的地基基础时，应将地基和基础视为一个整体，按照组合关系，确定地基基础方案，并且应在满足上部结构要求的条件下，结合工程地质、工程所具备的施工力量以及可能提供的建筑材料等有关情况综合考虑，通过经济技术比较，确定最佳方案。

要充分掌握土的物理性质、状态及地基土的分类，并能在施工一线实际工作中运用本学习情境知识。把握建筑基础构造质量应掌握如下要点：

1. 地基与基础的概念；
2. 土的物理性质；
3. 建筑地基土的分类。

学习单元1　设计地基应了解的基本概念

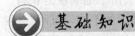 知识目标

1. 了解地基与基础的基本概念。
2. 掌握地基与基础在建筑工程中的重要性及设计原理。
3. 了解地基与基础的发展概况。

技能目标

1. 通过了解地基与基础的基本概念，明确地基与基础的关系。
2. 掌握地基与基础在建筑工程中的重要性及设计原理，并了解地基与基础的发展概况。

基础知识

地基和基础设计是整个建筑物设计过程中的一个重要环节。任何建筑物都建筑在一定的岩土体上，建筑物通过基础将荷载传递到地基中。地基和基础设计的合理稳定是上部结构能够安全和正常使用的重要保障。设计时，要重视地基条件的复杂性，充分考虑场地的工程地质和水文地质条件，结合建筑物的使用要求、结构特点及施工条件等因素，使基础工程做到安全可靠、经济合理、技术先进和便于施工。

一、地基

（一）地基的概念

地基是指建筑物下面支承基础的土体或岩体，起着直接承受建筑物荷载的作用。作为建筑地基的土层分为岩石、碎石土、砂土、粉土、黏性土和人工填土。地基有天然地基和人工地基两类。

☼小提示

天然地基是指未经过人工处理就可以满足设计要求的地基。如果地基软弱，其承载力不能满足设计要求，则需对地基进行加固处理。例如采用换土垫层、深层密实、排水固结、化学加固、加筋土技术等方法进行处理，称为人工地基。

（二）建筑物的地基面临的一般性问题

1. 强度及稳定性问题

当地基的抗剪强度不足以支承上部结构的自重及外荷载时，地基就会产生局部或整体剪切破坏。它会影响建（构）筑物的正常使用。地基的稳定性或地基承载力大小，主要与地基土体的抗剪强度有关，也与基础形式、大小和埋深有关。承载力较低的地基容易产生地基承载力不足问题而导致工程事故。

2. 变形问题

地基变形主要与荷载大小和地基土体的变形特性有关，也与基础形式、基础尺寸大小有关。高压缩性土的地基容易产生变形问题。当地基在上部结构的自重及外界荷载的作用下产生过大的变形

时，会影响建（构）筑物的正常使用；当超过建筑物所能容许的不均匀沉降时，结构可能开裂。

☼小提示

一些特殊土地基在大气环境改变时，由于自身物理力学特性的变化而往往会在上部结构荷载不变的情况下产生一些附加变形。这些变形都不利于建（构）筑物的安全。

3．渗漏问题

渗漏是由于地基中地下水运动产生的问题。地基渗漏问题主要与地基中水力比降大小和土体的渗透性有关。渗漏问题分为两种情况：

（1）水量流失。水量流失是由于地基土的抗渗性能不足而造成水量损失，从而影响工程的储水或防水性能，或者造成施工不便。

（2）渗透变形。渗透变形是指渗透水流将土体的细颗粒冲走、带走或局部土体产生移动，导致土体变形。渗透变形又分为流土和管涌。在堤坝工程和地下结构施工过程中，经常会发生由于渗透变形造成的工程事故。

4．液化问题

在动力荷载（地震、机器以及车辆、爆破和波浪）作用下，会引起饱和松散砂土（包括部分粉土）产生液化，它是使土体失去抗剪强度并形成近似液体特性的一种动力现象，还会造成地基失稳和震陷。当建筑物的天然地基存在上述问题之一或其中几个时，需要对天然地基进行地基处理。天然地基通过地基处理，形成人工地基，从而满足建筑物对地基的各种要求。

5．沉降、水平位移和不均匀沉降问题

当地基在上部结构的自重及外荷载作用下产生过大的变形时，会影响结构物的正常使用，特别是超过建筑所能容许的不均匀沉降时，结构可能开裂破坏。

（三）地基的类型

1．天然地基

如果天然土层具有足够的承载力，不需要经过人工改良和加固，就可直接承受建筑物的全部荷载并满足变形要求，可称这种地基为天然地基。岩石、碎石土、砂土、粉土、黏性土等，一般均可作为天然地基。

2．人工地基

当土层的承载能力较低或虽然土层较好，但因上部荷载较大，土层不能满足承受建筑物荷载的要求时，必须对土层进行地基处理，以提高其承载能力，改善其变形性质或渗透性质，这种经过人工方法进行处理的地基称为人工地基。

二、基础

（一）基础的概念

建筑物埋入土层一定深度的向地基传递荷载的下部承重结构称为基础。根据不同的分类方法，基础有多种形式，但不论是何种基础形式，其结构本身均应具有足够的承载力和刚度，在地基反力作用下不发生破坏，并应具有改善沉降与不均匀沉降的能力。通常把埋置深度不大（一般小于5m），只需经过挖槽、排水等普通施工程序就可以建造起来的基础统称为浅基础（各种单独的和连续的基础）。反之，浅层土质不良，而需把基础埋置于深处土质较好的地层时，就要

借助特殊的施工方法，建造各种类型的深基础（桩基础、沉井及地下连续墙等）。

（二）基础的类型

基础类型很多，按基础埋置深度的不同可分为深基础和浅基础，埋深小于 5m 的称为浅基础，埋深大于 5m 的称为深基础；按基础材料及受力特点，分为刚性基础和非刚性基础；按构造形式，分为条形基础、独立基础、筏形基础、箱形基础、桩基础等，如图 1-2 所示。

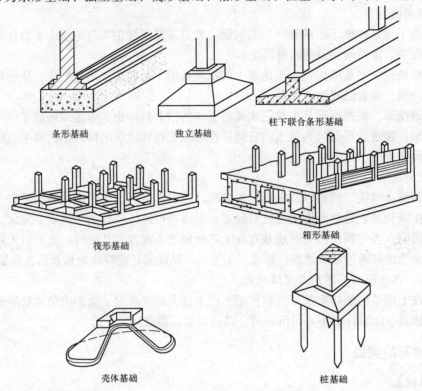

条形基础　　　　　独立基础　　　　　柱下联合条形基础

筏形基础　　　　　箱形基础

壳体基础　　　　　桩基础

图 1-2　基础类型

1. 按材料及受力特点分类

（1）刚性基础。由刚性材料制作的基础称为刚性基础。一般只有抗压强度高，而抗拉、抗剪强度较低的材料被称为刚性材料。常用的有砖、灰土、混凝土、三合土、毛石等。为了保证基础不被剪力、拉力破坏，基础必须具有相应的高度。通常按刚性材料的受力情况，基础在传力时只能控制在材料的允许范围内。这个控制范围的夹角成为刚性角，用 α 表示。砖石基础的刚性角控制在 1:1.25 ~ 1:1.50（26° ~ 33°）以内，混凝土基础刚性角控制在 1:1（45°）以内。刚性基础底面宽度的增大要受刚性角的限制，如图 1-3 所示。

☼小提示

在刚性材料构成的基础中，墙或柱传来的压力是沿一定角度分布的。在压力分布角度内，基础底面受压而不受拉，这个角度称为刚性角。当刚性基础底部宽度超过刚性角的控制范围时，基础底部将产生拉应力而破坏。因此，当基础扩大时，为了保证基础底面不受拉，必须保证基础放大部分在刚性角的范围内。为设计施工方便，一般将刚性角换算成 α 的正切值 B/H，即用宽高比表示刚性角。

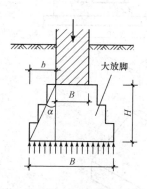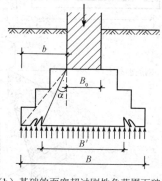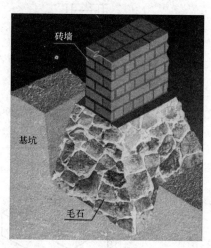

（a）基础在刚性角范围内传力　　（b）基础的面宽超过刚性角范围而破坏　　（c）毛石基础
刚性基础的受力、传力特点

图 1-3　刚性基础

（2）非刚性基础。当建筑物的荷载较大而地基承载能力较小时，由于基础底面宽度需要加宽，若仍采用素混凝土材料，势必导致基础深度也要加大。这样，既增加了挖土工作量，又会使材料用量增加，对工期和造价都十分不利。如果在混凝土基础的底部配以钢筋，利用钢筋来承受拉力，就会使基础底部能够承受较大弯矩。这时，基础宽度的加大不受刚性角的限制，如图 1-4、图 1-5 所示。

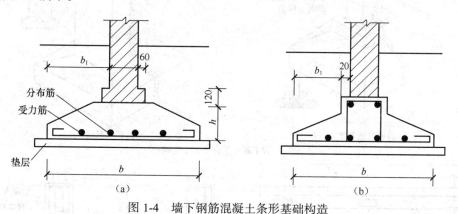

图 1-4　墙下钢筋混凝土条形基础构造

2. 按基础的构造形式分类

（1）条形基础。当建筑物上部结构采用墙承重时，基础沿墙身设置，多呈长条形，如图 1-2 所示。这类基础称为条形基础。条形基础的基础长度远大于其宽度，按上部结构形式，可分为墙下条形基础和柱下条形基础，条形基础是墙承式建筑基础的基本形式。

☆小提示

当上部结构荷载较大而土质较差时，可采用混凝土或钢筋混凝土建造，墙下钢筋混凝土条形基础一般做成无肋式；如地基在水平方向上压缩性不均匀，为了增加基础的整体性，减少不均匀沉降，也可做成有肋式的条形基础。

5

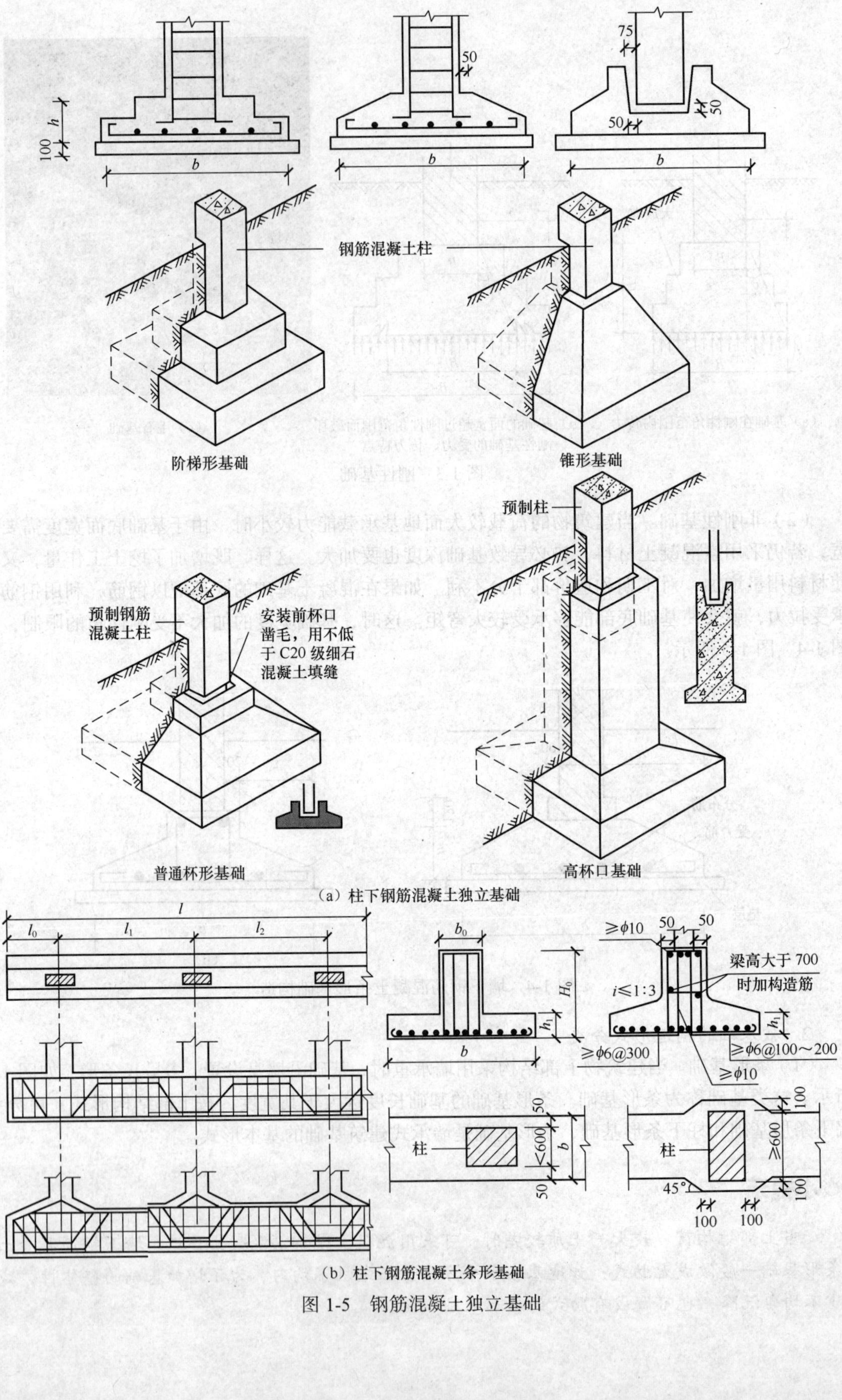

阶梯形基础

锥形基础

钢筋混凝土柱

预制柱

预制钢筋混凝土柱

安装前杯口凿毛，用不低于 C20 级细石混凝土填缝

普通杯形基础

高杯口基础

（a）柱下钢筋混凝土独立基础

≥φ10

梁高大于 700 时加构造筋

≥φ6@300

≥φ6@100～200

≥φ10

柱

柱

45°

（b）柱下钢筋混凝土条形基础

图 1-5　钢筋混凝土独立基础

（2）独立基础。独立基础又分为柱下独立基础和墙下独立基础。独立基础的形状有阶梯形、锥形和杯形等，如图1-6所示。其优点是土方工程量少，便于地下管道穿过，节省用料，但整体刚度差。当地基条件较差或上部荷载较大时，在承重的结构柱下使用独立柱基础已不能满足其承受荷载和整体要求。为了提高建筑物的整体刚度，避免不均匀沉降，常将柱下独立基础沿纵向和横向连接起来，做成十字交叉的井格基础。

独立式基础是柱下基础的基本形式，当柱采用预制构件时，则把基础做成杯口形，然后将柱子插入并嵌固在杯口内，故称杯型基础，如图1-6（c）所示。

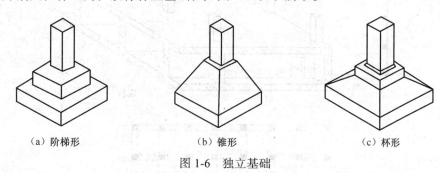

（a）阶梯形　　　　　　　（b）锥形　　　　　　　（c）杯形

图1-6　独立基础

（3）筏形基础。当建筑物上部荷载较大，而建造地点的地基承载能力又比较差，墙下条形基础或柱下条形基础不能适应地基变形的需要时，可将墙或柱下基础面扩大为整片的钢筋混凝土板状基础形式，形成筏形基础。筏形基础整体性好，能调节基础各部分不均匀沉降。筏形基础又分为梁板式和平板式两种类型，如图1-7所示。

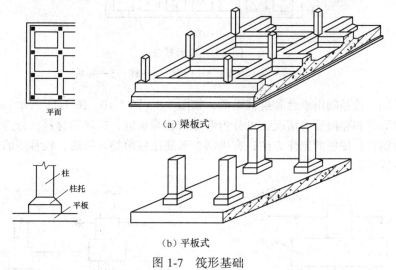

平面

（a）梁板式

柱
柱托
平板

（b）平板式

图1-7　筏形基础

☼小提示

梁板式筏形基础由钢筋混凝土筏板和肋梁组成，在构造上如同倒置的肋形楼盖；平板式筏形基础一般由等厚的钢筋混凝土平板构成，构造上如同倒置的无梁楼盖。为了满足抗冲击要求，常在柱下做柱托。柱托可设在板上，也可设在板下。当设有地下室时，柱托应设在板底。

筏形基础的整体性好，能调节基础各部分的不均匀沉降，常用于建筑荷载较大的高层建筑。

（4）箱形基础。当筏形基础做得很深时，常将基础改成箱形基础。箱形基础是由钢筋混凝土底板、顶板和若干纵、横隔墙组成的整体结构，基础的中空部分可用作地下室（单层或多层）或地下停车库。箱形基础整体空间刚度大，整体性强，能抵抗地基的不均匀沉降，较适用于高层建筑或在软弱地基上建造的重型建筑物，如图1-8所示。

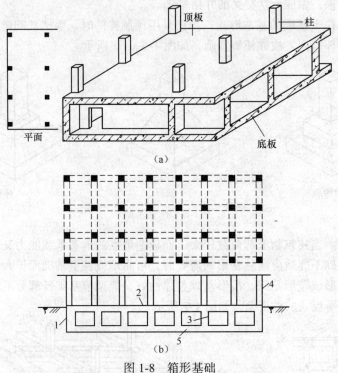

图1-8　箱形基础

1—侧壁；2—顶板；3—内壁；4—柱；5—底板

（5）桩基础。桩基础由承台和群桩组成，如图1-9、图1-10、图1-11所示。桩基础的类型很多，按桩的形状和竖向受力情况，可分为摩擦桩和端承桩；按桩的材料，分为混凝土桩、钢筋混凝土桩和钢桩；按桩的制作方法，有预制桩和灌注桩两类。目前，较常用的是钢筋混凝土预制桩和灌注桩。

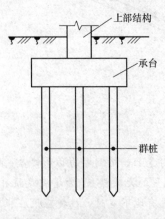

图1-9　桩基础的组成图

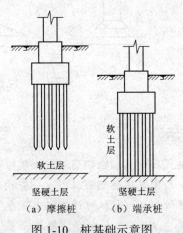

图1-10　桩基础示意图

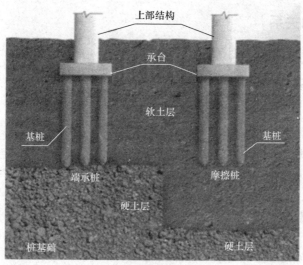

图 1-11　桩基础

（6）十字交叉条形基础。当荷载很大，采用柱下条形基础不能满足地基基础设计要求时，可采用双向的柱下钢筋混凝土条形基础形成的十字交叉条形基础（又称交叉梁基础），如图 1-12 所示。这种基础纵横向均具有一定的刚度。

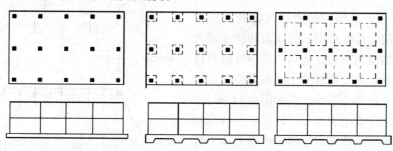

图 1-12　十字交叉条形基础

☆**小提示**

当地基软弱且在两个方向的荷载和土质不均匀时，十字交叉条形基础对不均匀沉降具有良好的调整能力。

（7）壳体基础。正圆锥形及其组合形式的壳体基础，用于一般工业与民用建筑柱基和筒形的构筑物（如烟囱、水塔、料仓、中小型高炉等）基础，如图 1-13 所示这种基础使大部分径向内力转变为压应力，可比一般梁、板式的钢筋混凝土基础减少混凝土用量 50% 左右，节约钢筋 30% 以上，具有良好的经济效果。但壳体基础施工时，修筑土台的技术难度大，易受气候因素的影响，布置钢筋及浇捣混凝土施工困难，较难实行机械化施工。

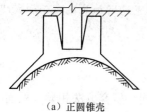
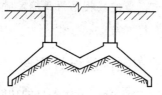
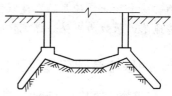

（a）正圆锥壳　　　　　　　　（b）M形组合壳　　　　　　　　（c）内球外锥组合壳

图 1-13　壳体基础的结构形式

9

三、地基与基础的关系

地基与基础之间相互影响，相互制约。

（一）对地基与基础的要求

1. 对地基的要求

（1）地基应具有一定的承载力和较小的压缩性。

（2）地基的承载力应分布均匀。在一定的承载条件下，地基应有一定的深度范围。

（3）要尽量采用天然地基，以降低成本。

2. 对基础的要求

（1）基础要有足够的强度，能够起到传递荷载的作用。

（2）基础的材料应具有耐久性，以保证建筑的持久使用。因为基础处于建筑物最下部并且埋在地下，对其维修或加固是很困难的。

（3）在选材上尽量就地取材，以降低造价。

（二）地基、基础与荷载的关系

地基承受着由基础传来的建筑物的全部荷载。地基在建筑物荷载作用下的应力和应变随着土层深度的增加而减小，在达到一定深度后就可以忽略不计。直接承受荷载的土层称为持力层，持力层以下的土层称为下卧层，如图1-14所示。

建筑物的总荷载用 N 表示。地基在保持稳定的条件下，每平方米所能承受的最大垂直压力称为地基承载力，用 R 表示。由于地基承载力一般小于建筑物地上部分的强度，所以基础底面需要比上部结构宽（底面宽为 B），基础底面积用 A 表示。当 $R \geqslant N/A$ 时，说明建筑物传给基础底面的平均压力不超过地基承载力，地基能够保证建筑物的稳定和安全。

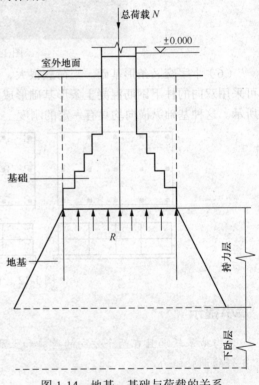

图 1-14　地基、基础与荷载的关系

☼ **小提示**

地基对保证建筑物的坚固耐久性具有非常重要的作用。基础传给地基的荷载如果超过地基的承载能力，地基就会出现较大的沉降变形和失稳，甚至会出现土层滑移，直接影响建筑物的安全和正常使用。在建筑设计中，当建筑物总荷载确定时，可通过增加基础底面积或提高地基的承载力来保证建筑物的稳定和安全。

四、地基与基础在建筑工程中的重要性及设计原理

建筑物的地基、基础和上部结构三个部分，虽然各自的功能不同，研究方法相异，然而，对一座建筑物来说，在荷载作用下，这三个部分却是彼此联系、相互制约的整体。

　　地基与基础是建筑物的根本，又属于地下隐蔽工程。其勘察、设计和施工质量直接关系着建筑物的安危。实践表明，很多建筑物事故的发生与地基和基础有关，而且，地基与基础事故一旦发生，补救并非易事。另外，基础工程费用与建筑物总造价的比例，视其复杂程度和设计、施工的合理与否，可以变动在百分之几到百分之几十之间。因此，地基与基础在建筑工程中的重要性是显而易见的。在工程实践中，只要严格遵循基本建设原则，按照勘察——设计——施工的先后顺序，并切实抓好这三个环节，那么，地基与基础事故一般是可以避免的。

　　地基与基础设计是整个建筑物设计的重要组成部分。它与建筑物的安全和正常使用有着密切的关系。设计时，要考虑场地的工程地质和水文地质条件，同时也要考虑建筑物的使用要求、上部结构特点及施工条件等各种因素，使基础工程做到安全可靠、经济合理、技术先进且便于施工。

☼小技巧

地基与基础在设计时应考虑的因素

　　一般认为，地基与基础在设计时应考虑的因素如下所述。

（1）施工期限、施工方法及所需的施工设备等。

（2）在地震区，应考虑地基与基础的抗震性能。

（3）基础的形状和布置，以及与相邻基础和地下构筑物、地下管道的关系。

（4）建造基础所用的材料与基础的结构形式。

（5）基础的埋置深度。

（6）地基土的承载力。

（7）上部结构的类型、使用要求及其对不均匀沉降的敏感度。

五、地基发展概况

　　在古代，科学技术发展水平的限制，建筑物大多是依托天然地基。中国远古先民在在史前的建筑活动中，就已创造了地基与基础工艺。我国陕西西安半坡遗址和河南安阳殷墟遗址的考古发掘中都发现有土台和石础，这就是古代"堂高三尺、茅茨土阶"（语见《韩非子》）建筑的地基与基础形式。我国历代修建的无数建筑物都出色地体现了古代劳动人民在地基与基础工程方面的高超水平。举世闻名的长城、大运河，如不处理好岩土的有关问题，就不能穿越各种地质条件的广阔地区，而被誉为亘古奇观；宏伟壮丽的宫殿寺院，要依靠精心设计建造的地基与基础，才能逾千百年而留存至今；遍布各地的高塔，是由于奠基牢固，才经历多次强震强风的考验而安然无恙。这些事实就是地基与基础学科发展的证明。

　　18世纪欧洲工业革命开始以后，随着工业化的发展，人们开始对基础工程加以重视并开展研究。当时在理论上提出了砂土抗剪强度公式和土压力理论等。20世纪20年代，太沙基归纳了以往在土力学方面的主要成就，发表了《土力学》和《工程土质学》等专著，为人们研究人工地基基础提供了理论基础，也带动了各国学者对基础工程各方面进行研究和探索。

　　现代科技成就，尤其是电子技术，渗入土力学与基础工程的研究领域。在实现试验测试技术自动化、现代化的同时，人们对土的基本性质又有了更进一步的认识。随着电子计算机的迅速发展和数值分析法的广泛应用，科学研究和工程设计更具备了强有力的手段，使土力学理论和基础工程技术也出现了令人瞩目的进展。因此，有人认为，1957年召开的第四届国际土力学与基础工程会议标志着一个新时期的开始。正是在这个时期，我国工程科技工作者以朝气蓬勃的姿态进入了国际土力学与基础工程科技交流发展的行列。1962年全国土力学与基础工程学术讨论会已成为本学科迅速进展的里程碑。我国在土力学与基础工程各个领域的理论与实践新成就难以尽述。

随着基础工程技术的进步，出现了各种形式的人工地基基础，其所涉及的地基与基础共同作用问题正是目前土力学界所关注的尚未完全解决的问题。

学习单元 2　确定土的物理性质

知识目标

1. 了解土的成因与构造。
2. 熟悉土体物理性质指标的三相换算。
3. 掌握土的物理状态指标描述。

技能目标

1. 能够充分掌握土的物理性质及其状态。
2. 能够确定工程中的地基土的状态和名称。

⟩ 基础知识

一、土的成因及其构造

12

（一）土的形成

土的形成与外力地质作用密切相关。地壳表层的岩石在大气中经受长期的风化、剥蚀等外力作用，破碎成形状不同、大小不一的岩石碎块或矿物颗粒。这些岩石碎屑物质受各种自然力（如重力、流水、冰川和风尘等）的夹带搬运，在各种不同的自然环境下沉积下来，就形成通常所说的土。沉积下来的土，在漫长的地质年代中发生复杂的物理和化学变化，逐渐压密、固结，最终又形成沉积岩。因此，在自然界中，岩石不断风化破碎形成土，而土又不断压密、岩化而变成岩石，成为一个永无休止的循环过程。

（二）风化作用

地壳表层的岩石，在太阳辐射、大气、水和生物等风化营力的作用下，发生物理和化学变化，使岩石崩解破碎以致逐渐分解的作用，称为风化作用。

风化作用使坚硬致密的岩石松散破坏，改变了岩石原有的矿物组成和化学成分，使岩石的强度和稳定性大为降低，对工程建筑条件产生不良的影响。此外，如滑坡、崩塌、碎落、岩堆及泥石流等不良地质现象，大部分都是在风化作用的基础上逐渐形成和发展起来的。所以了解风化作用，认识风化现象，分析岩石风化程度，对评价工程建筑条件是必不可少的。

风化作用按其占优势的营力及岩石变化的性质，可分为物理风化、化学风化及生物风化三种类型。

物理风化是指岩石、矿物在原地发生机械破碎而不改变其化学成分的过程，其方式有温差风化、冰劈作用、盐类结晶胀裂作用等，主要发生在温差风化最强烈的地区，如干旱沙漠地区、高寒地带、干旱及半干旱气候区。物理风化的结果，首先是岩石的整体性遭到破坏，随着风化程度的增加，逐渐成为岩石碎屑和松散的矿物颗粒。

化学风化是指岩石、矿物在地表发生化学变化并可产生新矿物的过程。引起化学风化作用的主要因素是水和氧。自然界的水，不论是雨水、地面水或地下水，都溶解有多种气体（如 O_2、CO_2 等）和化合物（如酸、碱、盐等），因此自然界的水都是水溶液，水溶液可通过溶解、水化、水解、碳酸化等方式促使岩石化学风化，氧的作用方式是氧化作用。

生物风化作用是指生物活动过程中对岩石产生的破坏作用。如穴居地下的动物、植物生长的根部等都会对岩石产生机械破坏作用；动物新陈代谢所排出的产物、动物死亡后遗体腐烂的产物及微生物作用等则使岩石成分发生化学变化而遭到破坏。

岩石、矿物经过物理、化学风化作用以后，再经过生物的化学风化作用，就不再是单纯的无机组成的松散物质，因为它还具有植物生长必不可少的腐殖质。这种具有腐殖质、矿物质、水和空气的松散物质叫土壤。不同地区的土壤具有不同的结构及物理、化学性质，据此全世界可以划分出许多土壤类型，而每一种土壤类型都是在其特有的气候条件下形成的。例如，在热带气候下，强烈的化学风化和生物风化作用，使易溶性物质消失殆尽，形成富含铁、铝的红壤。

☼小提示

各种风化作用常常是同时存在、相互促进的，但强弱与原岩石的成分、构造，以及所处的环境等因素有密切关系。岩石的风化产物在外力作用下（如重力、风、流水及动物活动等），脱离岩石表面，有的残留在原地，有的则被搬运到远离原岩的地方沉积下来。风化产物被不断地搬运并一层层地沉积而形成一层厚厚的碎屑堆积物，这就是通常所称的土。

（三）土的组成

土是由固体颗粒、水和气体组成的三相分散体系。其中，固体颗粒构成土的骨架，是三相体系中的主体；水和气体填充土骨架之间的空隙。土体三相组成中每一相的特性及三相比例关系都对土的性质有显著影响。

1. 土的固体颗粒

土的固体颗粒由大小不等、形状不同的矿物颗粒或岩石碎屑按照各种不同的排列方式组合在一起，构成土的骨架，是土的主要组成成分。土中固体颗粒（简称土粒）的大小和形状、矿物成分及其组成情况是决定土的物理力学性质的重要因素。

（1）矿物成分按成因分类。

① 原生矿物：是岩石经过物理风化作用形成的碎屑物，如石英、长石、云母等。

② 次生矿物：岩石经化学风化作用而形成的新矿物成分，其中数量最多是黏土矿物。常见的黏土矿物有高岭石、蒙脱石、伊利石。石英、长石是砂、砾石等无黏性土的主要矿物成分，呈林状。黏土矿物是组成黏性土的主要成分，颗粒极细，呈片状或针状，具有高度的分散性和胶体性质，其与水相互作用形成黏性土的一系列特性，如可塑性、膨胀性、收缩性等。

（2）土中的有机质。在岩石风化以及风化产物搬运、沉积过程中，常有动物、植物的残骸及其分解物质参与沉积，成为土中的有机质。有机质易于分解变质，故土中有机质含量过多时，将导致地基或土坝坝体发生集中渗流或不均匀沉降。因此，在工程中常对土料的有机质含量提出一定的限制，筑坝土料一般不宜超过 5%，灌浆土料小于 2%。

当土粒的粒径由大到小逐渐变化时，土的性质也相应发生变化。随着土粒粒径变小，无黏性且透水性强的土逐渐变为有黏性和低透水性的可塑性土。所以应根据土中不同粒径的土粒，按某一粒径范围分成若干组，通常将土划分为六大粒组，即漂石或块石颗粒、卵石或碎石颗粒、圆砾或角砾颗粒、砂粒、粉粒及黏粒。各粒组的界限粒径分别是 200mm、60mm、2mm、0.075mm和 0.005mm，见表 1-1。

表 1-1 土粒粒组划分

粒组名称		粒径范围/mm	一 般 特 征
漂石或块石颗粒		>200	透水性很大，无黏性，无毛细水
卵石或碎石颗粒		200 ~ 60	
圆砾或角砾颗粒	粗	60 ~ 20	透水性大，无黏性，毛细水上升高度不超过粒径大小
	中	20 ~ 5	
	细	5 ~ 2	
砂粒	粗	2 ~ 0.5	易透水，当混入云母等杂质时透水性减小，而压缩性增加，无黏性，通水不膨胀，干燥时松散，毛细水上升高度不大，随粒径变小而增大
	中	0.5 ~ 0.25	
	细	0.25 ~ 0.1	
	极细	0.1 ~ 0.075	
粉粒	粗	0.075 ~ 0.01	透水性小，湿时稍有黏性，遇水膨胀小；干时稍有收缩，毛细水上升高度较大、较快，极易出现冻胀现象
	细	0.01 ~ 0.005	
黏粒		<0.005	透水性很小，湿时有黏性、可塑性，遇水膨胀大，干时收缩显著，毛细水上升高度大，但速度较慢

14

　　为了说明天然土颗粒的组成情况，不仅要了解土颗粒的大小，还需要了解各种颗粒所占的比例。实际工程中，常以土中各个粒组的相对含量（各粒组占土粒总重的百分数）表示土中颗粒的组成情况，称为土的颗粒级配。土的颗粒级配直接影响土的性质，如土的密实度、透水性、强度、压缩性等。

　　为了直观起见，工程中常用颗粒级配曲线直接表示土的级配情况。曲线的横坐标用对数表示土的粒径（因为土粒粒径相差常在百倍、千倍以上，所以宜采用对数坐标表示），单位为 mm；纵坐标则表示小于或大于某粒径的土重含量或称累计百分含量。从曲线中可直接求得各粒组的颗粒含量及粒径分布的均匀程度，进而估测土的工程性质，如图 1-15 所示。由曲线的形态可以大致判断土粒大小的均匀程度。如曲线较陡，表示粒径范围较小，土粒较均匀，级配良好；反之，曲线平缓，则表示粒径大小相差悬殊，土粒不均匀，级配不良。

　　为了定量反映土的级配特征，工程中常用不均匀系数 C_u 来评价土的级配优劣。

$$C_u = d_{60} / d_{10} \tag{1-1}$$

式中，d_{10}——土的颗粒级配曲线上的某粒径，小于该粒径的土的质量占总土质量的 10%，称为有效粒径；

　　d_{60}——土的颗粒级配曲线上的某粒径，小于该粒径的土的质量占总土质量的 60%，称为限定粒径。

　　在工程建设中，常根据不均匀系数 C_u 值来选择填土的土料，若 C_u 值较大，表明土粒不均匀，则其较颗粒均匀的土更容易被夯实（级配均匀的土不容易被夯实）。通常把 $C_u < 5$ 的土看作级配均匀的土，把 $C_u > 10$ 的土看作级配良好的土。

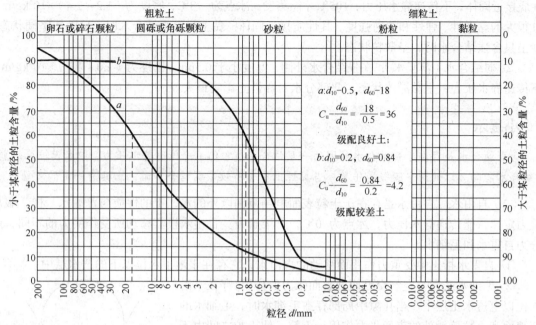

图 1-15　土的颗粒级配曲线

课堂案例

若图 1-15 中 a 曲线上，$d_{60} = 0.8$，$d_{10} = 0.18$，计算其级配是否均匀。

解：

$$C_u = d_{60}/d_{10} = 0.8/0.18 = 4.44$$

由于 $C_u = 4.44 < 5$，则其级配均匀，不容易被夯实。

2. 土中的水

土中的水在自然界中存在的状态可以分为固态、气态和液态三种形态。

固态水又称为矿物质内部结晶水，是指在温度低于 0℃时土中水以冰的形式存在，形成冻土。其特点是冻结时强度高，而解冻时强度迅速降低。

气态水是指土中的水蒸气，对土的性质影响不大。

液态水包括存在于土中的结合水和自由水两大类。

（1）结合水。结合水是指在电场作用力范围内，受电分子吸引力作用吸附于土粒表面的土中水。它距离土颗粒越近，作用力越大；距离越远，作用力越小，直至不受电场力作用，如图 1-16 所示。结合水的特点是包围在土颗粒四周，不传递静水压力，不能任意流动。由于土颗粒的电场有一定的作用范围，因此结合水有一定的厚度，其厚度与颗粒的黏土矿物成分有关。

按吸引力的强弱，结合水又可分为：

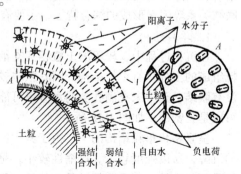

图 1-16　结合水示意图

① 强结合水（吸着水）：紧靠土粒表面，厚度只有几个水分子厚，小于 0.003μm。强结水

性质接近固体，不传递静水压力，105℃才能蒸发，冰点为-78℃，密度为（1.2～2.4）×10³kg/m³，具很大的黏滞性、弹性和抗剪强度，其性质接近固体。黏土只含强结合水时，呈固体坚硬状态；砂土只含强结合水时，呈散粒状态。

② 弱结合水（薄膜水）：在强结合水外侧，厚度小于0.5μm。密度为（1.0～1.7）×10³kg/m³，不传递静水压力，呈黏滞体状态。此部分水对黏性土影响最大。

☼小提示

弱结合水是存在于强结合水外围的一层结合水。它仍不能传递静水压力，但水膜较厚的弱结合水能向邻近的薄水膜缓慢转移。当黏性土中含有较多弱结合水时，土具有一定的可塑性。

（2）自由水。自由水是存在于土粒表面电场范围以外的水，土的性质与普通水一样，服从重力定律，能传递静水压力，冰点为0℃，有溶解力。自由水按其移动所受作用力的不同，可分为自重水和毛细水。

① 自重水指土中受重力作用而移动的自由水，它存在于地下水位以下的透水层中。

② 毛细水受到与空气交界面处表面张力的作用，存在于潜水位以上透水土层中。当孔隙中局部存在毛细水时，毛细水的弯液面和土粒接触处的表面张力作用于土粒，使土粒之间由于这种毛细压力而相互挤紧，从而具有微弱的黏聚力，称为毛细黏结力，如图1-17所示。

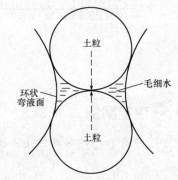

图1-17 土中的毛细水示意图

在工程中，毛细水的上升对建筑物地下部分的防潮措施与地基土的浸湿和冻胀有较大影响。碎石土中无毛细现象。

3. 土中的空气

土中的空气存在于土孔隙中未被水占据的空间。一般可以分为自由气体和封闭气体。自由气体是指在粗粒的沉积物中常见的与大气连通的空气，在外力作用下，将很容易被从空隙中挤出，所以它对土工程性质影响不大。与大气不相通的气体称为封闭气体，常存在于细粒土中，在外力作用下，使土的弹性变形增加，可在车辆碾压时，使土形成有弹性的橡皮土。

（四）土的结构

很多试验资料表明，对于同一种土来说，原状土和重塑土样的力学性质有很大差别。土的结构和构造对土的性质有很大的影响。土的结构是指由土粒单元的大小、形状、相互排列及其联结关系等因素形成的综合特征，主要有以下几种基本类型：

1. 单粒结构

在沉积过程中，较粗的土粒相互支承并达到稳定，形成单粒结构。全部由砂粒及更粗的土粒组成的土都具有单粒结构。因其颗粒较大，土粒间的分子吸引力相对很小，所以颗粒间几乎没有联结，至于未充满孔隙的水分只可能通过微弱的毛细水联结。单粒结构可以是疏松的，也可以是紧密的，如图1-18所示。

呈紧密状单粒结构的土，由于其土粒排列紧密，在动荷载、静荷载作用下都不会产生较大的沉降，所以强度较大，压缩性较小，是较为良好的天然地基。具有疏松单粒结构的土，其骨架是不稳定的，当受到振动及其他外力作用时，土粒易发生移动，土中孔隙剧烈减小，引起土的很大变形，因此，这种土层如未经处理一般不宜作为建筑物的地基。

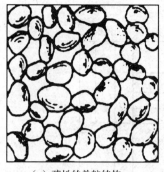

（a）疏松的单粒结构　　　　　　　　（b）紧密的单粒结构

图 1-18　单粒结构

2. 蜂窝状结构

蜂窝结构主要由粉粒或细砂粒组成。粒径在 0.005mm～0.075mm 之间的土粒在水中沉积时，基本上是以单个土粒下沉。当碰上已沉积的土粒时，由于它们之间的相互引力大于其重力，因此，土粒就停留在最初的接触点上不再下沉，逐渐形成土粒链。土粒链组成弓形结构，形成具有很大孔隙的蜂窝状结构，如图 1-19 所示。

3. 絮状结构

黏粒能够在水中长期悬浮，不因自重而下沉。当这些悬浮在水中的黏粒被带到电解质浓度较大的环境中（如海水）时，黏粒凝聚成絮状的集粒（黏粒集合体）而下沉，并相继与已沉积的絮状集粒接触，从而形成类似蜂窝但孔隙很大的絮状结构，如图 1-20 所示。

上述三种结构中，密实的单粒结构土的工程性质最好，蜂窝结构其次，絮状结构最差。后两种结构土，如果因扰动破坏天然结构，则强度降低、压缩性大，不可用作天然地基。

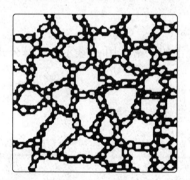
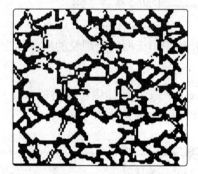

图 1-19　细砂和粉土的蜂窝状结构　　　　　　图 1-20　黏性土的絮状结构

二、土的物理性质指标

（一）土的三相图

土由固相、液相和气相三部分组成。固相部分即为土粒，由矿物颗粒或有机质组成，构成土的骨架；液相部分为水及其溶解物；气相部分为空气和其他气体。如土中孔隙全部被水充满时，称为饱和土；孔隙中仅含空气时，称为干土。饱和土和干土都是两相体系。一般在地下水位以上和地面以下一定深度内的土的孔隙中兼含空气和水，此时的土体属三相体系，称湿土。

土的三相物质是混合分布的，为阐述方便，一般用土的三相图表示，如图 1-21 所示。三相图中把土的固体颗粒、水、空气各自划分开来。

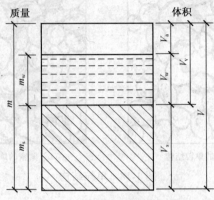

图 1-21　土的三相示意图

m—土的总质量（$m = m_s + m_w$）（kg）；m_s—土中固体颗粒的质量（kg）；m_w—土中水的质量（kg）；

V—土的总体积（$V = V_s + V_w + V_a$）（m³）；V_a—土中空气体积（m³）；V_w—土中固体颗粒体积（m³）；

V_v—土中水所占的体积（m³）；V_s—土中孔隙体积（$V_v = V_a + V_w$）（m³）

（二）土的主要物理指标

1. 土的天然密度和干密度

土在天然状态下单位体积的质量，称为土的天然密度。土的天然密度用 ρ 表示，计算公式为

$$\rho = m/V \tag{1-2}$$

式中，m——土的总质量（kg）；

V——土的总体积（m³）。

单位体积中土的固定颗粒的质量称为土的干密度，土的干密度用 ρ_d 表示，计算公式为

$$\rho_d = m_s/V \tag{1-3}$$

式中，m_s——土中固体颗粒的质量（kg）；

V——土的总体积（m³）。

☼小提示

土的干密度越大，表示土越密实。工程上常把土的干密度作为评定土体密实程度的标准，以控制填土工程的压实质量。

土的干密度与土的天然密度之间的关系可表示为

$$\rho_d = \frac{\rho}{1 - \omega} \tag{1-4}$$

式中，ω——土的含水率。

2. 土的天然含水率

土的含水率是土中水的质量与固体颗粒质量之比的百分率，即

$$\omega = \frac{m_{\mathrm{w}}}{m_{\mathrm{s}}} \times 100\% \tag{1-5}$$

式中，ω——土的含水率；

m_{w}——土中水的质量（kg）；

m_{s}——土中固体颗粒的质量（kg）。

3. 土的孔隙比和孔隙率

孔隙比和孔隙率反映了土的密实程度，孔隙比和孔隙率越小土越密实。孔隙比 e 是土中孔隙体积 V_{v} 与固体颗粒体积 V_{s} 的比值，可表示为

$$e = \frac{V_{\mathrm{v}}}{V_{\mathrm{s}}} \tag{1-6}$$

式中，V_{v}——土中孔隙体积（m³）；

V_{s}——土中固体颗粒体积（m³）。

孔隙率 n 是土中孔隙体积与总体积 V 的比值，用百分率表示，可表示为

$$n = \frac{V_{\mathrm{v}}}{V} \times 100\% \tag{1-7}$$

式中，V——土的总体积（m³）。

☼小提示

　　对于同一类土，孔隙率越大，孔隙体积就越大，从而使土的压缩性和透水性都增大，土的强度降低。故工程上也常用孔隙比来判断土的密实程度和工程性质。

4. 土的可松性

土具有可松性，即自然状态下的土经开挖后，其体积因松散而增大，以后虽经回填压实，仍不能恢复其原来的体积。土的可松性系数可表示为

$$K_{\mathrm{s}} = \frac{V_{松散}}{V_{原状}} \tag{1-8}$$

$$K_{\mathrm{s}}' = \frac{V_{压实}}{V_{松散}} \tag{1-9}$$

式中，K_{s}——土的最初可松性系数；

K_{s}'——土的最后可松性系数；

$V_{原状}$——土在天然状态下的体积（m³）；

$V_{松散}$——土挖出后在松散状态下的体积（m³）；

$V_{压实}$——土经回填压（夯）实后的体积（m³）。

土的可松性对确定场地设计标高、土方量的平衡调配、计算运土机具的数量和弃土坑的容积，以及计算填方所需的挖方体积等均有很大影响。各类土的可松性系数见表1-2。

表 1-2 各种土的可松性系数参考数值

土的类别	体积增加百分率/%		可松性系数	
	最初	最终	K_{s}	K_{s}'
一类（种植土除外）	8 ~ 17	1 ~ 2.5	1.08 ~ 1.17	1.01 ~ 1.03

19

续表

土的类别	体积增加百分率/%		可松性系数	
	最初	最终	K_s	K'_s
一类（种植土、泥炭）	20～30	3～4	1.20～1.30	1.03～1.04
二类	14～28	1.5～5	1.14～1.25	1.02～1.05
三类	24～34	4～7	1.24～1.30	1.04～1.07
四类（泥灰岩、蛋白石除外）	26～32	6～10	1.26～1.32	1.06～1.09
四类（泥灰岩、蛋白石）	33～37	11～15	1.33～1.37	1.11～1.15
五至七类	30～45	10～20	1.30～1.45	1.10～1.20
八类	45～50	20～30	1.45～1.50	1.20～1.30

☼ 小提示

最初体积增加百分率$=(V_2-V_1)/V_1\times100\%$；最终体积增加百分率$=(V_3-V_1)/V_1\times100\%$；$V_1$为开挖前土的自然体积；$V_2$为开挖后的松散体积；$V_3$为运至填方处压实后土的体积。

5. 土的压缩性

土的压缩性是指土在压力作用下体积变小的性质。取土回填或移挖作填，松土经运输、填压以后，均会压缩，一般土的压缩率参考值见表1-3。

表1-3　　　　土的压缩率参考值

土的类别	土的名称	土的压缩率/%	每立方米松散土压实后的体积/m³	土的类别	土的名称	土的压缩率/%	每立方米松散土压实后的体积/m³
一至二类土	种植土	20	0.80	三类土	天然湿度黄土	12～17	0.85
	一般土	10	0.90		一般土	5	0.95
	砂土	5	0.95		干燥坚实黄土	5～7	0.94

6. 土的渗透性

土的渗透性是指土体被水透过的性质，通常用渗透系数K表示。渗透系数K表示单位时间内水穿透土层的能力，以m/d表示。根据渗透系数不同，土可分为透水性土（如砂土）和不透水性土（如黏土）。土的渗透性影响施工降水与排水的速度。土的渗透系数参考值见表1-4。

表1-4　　　　土的渗透系数参考值

土的名称	渗透系数K/(m·d⁻¹)	土的名称	渗透系数K/(m·d⁻¹)
黏土	<0.005	含黏土的中砂	3～15
粉质黏土	0.005～0.1	粗砂	20～50
粉土	0.1～0.5	均质粗砂	60～75
黄土	0.25～0.5	圆砾石	50～100
粉砂	0.5～1	卵石	100～500
细砂	1～5	漂石（无砂质充填）	500～1000
中砂	5～20	稍有裂缝的岩石	20～60
均质中砂	35～50	裂缝多的岩石	>60

（三）土的三相物理性质指标的关系

土的三相指标相互之间有一定的关系。只要知道其中某些指标，通过简单的计算，就可以得到其他指标。上述各指标中，土粒相对密度 d_s、含水量 ω、重度 γ 三个指标必须通过试验测定，其他指标可由这三个指标换算得来。其换算方法可从土的三相比例指标换算图来说明，见图 1-22。令固体颗粒体积 $V_s=1$，根据定义即可得出 $V_v=e$，$V=1+e$，$m_s=\gamma_w d_s$〔γ_w 为纯净水在 4℃时的重度（单位体积的重量，即 9.8kN/m³，实际近似取 $\gamma_w=10\text{kN/m}^3$）〕，$m_w=\omega \gamma_w d_s$，$m=\gamma_w d_s(1+\omega)$。据此，可以推导出各指标间的换算公式，见表 1-5。

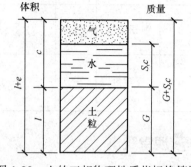

图 1-22　土的三相物理性质指标换算图

表 1-5　　　　　　　　　　　土的三相物理性质指标常用换算公式

序号	指标名称	符号	表达式	单位	换算公式	备注
1	重度	γ	$\gamma=\dfrac{m}{V}g$	kN/m³ 或 N/cm³	$\gamma=\dfrac{d_s+S_r e}{1+e}$ $\gamma=\dfrac{d_s(1+0.01\omega)}{1+e}$	由试验直接测定
2	相对密度	d_s	$d_s=\dfrac{m_s}{V_s \gamma_w}$	—	$d_s=\dfrac{S_r e}{\omega}$	由试验直接测定
3	含水量	ω	$\omega=\dfrac{m_w}{m_s}\times100$	%	$\omega=\dfrac{S_r e}{d_s}\times100$ $\omega=\left(\dfrac{\gamma}{\gamma_d}-1\right)\times100$	
4	孔隙比	e	$e=\dfrac{V_v}{V_s}$	—	$e=\dfrac{d_s \gamma_w(1+\omega)}{\gamma}-1$	
5	孔隙率	n	$n=\dfrac{V_v}{V}\times100$	%	$n=\dfrac{e}{1+e}\times100$ $n=\left(1-\dfrac{\gamma_d}{d_s \gamma_w}\right)\times100$	
6	饱和度	S_r	$S_r=\dfrac{V_w}{V_v}\times100$	%	$S_r=\dfrac{\omega d_s}{e}$ $S_r=\dfrac{\omega \gamma_d}{n}$	
7	干重度	γ_d	$\gamma_d=\dfrac{m_s}{V}g$	kN/m³ 或 N/cm³	$\gamma_d=\dfrac{d_s}{1+e}$ $\gamma_d=\dfrac{\gamma}{1+0.01\omega}$	

21

序号	指标名称	符号	表达式	单位	换算公式	备注
8	饱和重度	γ_{sat}	$\gamma_{sat}=\dfrac{m_s+V_v\gamma_w}{V}$	kN/m³ 或 N/cm³	$\gamma_{sat}=\dfrac{d_s+e}{1+e}$	
9	浮重度	γ'	$\gamma'=\gamma_{sat}-\gamma_w$	kN/m³ 或 N/cm³	$\gamma'=\gamma_{sat}-\gamma_w$ $\gamma'=\dfrac{(d_s-1)\gamma_w}{1+e}$	

课堂案例

某原状土，测得天然重度 $\gamma=19\text{kN/m}^3$，含水量 $\omega=20\%$，土粒相对密度 $d_s=2.70$，试求土的孔隙比 e、孔隙率 n 及饱和度 S_r。

解：$e=\dfrac{d_s\gamma_w(1+\omega)}{\gamma}-1=\dfrac{2.70\times10\times(1+0.20)}{19}-1\approx0.705$

$$n=\dfrac{e}{1+e}\times100\%=\dfrac{0.705}{1+0.705}\approx0.41=41\%$$

$$S_r=\dfrac{\omega d_s}{e}=\dfrac{0.20\times2.70}{0.705}\approx0.77=77\%$$

课堂案例

环刀切取一土样，测得体积为 50cm^3，质量为 110g，土样烘干后质量为 100g，土粒相对密度为 2.70，试求该土的密度 ρ、含水率 ω 及孔隙比 e。（$\rho_w=1.0\text{kg/cm}$）

解：$\rho=m/V=110/50=2.2$（kg/cm³）

$$\omega=\dfrac{m_w}{m_s}\times100\%=\dfrac{110-100}{100}\times100\%=10\%$$

$$e=\dfrac{d_s\gamma_w(1+\omega)}{\gamma}-1=\dfrac{1\times2.70\times(1+0.10)}{2.2}-1=0.35$$

三、土的物理状态指标

（一）无黏性土

无黏性土一般是指具有单粒结构的砂土与碎石土，土粒之间无黏结力，呈松散状态。它们的工程性质与其密实程度有关。密实状态时，结构稳定，强度较高，压缩性小，可作为良好的天然地基；疏松状态时，则是不良地基。

1. 砂土的密实度

砂土的密实度通常采用相对密实度 D_r 来判别，其表达式为

$$D_r=\dfrac{e_{max}-e}{e_{max}-e_{min}} \tag{1-10}$$

式中，e——砂土在天然状态下的孔隙比；

e_{max}——砂土在最松散状态下的孔隙比，即最大孔隙比；

e_{min}——砂土在最密实状态下的孔隙比，即最小孔隙比。

由式（1-10）可以看出，当 $e = e_{min}$ 时，$D_r = 1$，表示土处于最密实状态；当 $e = e_{max}$ 时，$D_r = 0$，表示土处于最松散状态。判定砂土密实度的标准：$0.67 < D_r \leqslant 1$，为密实的；$0.33 < D_r \leqslant 0.67$，为中密的；$0 < D_r \leqslant 0.33$，为松散的。

具体工程中可根据标准贯入试验锤击数 N 来评定砂土的密实度（见表1-6）。

表1-6　　　　　　　　　　　　　　　砂土的密实度

标准贯入试验锤击数 N	密实度	标准贯入试验锤击数 N	密实度
$N \leqslant 10$	松散	$15 < N \leqslant 30$	中密
$10 < N \leqslant 15$	稍密	$N > 30$	密实

注：当用静力触探探头阻力判定砂土的密实度时，可根据当地经验确定。

📖 课堂案例

某份细土砂样测得 $\omega = 23.2\%$，$\gamma = 16$ kN/m³，$d_s = 2.68$，取 $\gamma_w = 10$ kN/m³。将该砂样放入振动容器中，振动后砂样的质量为 0.415kg，量得体积为 0.22×10^{-3}m³。松散时，质量为 0.420kg 的砂样，量得体积为 0.35×10^{-3}m³。试求该砂土的天然孔隙比和相对密实度，并判断该土样的密实状态。

解：天然孔隙比

$$e = \frac{d_s \gamma_w (1 + \omega)}{\gamma} - 1 = \frac{10 \times 2.68 \times (1 + 0.232)}{16} - 1 = 1.064$$

密实时最大干重度

$$\gamma_{d\,max} = \frac{m_s}{V} = \frac{0.415 \times 9.80665 \times 10^{-3}}{0.22 \times 10^{-3}} = \frac{4.07}{0.22} = 18.5 (\text{kN/m}^3)$$

松散时最小干重度

$$\gamma_{d\,min} = \frac{m_s}{V} = \frac{0.420 \times 9.80665 \times 10^{-3}}{0.35 \times 10^{-3}} = \frac{4.12}{0.35} = 11.8 (\text{kN/m}^3)$$

计算松散时最大孔隙比，由表1-3可知

$$e = \frac{\gamma_w d_s}{\gamma_d} - 1$$

所以

$$e_{max} = \frac{\gamma_w d_s}{\gamma_{d\,min}} - 1 = \frac{10 \times 2.68}{11.8} - 1 = 1.271$$

密实时最小孔隙比

$$e_{min} = \frac{\gamma_w d_s}{\gamma_{max}} - 1 = \frac{10 \times 2.68}{18.5} - 1 = 0.449$$

于是得该砂土的相对密实度

$$D_r = \frac{e_{max} - e}{e_{max} - e_{min}} = \frac{1.271 - 1.064}{1.271 - 0.449} = 0.25$$

即可判断该砂土处于松散状态。

2. 碎石土的密实度

碎石土的颗粒较粗，试验时不易取得原状土样，根据重型圆锥动力触探锤击数 $N_{63.5}$ 可将碎石土的密实度划分为松散、稍密、中密和密实（见表 1-7），也可根据野外鉴别方法确定其密实度（见表 1-8）。

表 1-7　　　　　　　　　　碎石土的密实度

重型圆锥动力触探锤击数 $N_{63.5}$	密实度	重型圆锥动力触探锤击数 $N_{63.5}$	密实度
$N_{63.5} \leq 5$	松散	$10 < N_{63.5} \leq 20$	中密
$5 < N_{63.5} \leq 10$	稍密	$N_{63.5} > 20$	密实

注：1. 本表适用于平均粒径小于或等于 50mm 且最大粒径不超过 100mm 的卵石、碎石、圆砾、角砾；对于平均粒径大于 50mm 或最大粒径大于 100mm 的碎石土，可按表 1-5 鉴别其密实度。

2. 表内 $N_{63.5}$ 为经综合修正后的平均值。

表 1-8　　　　　　　　　　碎石土密实度的野外鉴别方法

密实度	骨架颗粒含量和排列	可挖性	可钻性
密实	骨架颗粒含量大于总重的 70%，呈交错排列，连续接触	锹镐挖掘困难，用撬棍方能松动，井壁一般稳定	钻进极困难，冲击钻探时，钻杆、吊锤跳动剧烈，孔壁较稳定
中密	骨架颗粒含量等于总重的 60%~70%，呈交错排列，大部分接触	锹镐可挖掘，井壁有掉块现象，从井壁取出大颗粒处能保持颗粒凹面形状	钻进较困难，冲击钻探时，钻杆、吊锤跳动不剧烈，孔壁有坍塌现象
稍密	骨架颗粒含量等于总重的 55%~60%，排列混乱，大部分不接触	锹可以挖掘，井壁易坍塌，从井壁取出大颗粒后，砂土立即塌落	钻进较容易，冲击钻探时，钻杆稍有跳动，孔壁易坍塌
松散	骨架颗粒含量小于总重的 55%，排列十分混乱，绝大部分不接触	锹易挖掘，井壁极易坍塌	钻进很容易，冲击钻探时，钻杆无跳动，孔壁极易坍塌

注：1. 骨架颗粒系平均粒径大于 50mm 或最大粒径大于 100mm 的碎石土。

2. 碎石土的密实度应按表列各项要求综合确定。

（二）黏性土

黏性土主要的物理状态特征是软硬程度。由于黏性土的主要成分是黏粒，土颗粒很细，土的比表面（单位体积颗粒的总表面积）大，与水相互作用的能力较强，故水对其工程性质影响较大。

黏性土物理状态的主要指标如下所述。

1. 界限含水量

当土中含水量很大时，土粒被自由水所隔开，土处于流动状态；随着含水量的减少，逐渐变成可塑状态，这时土中水分主要为弱结合水；当土中主要含强结合水时，土处于固体状态，如图 1-23 所示。

黏性土由一种状态转变到另一种状态的分界含水量称为界限含水量。

（1）液限是土由流动状态转变到可塑状态时的界限含水量（也称为流限或塑性上限）。

（2）塑限是土由可塑状态转变到半固态时的界限含水量（也称为塑性下限）。

（3）缩限是土由半固态转变到固态时的界限含水量。

图1-23　黏性土的物理状态与含水量的关系

工程上常用的界限含水量有液限和塑限，缩限常用收缩皿法测试，是土由半固态不断蒸发水分，体积逐渐缩小，直到体积不再缩小时的含水量。

2. 塑性指数

液限与塑限的差值（计算时略去百分号）称为塑性指数，用符号 I_P 表示，即

$$I_P = \omega_L - \omega_P \tag{1-11}$$

3. 液性指数

土的天然含水量与塑限的差值除以塑性指数称为液性指数，用符号 I_L 表示，即

$$I_L = \frac{\omega - \omega_P}{I_P} = \frac{\omega - \omega_P}{\omega_L - \omega_P} \tag{1-12}$$

由上式可见，当 $I_L < 0$，即 $\omega < \omega_P$ 时，土处于坚硬状态；当 $I_L > 1.0$，即 $\omega > \omega_L$，土处于流动状态。因此，液性指数是判别黏性土软硬程度的指标。

4. 灵敏度和触变性

黏性土的一个重要特征是具有天然结构性，当天然结构被破坏时，黏性土的强度降低，压缩性增大。通常将反映黏性土结构性强弱的指标称为灵敏度，用 S_t 表示。

$$S_t = \frac{q_u}{q_0} \tag{1-13}$$

式中，q_u——原状土强度；

　　　q_0——与原状土含水量、重度等相同，结构完全破坏的重塑土强度。

根据灵敏度可将黏性土分为如下三种类型：

$S_t > 4$ 为高灵敏度；$2 < S_t \leqslant 4$ 为中灵敏度；$1 < S_t \leqslant 2$ 为低灵敏度。

黏性土扰动后土的强度降低，但静置一段时间后，土粒、离子和水分子之间又趋于新的平衡状态，土的强度又逐渐增大，这种性质称为土的触变性。

课堂案例

某工程的土工试验成果见表1-9。试求两个土样的液性指数，并判断该土的物理状态。

表 1-9　　　　　　　　　　　土工试验成果

土样编号	土的质量分数 $\omega/\%$	密度 $\rho/$ (g·cm^{-3})	相对密实度 D_r	孔隙比 e	饱和度 $S_r/\%$	液限 $\omega_L/\%$	塑限 $\omega_P/\%$
1—1	29.5	1.97	2.73	0.79	100	34.8	20.9
2—1	27.0	2.00	2.74	0.75	100	36.8	23.8

解：（1）土样 1—1：

$$I_P = \omega_L - \omega_P = 34.8 - 20.9 = 13.9$$

$$I_L = \frac{\omega - \omega_P}{I_P} = (29.5 - 20.9)/13.9 = 0.62$$

由于 $0.25 < I_L = 0.62 < 0.75$，所以该土处于可塑性状态。

（2）土样 2—1：

$$I_P = \omega_L - \omega_P = 36.8 - 23.8 = 13.0$$

$$I_L = \frac{\omega - \omega_P}{I_P} = (27.0 - 23.8)/13.0 = 0.246$$

由于 $0 < I_L = 0.246 < 0.25$，则该土处于硬塑性状态。

学习单元 3　划分建筑地基土的类别

知识目标

1. 熟悉地基土的分类方法。
2. 掌握地基土的分类与状态。

技能目标

1. 能够充分掌握地基土的分类，并能够确定工程中的地基土的状态和名称。
2. 掌握《建筑地基基础设计规范》（GB 50007—2011）中关于建筑地基的相关内容。

基础知识

自然界的土类众多，工程性质各异。土的工程分类就是根据实践经验，依照土的基本物理性质（如粒径、级配及塑性等），将工程性质相近的土划分类别，并予以定名，以便在不同土类间作有价值的比较、评价、积累以及学术与经验交流，并使之直接应用于工程建设。

土的分类方法很多，由于研究目的的不同，所以不同部门分类方法各异。总体看来，国内外分类的依据，在总的体系上趋近于一致，各分类法的标准也都大同小异。一般原则是：①粗粒土按粒度成分及级配特征；②细粒土按塑性指数和液限，即塑性图法；③有机土和特殊土则分别单独各列为一类；④对定出的土名给以明确含义的文字符号，既一目了然，还可为运用电子计算机检索土质试验资料提供条件。

根据《建筑地基基础设计规范》（GB 50007—2011）规定，作为建筑地基岩土可分为岩石、碎石土、砂土、粉土、黏性土和人工填土六类。

一、岩石

岩石是指颗粒间牢固黏结，呈整体或具有节理裂隙的岩土。作为建筑地基的岩石，除应确定岩石的地质名称外，还应确定岩石的坚硬程度与岩体的完整程度。岩石的坚硬程度应根据岩块的饱和单轴抗压强度标准值 f_{rk} 按表 1-10 分为坚硬岩、较硬岩、较软岩、软岩和极软岩。当缺乏饱和单轴抗压强度资料或不能进行该项试验时，可在现场通过观察定性划分，划分标准见表 1-11。

表 1-10　　　　　　　　　　　　岩石坚硬程度的划分

坚硬程度类别	坚硬岩	较硬岩	较软岩	软岩	极软岩
饱和单轴抗压强度标准值 f_{rk}/MPa	$f_{rk}>60$	$60 \geqslant f_{rk}>30$	$30 \geqslant f_{rk}>15$	$15 \geqslant f_{rk}>5$	$f_{rk} \leqslant 5$

表 1-11　　　　　　　　　　　　岩石坚硬程度的定性划分

名称		定性鉴定	代表性岩石
硬质岩	坚硬岩	锤击声清脆，有回弹，震手，难击碎，基本无吸水反应	未风化—微风化的花岗岩、闪长岩、辉绿岩、玄武岩、安山岩、片麻岩、石英岩、硅质砾岩、石英砂岩、硅质石灰岩等
	较硬岩	锤击声较清脆，有轻微回弹，稍震手，较难击碎，有轻微吸水反应	（1）微风化的坚硬岩；（2）未风化—微风化的大理岩、板岩、石灰岩、白云岩、钙质砂岩等
软质岩	较软岩	锤击声不清脆，无回弹，较易击碎，浸水后指甲可刻出印痕	（1）中等风化—强风化的坚硬岩或较硬岩；（2）未风化—微风化的凝灰岩、千枚岩、砂质混岩、泥灰岩等
	软岩	锤击声哑，无回弹，有凹痕，易击碎，浸水后手可掰开	（1）强风化的坚硬岩和较硬岩；（2）中等风化—强风化的较软岩；（3）未风化—微风化的页岩、泥质砂岩、泥岩等
极软岩		锤击声哑，无回弹，有较深凹痕，手可捏碎，浸水后可捏成团	（1）全风化的各种岩石；（2）各种半成岩

☼小技巧

岩体完整程度划分技巧

岩体完整程度应按表 1-12 划分为完整、较完整、较破碎、破碎和极破碎。当缺乏试验数据时可按表 1-13 确定。

表 1-12　　　　　　　　　　　　岩石完整程度的划分

完整程度等级	完整	较完整	较破碎	破碎	极破碎
完整性指数	>0.75	0.75 ~ 0.55	0.55 ~ 0.35	0.35 ~ 0.15	<0.15

注：完整性指数为岩体纵波波速与岩块纵波波速之比的平方。选定岩体、岩块测定波速时应有代表性。

表 1-13	岩体完整程度的划分（缺乏试验数据时）		
名称	结构面组数	控制性结构面平均间距/m	代表性结构类型
完整	1～2	>1.0	整状结构
较完整	2～3	0.4～1.0	块状结构
较破碎	>3	0.2～0.4	镶嵌状结构
破碎	>3	<0.2	碎裂状结构
极破碎	无序	—	散体状结构

二、碎石土

碎石土为粒径大于 2mm 的颗粒含量超过总质量 50% 的土。碎石土可按表 1-14 分为漂石、块石、卵石、碎石、圆砾和角砾。

表 1-14	碎石土的分类	
土的名称	颗粒形状	颗粒级配
漂石	以圆形及亚圆形为主	粒径大于 200mm 的颗粒含量超过土总质量 50%
块石	以棱角形为主	
卵石	以圆形及亚圆形为主	粒径大于 20mm 的颗粒含量超过土总质量 50%
碎石	以棱角形为主	
圆砾	以圆形及亚圆形为主	粒径大于 2mm 的颗粒含量超过土总质量 50%
角砾	以棱角形为主	

注：分类时应根据粒组含量栏从上到下以最先符合者确定。

三、砂土

砂土为粒径大于 2mm 的颗粒含量不超过总质量 50%、粒径大于 0.075mm 的颗粒超过总质量 50% 的土。砂土按粒组含量分为砾砂、粗砂、中砂、细砂和粉砂，见表 1-15。

表 1-15	砂土的分类
土 的 名 称	颗 粒 级 配
砾砂	粒径大于 2mm 的颗粒含量占总质量 25%～50%
粗砂	粒径大于 0.5mm 的颗粒含量超过总质量 50%
中砂	粒径大于 0.25mm 的颗粒含量超过总质量 50%
细砂	粒径大于 0.075mm 的颗粒含量超过总质量 85%
粉砂	粒径大于 0.075mm 的颗粒含量超过总质量 50%

注：分类时应根据粒组含量栏从上到下以最先符合者确定。

四、粉土

粉土为塑性指数 $I_p \leqslant 10$ 且粒径大于 0.075 的颗粒含量不超过总质量 50% 的土；粉土的密实度应根据孔隙比 e 划分为密实、中密和稍密；其湿度应根据天然含水率 ω（%）划分为稍湿、湿、很湿。

五、黏性土

黏性土是指塑性指数 I_P 大于 10 的土，一般可分为黏土和粉质黏土，见表 1-16。

表 1-16 黏性土的分类

塑性指数 I_P	土 的 名 称
$I_P > 17$	黏土
$10 < I_P \leqslant 17$	粉质黏土

注：塑性指数由相应于 76g 圆锥体沉入土样中深度为 10mm 时测定的液限计算而得。

黏土的状态，可按表 1-17 分为坚硬、硬塑、可塑、软塑和流塑。

表 1-17 黏土的状态

液性指数 I_L	状 态
$I_L \leqslant 0$	坚硬
$0 < I_L \leqslant 0.25$	硬塑
$0.25 < I_L \leqslant 0.75$	可塑
$0.75 < I_L \leqslant 1$	软塑
$I_L > 1$	流塑

注：当用静力触探探头阻力判定黏性土的状态时，可根据当地经验确定。

六、特殊岩土

特殊性岩土是具有一些特殊成分、结构和性质的区域性地基土，包括软土、膨胀土、湿陷性土、红黏土、冻土、盐渍土和填土等。

（1）软土：软土土为滨海、湖沼、谷地、河滩等处天然含水量高、天然孔隙比大、抗剪强度低的细粒土，其鉴别指标应符合表 1-18 的规定，包括淤泥、淤泥质土、泥炭、泥炭质土等。

表 1-18 软土地基鉴别指标

指标名称	天然含水率 ω /%	天然孔隙比 e	直剪内摩擦角 φ /(°)	十字板剪切强度 C_u /kPa	压缩系数 α_{1-2} /MPa^{-1}
指标值	≥35 或液限	≥1.0	宜<5	<35	宜>0.5

淤泥在静水或缓慢的流水环境中沉积，并经生物化学作用形成。其天然含水量大于液限、天然孔隙比大于或等于 1.5 为黏性土。天然含水量大于液限而天然孔隙比小于 1.5 但大于或等于 1.0 的黏性土或粉土为淤泥质土。

（2）膨胀土：土中黏粒成分主要由亲水性矿物组成，同时具有显著的吸水膨胀和水收缩特性，其自由膨胀率大于或等于 40%时为黏性土。

（3）湿陷性土：浸水后产生附加沉降，其湿陷系数大于或等于 0.015 的土。

（4）红黏土：红黏土为碳酸盐岩系的岩石经红土化作用形成的高塑性黏土，其液限一般大于 50。红黏土经再搬运后仍保留其基本特征且其液限大于 45 的土为次生红黏土。

（5）盐渍土：土中易溶盐质量分数大于0.3%，并具有溶陷、盐胀、腐蚀等工程特性的土。

（6）填土：根据其组成和成因，填土可分为素填土、压实填土、杂填土和冲填土。素填土为由碎石土、砂土、粉土、黏性土等组成的填土。经过压实或夯实的素填土为压实填土。杂填土为含有建筑垃圾、工业废料、生活垃圾等杂物的填土。冲填土为由水力冲填泥砂形成的填土。

📑 学习案例

已知某天然土样的天然含水量 $\omega = 40.5\%$，天然重度 $\gamma = 18.50\text{kN/m}^3$，土粒相对密度 $d_s = 2.75$，液限 $\omega_L = 40.2\%$，塑限 $\omega_P = 22.5\%$。

想一想

试确定土的状态和名称。

案例分析

解：$I_P = \omega_L - \omega_P = 40.2 - 22.5 = 17.7$

$$I_L = \frac{\omega - \omega_P}{I_P} = \frac{40.5 - 22.5}{17.7} = 1.02$$

则 $I_P > 17$，为黏土；$I_L > 1$，为流塑状态。

该土样的孔隙比

$$e = \frac{d_s \gamma_w (1 + \omega)}{\gamma} - 1 = \frac{2.75 \times 9.8 \times (1 + 0.405)}{18.50} - 1 = 1.047$$

因 $\omega > \omega_L$，$1 < e < 1.5$（天然含水量大于液限而天然孔隙比小于1.5但大于或等于1.0的黏性土或粉土为淤泥质土），故该土定名为淤泥质黏土。

📑 知识拓展

地基与基础设计的等级

地基与基础设计应根据地基复杂程度、建筑物规模和功能特征以及由于地基问题可能造成建筑物破坏或影响正常使用的程度分为三个设计等级。设计时应根据具体情况，按表1-19选用。

表 1-19　　　　　　　　　　　地基与基础设计等级

设计等级	建筑和地基类型
甲级	重要的工业与民用建筑物； 30层以上的高层建筑； 体型复杂、层数相差超过10层的高低层连成一体的建筑物； 大面积的多层地下建筑物（如地下车库、商场、运动场等）； 对地基变形有特殊要求的建筑物； 复杂地质条件下的坡上建筑物（包括高边坡）； 对原有工程影响较大的新建建筑物； 场地和地基条件复杂的一般建筑物； 位于复杂地质条件及软土地区的2层及2层以上地下室的基坑工程； 开挖深度大于15 m的基坑工程； 周边环境条件复杂、环境保护要求高的基坑工程

续表

设计等级	建筑和地基类型
乙级	除甲级、丙级以外的工业与民用建筑物、基坑工程
丙级	场地和地基条件简单、荷载分布均匀的 7 层及 7 层以下民用建筑及一般工业建筑、次要的轻型建筑物； 非软土地区且场地地质条件简单、基坑周边环境条件简单、环境保护要求不高且开挖深度小于 5.0m 的基坑工程

本章小结

本章主要介绍土的成因与组成、土的结构与构造、土的物理性质指标、土的压实原理、最优含水量、物理状态指标及地基土（岩）的工程分类。

通过了解地质构造变迁，结合工程地质的演化过程，学习土的成因与组成；结合土体三相图的表达方式，进行土体物理性质指标的换算；重点理解击实功能对压实曲线的影响，以及最优含水量的概念；区别无黏性土密实度和黏性土物理状态的描述，并结合单向坐标轴进行物理状态的描述。

学习检测

一、填空题

1. 基础类型很多，按基础埋置深度的不同可分为_____和_____，埋深小于_____m 的称为浅基础，埋深大于_____m 的称为深基础。

2. 土是岩石经过_____、_____、_____、_____形成的含有固体颗粒、水和气体的松散集合体。从广义上来讲，土包括_____的松散堆积物和地下的岩石。

3. 独立基础的形状有_____、_____和_____等，其优点是_____，便于地下管道穿过，节省用料，但整体刚度差。

4. 桩基础的类型很多，按桩的形状和竖向受力情况，可分为_____和_____；按桩的材料，分为_____、_____和_____；按桩的制作方法，有_____和_____两类。目前，较常用的是_____和_____。

5. 在建筑设计中，当建筑物总荷载确定时，可通过增加_____或_____来保证建筑物的稳定和安全。

6. 土的颗粒级配直接影响土的性质，如土的_____、_____、_____和压缩性等。

7. 土的结构是指由土粒单元的大小、形状、相互排列及其联结关系等因素形成的综合特征，一般分为_____、_____和_____三种基本类型。

8. 砂土为粒径大于_____mm 的颗粒含量不超过总质量_____%、粒径大于mm 的颗粒超过总质量_____%的土。

二、选择题

1. 在工程建设中，常根据不均匀系数 C_u 值来选择填土的土料，下列属于级配良好的土的是（　　　）。

  A. C_u =3   B. C_u =5   C. C_u =8   D. C_u =11

 2. 砂土的密实度通常采用相对密实度 D_r 来判别，当 D_r =0.5 时，属于（　　　）砂土。

  A. 密实的   B. 中密的   C. 稍密的   D. 松散的

 3. 环刀切取一土样，测得体积为 50cm³，质量为 110g，土样烘干后质量为 100g，土粒相对密度为 2.70，则该土的相对密度为（　　　）。

  A. 1.8   B. 2.0   C. 2.1   D. 2.2

 4. 粒径大于 2mm 的颗粒含量超过总质量 50% 的土为（　　　）。

  A. 碎石土   B. 砂土   C. 粉土   D. 黏性土

 5. 黏性土的液限指数为 0.5 时，其状态为（　　　）。

  A. 硬塑   B. 可塑   C. 软塑   D. 流塑

三、判断题

 1. 当地基的抗剪强度不足以支承上部结构的自重及外荷载时，地基就会产生局部或整体变形。 （　　）

 2. 当建筑物的荷载较大而地基承载能力较小时，由于基础底面宽度需要加宽，若仍采用素混凝土材料，势必导致基础深度可以减小。 （　　）

 3. 为了提高建筑物的整体刚度，避免不均匀沉降，常将柱下独立基础沿纵向和横向连接起来，做成十字交叉的井格基础。 （　　）

 4. 箱形基础具有刚度大、整体性好、内部空间可用作地下室的特点。因此，其适用于高层公共建筑、住宅建筑及需设地下室的建筑中。 （　　）

 5. 地基在建筑物荷载作用下的应力和应变随着土层深度的增加而减小，在达到一定深度后就可以忽略不计。 （　　）

 6. 在设计地基时，要考虑场地的工程地质和水文地质条件，同时也要考虑建筑物的使用要求、上部结构特点及施工条件等各种因素。 （　　）

 7. 土的固体颗粒是由大小不等、形状不同的矿物颗粒或岩石碎屑按照各种不同的排列方式组合在一起，构成土的骨架，是土的主要组成成分。 （　　）

 8. 黏粒能够在水中长期悬浮，不因自重而下沉。 （　　）

 9. 由于黏性土的主要成分是黏粒，土颗粒很细，土的比表面（单位体积颗粒的总表面积）大，与水相互作用的能力较强，故水对其工程性质影响较大。 （　　）

 10. 塑性指数表示土的可塑性范围，它主要与土中黏粒（直径小于 0.005mm 的土粒）含量有关。 （　　）

 11. 土的灵敏度越高，结构性越强，扰动后土的强度降低就越多。 （　　）

 12. 碎石土为粒径大于 2mm 的颗粒含量超过总质量 50% 的土。 （　　）

四、名词解释

 1. 地基

 2. 基础

 3. 天然地基

 4. 人工地基

五、问答题

1. 土是怎样形成的？
2. 土体结构有哪几种？它与矿物成分及成因条件有何关系？
3. 土中三相比例指标中，哪些指标是直接测定的？哪些指标是推导得出的？
4. 土的物理性质指标中哪些对砂土的影响较大？哪些对黏土的影响较大？
5. 地基岩土分为几类？各类土划分的依据是什么？

学习情境二

计算地基应力

案例引入

如图 2-1 所示,计算并绘制出地基中的自重应力沿深度的分布曲线,其中 $\gamma_1 = 17.0\text{kN/m}^3$、$\gamma_{\text{sat1}} = 19.0\text{kN/m}^3$、$\gamma_{\text{sat2}} = 185\text{kN/m}^3$、$\gamma_{\text{sat3}} = 200\text{kN/m}^3$。试计算成层土 41.0m、40.0m、38.0m 和 35.0m 处的自应力。

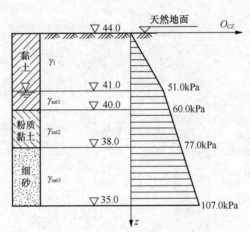

图 2-1 土自重应力计算及其分布

案例导航

通常地基土是由不同重度的土层所构成的,因此计算成层土在某种深度处的自重应力时,应分层计算再叠加。

通过以上案例可知,土中应力按其产生的原因不同,可分为自重应力和附加应力。由土的自重在地基内所产生的应力,称为自重应力;由建筑物传来的荷载或其他荷载(如地面堆放的材料、停放的车辆)在地基内所产生的应力,称为附加应力。

(1)自重应力:由土体本身有效重量产生的应力称为自重应力。一般而言,土体在自重作用下,在漫长的地质历史上已压缩稳定,不再引起土的变形(新沉积土或近期人工充填土除外)。

(2)附加应力:由于外荷载(静的或动的)在地基内部引起的应力称为附加应力,它是使地基失去稳定和产生变形的主要原因。

附加应力的大小,除了与计算点的位置有关外,还决定于基底压力的大小和分布状况。

如何对地基基底压力及其附加应力进行简单的计算?需要掌握如下要点:

1. 地基应力的基本概念；
2. 地基压力的计算；
3. 地基附加应力的计算。

学习单元 1　计算地基应力需把握的基本概念

知识目标

1. 了解土中应力的基本概念。
2. 熟悉饱和土的有效应力原理。
3. 掌握土体自重应力的计算。

技能目标

1. 通过了解土中应力的基本概念，从而熟悉饱和土的有效应力的原理。
2. 能够进行土的自重应力的计算。

基础知识

　　建筑物的建造使地基土中原有的应力状态发生了变化，如同其他材料一样，地基土受力后也要产生应力和变形。在地基土层上建造建筑物，基础将建筑物的荷载传递给地基，使地基中原有的应力状态发生变化，从而引起地基变形，其垂向变形即为沉降。如果地基应力变化引起的变形量在建筑物的容许范围以内，则不致对建筑物的使用和安全造成危害；但是，当外荷载在地基土中引起过大的应力时，过大的地基变形会使建筑物产生过量的沉降，影响建筑物的正常使用，甚至可以使土体发生整体破坏而失去稳定。因此，研究地基土中应力的分布规律是研究地基与土工建筑物变形和稳定问题的理论依据，它是地基基础设计中的一个十分重要的问题。

　　地基中的应力按其产生的原因不同，可分为自重应力和附加应力。两者合起来构成土体中的总应力。

　　（1）自重应力：在未修建建筑物之前，由土体本身自重引起的应力。

　　（2）附加应力：由于修建建筑物产生的荷载，在地基中增加的应力。

一、饱和土的有效应力原理

　　根据有效应力原理可知，饱和土中的总应力 σ 等于有效应力 σ' 与孔隙中水压力 u 之和。其表达式为

$$\sigma = \sigma' + u \tag{2-1}$$

式中，σ——总应力；

　　　σ'——通过土粒承受和传递粒间应力，又称为有效应力；

　　　u——孔隙中水压力。

　　其中，孔隙中水压力的特征如下：

　　（1）对各个方向的作用是相等的，因此不能使颗粒产生移动；

　　（2）承担一部分正应力，而不承担剪应力。

　　只有有效应力能同时承担正应力和剪应力。

35

在饱和土中，无论是土的自重应力还是附加应力，均应满足式（2-1）要求。对自重应力而言，σ 为水与土颗粒的总自重应力，u 为静水压力，σ' 为土的有效自重应力；对附加应力而言，σ 为附加应力，u 为超静孔隙水压力，σ' 为有效应力增量。由此可知，凡涉及土的体积变形或强度变化的应力均是有效应力 σ'，而不是总应力 σ。

二、土体自重应力的计算

（一）土的自重应力的计算原理

在一般情况下，土层的覆盖面积很大，所以土的自重可看成分布面积为无限大的荷载。土体在自重作用下既不能有侧向变形，又不能有剪切变形，只能产生竖向变形。假定地面是无限延伸的平面，对于天然重度 γ 的均质土层，如图 2-2 所示的土柱微单元体，任意深度 z 处单位面积上的竖向自重应力 σ_{cz} 为

$$\sigma_{cz} = \gamma z \qquad (2-2)$$

式中，z——从天然地面算起的深度（m）；

γ——土的天然重度（kN/m^3）。

通常地基土是由不同重度的土层所构成的，如图 2-3 所示。因此计算成层土在 z 深度处的自重应力 σ_{cz} 时，应分层计算再叠加，即

$$\sigma_{cz} = \gamma_1 h_1 + \gamma_2 h_2 + \cdots + \gamma_n h_n = \sum_{i=1}^{n} \gamma_i h_i \qquad (2-3)$$

式中，σ_{cz}——天然地面下任意深度 z 处的竖向自重应力（kPa）；

n——深度 z 范围内土层总数；

h_i——第 i 层土的厚度（m）。

36

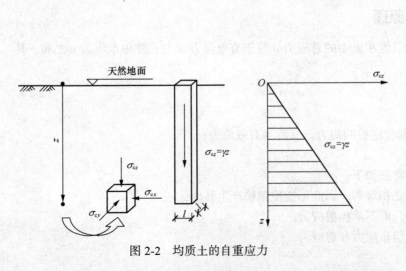

图 2-2　均质土的自重应力

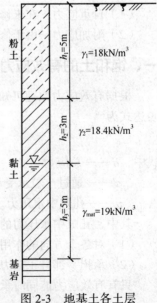

图 2-3　地基土各土层

课堂案例

试计算图 2-3 中水面以上各土层界面处的自重应力。

解：粉土层底处

$$\sigma_{cz1} = \gamma_1 h_1 = 18 \times 5 = 90 \text{(kPa)}$$

地下水位面处黏土层

$$\sigma_{cz2} = \gamma_1 h_1 + \gamma_2 h_2 = 90 + 18.4 \times 3 = 145.2 \text{(kPa)}$$

（二）地下水对自重力的影响

地下水位以下，有透水层（如砂土），孔隙中充满自由水，土颗粒将受到水的浮力作用，应采均浮重度。若在地下水位以下有不透水层（如紧密的黏土）长期浸泡在水中，由于不透水层中不存在水的浮力，所以层面及层面以下的自重应力应按上覆土层的水土总重计算。这样，紧靠上覆层与不透水层界面上下的自重应力有突变，使层面处具有两个自重应力值。

天然土层比较复杂，对于黏性土，很难确切判定其是否透水。一般认为，长期浸在水中的黏性土，若其液性指数 $I_L \leq 0$，表明该土处于半干硬状态，可按不透水考虑；若 $I_L \geq 1$，表明该土处于流塑状态，可按透水考虑；若 $0 < I_L < 1$，则表明该土处于可塑状态，则按两种情况考虑其有利状态。

地下水位的变化会引起土中自重应力的变化。当水位下降时，原水位以下自重应力增加；当水位上升时，对设有地下室的建筑或地下建筑工程地基的防潮不利。过度开采地下水及工程建设基坑开挖时的降水，导致城市地下水位逐年下降，造成许多城市地表下沉。地下水位下沉后，新增的自重应力会引起土体本身产生变形，造成地表大面积下沉或塌陷。

课堂案例

试计算图 2-3 中地下水位面以下各土层界面处及地下水位面处的自重应力。

解：地下水位面

$$\sigma_{cz2} = 145.2 \text{kPa}$$

粉土层底处

$$\sigma_{cz3} = \gamma_1 h_1 + \gamma_2 h_2 + (\gamma_{sat} - \gamma_w) h_3 = 145.2 + (19-10) \times 5 = 190.20 \text{ (kPa)}$$

基岩面层处

$$\sigma_{cz4} = \gamma_1 h_1 + \gamma_2 h_2 + (\gamma_{sat} - \gamma_w) h_3 + \gamma_w h_3 = 190.20 + 10 \times 5 = 240.20 \text{ (kPa)}$$

学习单元 2　计算地基的压力

知识目标

1. 了解地基压力的分布。
2. 掌握地基压力的简化计算方法。

技能目标

1. 通过了解地基压力的分布，掌握地基压力的计算方法。
2. 能够进行各种作用下地基压力的计算。

➡ 基础知识

一、地基压力的分布

　　建筑物荷载通过基础传递给地基，基础底面传递到地基表面的压力称为基底压力，而地基支承基础的反力称为地基反力。基底压力与地基反力是大小相等、方向相反的作用力与反作用力。基底压力是分析地基中应力、变形及稳定性的外荷载，地基反力则是计算基础结构内力的外荷载。

　　基底压力的分布形态与基础的刚度、平面形状、尺寸、埋置深度、基础上作用荷载的大小及性质、地基土的性质等因素有关。

　　当基础为完全柔性时，就像放在地上的薄膜，在垂直荷载作用下没有抵抗弯矩变形的能力，基础随着地基一起变形。基底压力的分布与作用在基础上的荷载分布完全一致，如图 2-4 所示。实际工程中并没有完全柔性的基础，常把土坝（堤）及用钢板做成的储油罐底板等视为柔性基础。

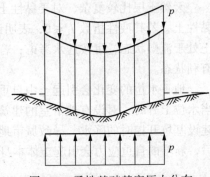

图 2-4　柔性基础基底压力分布

　　绝对刚性基础本身刚度很大，在外荷载作用下，基础底面保持不变形，即基础各点的沉降是相同的，为了使基础与地基的变形保持协调一致，刚性基础的基底压力的分布要重新调整。通常在中心荷载作用下，基底压力呈马鞍形分布，中间小而两边大，如图 2-5（a）所示。当基础上的荷载较大时，基础边缘因为应力很大，土产生塑性变形，边缘应力不再增大，而使中间部分应力继续增大，基底压力呈抛物线形分布，如图 2-5（b）所示。

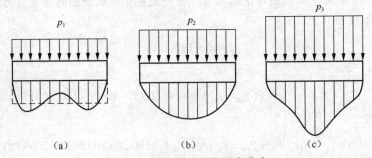

(a)　　　　　　　　(b)　　　　　　　　(c)

图 2-5　刚性基础基底压力分布

　　当作用在基础上的荷载继续增大，接近地基的破坏荷载时，应力图形又变成中部突出的钟形，如图 2-5（c）所示。块式整体基础、素混凝土基础通常被视为刚性基础。

二、地基压力的简化计算

（一）轴心荷载作用下的地基压力

　　轴心荷载作用下的基础所受竖向荷载的合力通过基底形心，如图 2-6 所示。基底压力按式（2-4）计算：

$$p_k=\frac{F_k+G_k}{A} \qquad (2-4)$$

式中，F_k——相应于作用的标准组合时，上部结构传至基础顶面的竖向力值（kN）；

G_k——基础及其上回填土的总重（kN）；$G_k=\gamma_G Ad$［γ_G为基础及回填土的平均重度，一般取 20kN/m³，但在地下水位以下部分应扣去浮力，即取 10kN/m³；d为基础埋深（m），当室内外设计地面不同时取平均值］；

A——基础底面面积（m²）。

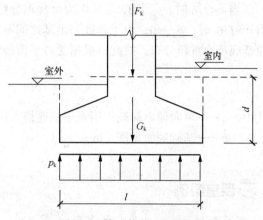

图 2-6　轴心荷载下基底压力

（二）偏心荷载作用下的地基压力

常见的偏心荷载作用在矩形基础的一个主轴上（称为单向偏心），为了抵抗荷载的偏心作用，设计时通常把基础底面的长边放在偏心方向。此时，两短边边缘最大压力 p_{kmax} 与最小压力 p_{kmin} 按材料力学公式计算：

$$p_{kmax}=\frac{F_k+G_k}{A}+\frac{M_k}{W} \qquad (2-4)$$

$$p_{kmin}=\frac{F_k+G_k}{A}+\frac{M_k}{W} \qquad (2-5)$$

式中，M_k——相应于作用的标准组合时，基础底面边缘的最小压力值（kPa）；

W——基础底面的抵抗矩（m³）。

若偏心距 $e=\dfrac{M_k}{F_k+G_k}$，面积 $A=bl$，地基底面的抵抗矩 $W=\dfrac{bl^2}{6}$，则

$$p_{max}=\frac{F_k+G_k}{bl}\left(1+\frac{6e}{l}\right) \qquad (2-6)$$

$$p_{min}=\frac{F_k+G_k}{bl}\left(1-\frac{6e}{l}\right) \qquad (2-7)$$

式中，p_{max}、p_{min}——某底边缘的最大压力和最小压力（kPa）；

e——偏心距（m）；

l——矩形基础底面长度（m）；

b——矩形基础底面宽度（m）。

偏心荷载作用下的基底压力分布如图 2-7 所示。

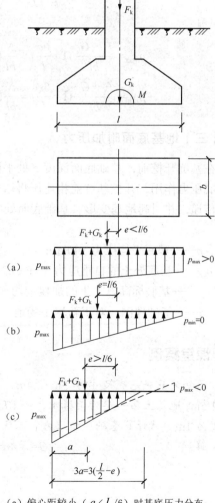

（a）偏心距较小（$e<l/6$）时基底压力分布；

（b）偏心距较大（$e=l/6$）时基底压力分布；

（c）偏心距很大（$e>l/6$）时基底压力分布

图 2-7　偏心荷载作用下的基底压力分布

当 $e<l/6$ 时，$p_{min}>0$，基底压力呈梯形分布；当 $e=l/6$ 时，$p_{min}=0$，基底压力呈三角形分布；当 $e>l/6$ 时，$p_{min}<0$，由于基底与地基之间不能承受拉力，此时基底与地基之间局部脱开，而使基底压力重新分布，故此时根据受力平衡条件可求得基底的最大压力为

$$p_{max}=\frac{2(F_k+G_k)}{3ab} \tag{2-8}$$

式中，a——单向偏心荷载作用点至基底最大压力边缘的距离（m），$a=l/2-e$；

$\quad\quad b$——基础底面宽度（m）。

📖 课堂案例

已知矩形基础，基底面长 5m、宽 2m，基底中心处的偏心力矩 $M=200\text{kN·m}$，竖向的合力为 500kN，求基底压力。

解：

$$e=\frac{M_k}{F_k+G_k}=\frac{M}{N}=\frac{200}{500}=0.4(\text{m})<\frac{1}{6}$$

则

$$p_{max}=\frac{F_k+G_k}{bl}(1+\frac{6e}{l})=\frac{N}{bl}(1+\frac{6e}{bl})=\frac{500}{5\times2}\times(1+\frac{6\times0.4}{5})=74(\text{kPa})$$

$$p_{min}=\frac{F_k+G_k}{bl}(1-\frac{6e}{l})=\frac{N}{bl}(1-\frac{6e}{bl})=\frac{500}{5\times2}\times(1-\frac{6\times0.4}{5})=26(\text{kPa})$$

（三）地基底面附加压力

在基坑开挖前，基础底面深度 d 处平面就有土的自重应力的作用。在建筑物建造后，基底处基底压力作用与开挖基坑前相比压将增加，增加的压力即为基底附加压力。基底附加压力向基础传递，并引起地基变形。基础底面处的附加压力为

$$p_0=p-\sigma_{cz}=p-\gamma_m d \tag{2-9}$$

式中，p——基底平均压力（kPa）；

$\quad\quad \sigma_{cz}$——基底处土的自重应力（kPa）；

$\quad\quad \gamma_m$——基底标高以上土的加权平均重度；

$\quad\quad d$——基础埋深，对于新填土场地一般从天然地面算起。

📖 课堂案例

已知某基础基底尺寸为 $3\text{m}\times2.4\text{m}$，基础上柱子传给基础的竖向力 $F=500\text{kN}$，基础埋深 $d=1.5\text{m}$，地基土第一层为杂填土，$\gamma=17\text{kN/m}^3$，厚度为 0.5 m，第二层为黏土，$\gamma=18.6\text{ kN/m}^3$，厚度为 1m。试计算基础底面压力和基底附加压力。

解：

$$G=\bar{\gamma}Ad=20\times3\times2.4\times1.5=216(\text{kN})$$

$$p=\frac{F_k+G_k}{A}=\frac{500+216}{3\times2.4}=99.4(\text{kPa})$$

$$\gamma_m=\frac{17\times0.5+18.6\times1}{1.5}=18.07(\text{kN/m}^3)$$

$$p_0=p-\sigma_{cz}=p-\gamma_m d=99.4-18.07\times1.5=72.3(\text{kPa})$$

学习单元 3　计算地基的附加应力

知识目标

1. 掌握竖向集中荷载作用下土中附加应力的计算。
2. 掌握均布的矩形荷载作用下的附加应力计算。
3. 掌握三角形分布的矩形荷载作用下的附加应力计算。
4. 掌握均布圆形荷载作用下土中竖向附加应力的计算。
5. 掌握线荷载作用下地基的附加应力的计算。
6. 掌握均布条形荷载作用下的附加应力计算。

技能目标

1. 能够掌握各种荷载作用下的附加应力的计算方法与要求。
2. 能够采用附加应力系数的方法计算多种情况下的附加应力。

基础知识

一、竖向集中荷载作用下土中附加应力的计算

在半无限直性变形体（即地基）表面作用一个集中力时，半无限体内任意点处所引起的应力和位移，可由法国学者布辛奈斯克（Boussinesq）于 1885 年用弹性理论来解答。如图 2-8 所示，地基中任意一点 $M(x、y、z)$ 处将有六个应力分量及三个位移分量，由于建筑物荷载多以竖向荷载为主，因此主要介绍地基中任意一点 M 处的竖向附加应力 σ_z 的表达式。即

$$\sigma_z = \frac{3pz^3}{2\pi R^2} = \frac{3p}{2\pi R^2}\cos^3\theta \tag{2-10}$$

式中，p——作用于坐标原点 O 的竖向集中力（kN）；

z——M 点的深度（m）；

R——集中力作用点（即坐标原点 O）至 M 点的直线距离（m）。

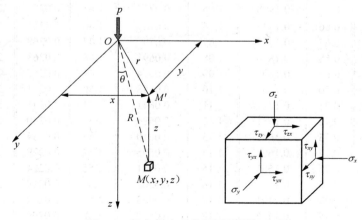

图 2-8　竖向集中力作用下的附加应力

41

由于 $R=\sqrt{x^2+y^2+z^2}=\sqrt{r^2+z^2}=z/\cos\theta$，为方便计算将 $R=\sqrt{r^2+z^2}$ 代入式（2-10）可得

$$\sigma_z=\frac{3\rho}{2\pi}\frac{z^3}{(r^2+z^2)^{\frac{5}{2}}}=\frac{3}{2\pi}\frac{1}{[(r/z)^2+1]^{5/2}}\frac{\rho}{z^2}=\alpha\frac{\rho}{z^2} \qquad (2\text{-}11)$$

式中，α——集中荷载作用下土中竖向附加应力系数，它是 r/z 的函数，可根据 r/z 由表 2-1 查得；

　　　r——集中力作用点至计算点 M 在 Oxy 平面上投影点 M' 的水平距离（m）。

表 2-1　　　　　　　　　　　　　集中荷载作用下竖向附加应力系数 a

r/z	α	r/z	α	r/z	α	r/z	α	r/z	α
0.00	0.4775	0.40	0.3294	0.80	0.1386	1.20	0.0513	1.60	0.0200
0.01	0.4773	0.41	0.3238	0.81	0.1353	1.21	0.0501	1.61	0.0195
0.02	0.4770	0.42	0.3183	0.82	0.1320	1.22	0.0489	1.62	0.0191
0.03	0.4764	0.43	0.3124	0.83	0.1288	1.23	0.0477	1.63	0.0187
0.04	0.4756	0.44	0.3068	0.84	0.1257	1.24	0.0466	1.64	0.0183
0.05	0.4745	0.45	0.3011	0.85	0.1226	1.25	0.0454	1.65	0.0179
0.06	0.4732	0.46	0.2955	0.86	0.1196	1.26	0.0443	1.66	0.0175
0.07	0.4717	0.47	0.2899	0.87	0.1166	1.27	0.0433	1.67	0.0171
0.08	0.4699	0.48	0.2843	0.88	0.1138	1.28	0.0422	1.68	0.0167
0.09	0.4679	0.49	0.2788	0.89	0.1110	1.29	0.0412	1.69	0.0163
0.10	0.4657	0.50	0.2733	0.90	0.1083	1.30	0.0402	1.70	0.0160
0.11	0.4633	0.51	0.2679	0.91	0.1057	1.31	0.0393	1.72	0.0153
0.12	0.4607	0.52	0.2625	0.92	0.1031	1.32	0.0384	1.74	0.0147
0.13	0.4579	0.53	0.2571	0.93	0.1005	1.33	0.0374	1.76	0.0141
0.14	0.4548	0.54	0.2518	0.94	0.0981	1.34	0.0365	1.78	0.0135
0.15	0.4516	0.55	0.2466	0.95	0.0956	1.35	0.0357	1.80	0.0129
0.16	0.4482	0.56	0.2414	0.96	0.0933	1.36	0.0348	1.82	0.0124
0.17	0.4446	0.57	0.2363	0.97	0.0910	1.37	0.0340	1.84	0.0119
0.18	0.4409	0.58	0.2313	0.98	0.0087	1.38	0.0332	1.86	0.0114
0.19	0.4370	0.59	0.2263	0.99	0.0865	1.39	0.0324	1.88	0.0109
0.20	0.4329	0.60	0.2214	1.00	0.0844	1.40	0.0317	1.90	0.0105
0.21	0.4286	0.61	0.2165	1.01	0.0823	1.41	0.0309	1.92	0.0101
0.22	0.4242	0.62	0.2117	1.02	0.0803	1.42	0.0302	1.94	0.0097
0.23	0.4197	0.63	0.2070	1.03	0.0783	1.43	0.0295	1.96	0.0093
0.24	0.4151	0.64	0.2024	1.04	0.0764	1.44	0.0288	1.98	0.0089
0.25	0.4103	0.65	0.1998	1.05	0.0744	1.45	0.0282	2.00	0.0085
0.26	0.4054	0.66	0.1934	1.06	0.0727	1.46	0.0275	2.10	0.0070
0.27	0.4004	0.67	0.1889	1.07	0.0709	1.47	0.0269	2.20	0.0058
0.28	0.3954	0.68	0.1846	1.08	0.0691	1.48	0.0263	2.30	0.0048
0.29	0.3902	0.69	0.1804	1.09	0.0674	1.49	0.0257	2.40	0.0040
0.30	0.3849	0.70	0.1762	1.10	0.0658	1.50	0.0251	2.50	0.0034
0.31	0.3796	0.71	0.1721	1.11	0.0641	1.51	0.0245	2.60	0.0029
0.32	0.3742	0.72	0.1681	1.12	0.0626	1.52	0.0240	2.70	0.0024
0.33	0.3687	0.73	0.1641	1.13	0.0610	1.53	0.0234	2.80	0.0021
0.34	0.3632	0.74	0.1603	1.14	0.0595	1.54	0.0229	2.90	0.0017
0.35	0.3577	0.75	0.1565	1.15	0.0581	1.55	0.0224	3.00	0.0015
0.36	0.3521	0.76	0.1527	1.16	0.0567	1.56	0.0219	3.50	0.0007
0.37	0.3465	0.77	0.1491	1.17	0.0553	1.57	0.0214	4.00	0.0004
0.38	0.3408	0.78	0.1455	1.18	0.0539	1.58	0.0209	4.50	0.0002
0.39	0.3351	0.79	0.1420	1.19	0.0526	1.59	0.0204	5.00	0.0001

课堂案例

如图 2-9 所示，在地基表面作用一个集中荷载 $p = 200\text{kN}$。试求在地基中 $z = 2\text{m}$ 的水平面上，水平距离 $r = 1\text{m}$、2m、3m、4m 处各点的附加应力 σ_z 的值。

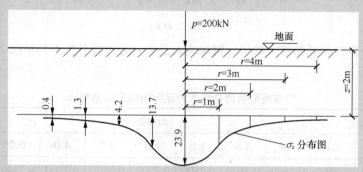

图 2-9　附加应力分布示意图

解：计算结果见表 2-2。

表 2-2　　　　　　　　　$z=2\text{ m}$ 的水平面上指定点的 σ_z 值

z/m	r/m	r/z	α（查表 2-1）	$\sigma_z = \alpha\dfrac{p}{z^2}/\text{kPa}$
2	0	0	0.4775	23.9
2	1	0.5	0.2733	13.7
2	2	1.0	0.0844	4.2
2	3	1.5	0.0251	1.3
2	4	2.0	0.0085	0.4

二、均布的矩形荷载作用下的附加应力计算

轴心受压柱的基底附加压力即属于均布矩形荷载情况。如图 2-9 所示，求解时一般先以积分法求得矩形荷载截面角点下的附加应力，然后运用角点法求得矩形荷载任意点的地基附加应力。矩形截面的长边和短边尺寸分别为 l 和 b，竖向均布荷载为 p_0，则对矩形基础底面角点下任意深度 z 处的附加应力积分得

$$\mathrm{d}\sigma_z = \frac{3}{2\pi}\frac{p_0 z^3}{(x^2 + y^2 + y^2)^{5/2}}\mathrm{d}x\mathrm{d}y \tag{2-12}$$

作用下土中竖向附加应力的计算得

$$\sigma_z = \iint_a \mathrm{d}\sigma_z = \frac{3p_0 z^3}{2\pi}\int_0^l\int_0^b\frac{1}{(x^2 + y^2 + z^2)^{5/2}}\mathrm{d}x\mathrm{d}y$$

$$= \frac{p_{\text{o}}}{2\pi} \left[\frac{lbz(l^2 + b^2 + z^2)}{(l^2 + z^2)(b^2 + z^2)\sqrt{l^2 + b^2 + z^2}} \arctan \frac{lb}{z\sqrt{l^2 + b^2 + z^2}} \right]$$

令
$$\alpha_{\text{c}} = \frac{1}{2\pi} \left[\frac{lbz(l^2 + b^2 + 2z^2)}{(l^2 + z^2)(b^2 + z^2)\sqrt{l^2 + b^2 + z^2}} \arctan \frac{lb}{z\sqrt{l^2 + b^2 + z^2}} \right]$$

$$\sigma_z = \alpha p_0 \tag{2-13}$$

式中，α_{c} 为均布矩形荷载角点下的竖向附加应力系数，将计算各种不同情况下的取值按表 2-3 查用。

表 2-3   均布矩形荷载角点下的竖向附加应力系数 α_{c}

$n=z/b$	$m=l/b$										
	1.0	1.2	1.4	1.6	1.8	2.0	3.0	4.0	5.0	6.0	10.0
0.0	0.2500	0.2500	0.2500	0.2500	0.2500	0.2500	0.2500	0.2500	0.2500	0.2500	0.2500
0.2	0.2486	0.2489	0.2490	0.2491	0.2491	0.2491	0.2492	0.2492	0.2492	0.2492	0.2492
0.4	0.2401	0.2420	0.2429	0.2434	0.2437	0.2439	0.2442	0.2443	0.2443	0.2443	0.2443
0.6	0.2229	0.2275	0.2300	0.2351	0.2324	0.2329	0.2339	0.2341	0.2342	0.2342	0.2342
0.8	0.1999	0.2075	0.2120	0.2147	0.2165	0.2176	0.2196	0.2200	0.2202	0.2202	0.2202
1.0	0.1752	0.1851	0.1911	0.1955	0.1981	0.1999	0.2034	0.2042	0.2044	0.2045	0.2046
1.2	0.1516	0.1626	0.1705	0.1758	0.1793	0.1818	0.1870	0.1882	0.1885	0.1887	0.1888
1.4	0.1308	0.1423	0.1508	0.1569	0.1613	0.1644	0.1712	0.1730	0.1735	0.1738	0.1740
1.6	0.1123	0.1241	0.1329	0.1436	0.1445	0.1482	0.167	0.1590	0.1598	0.1601	0.1604
1.8	0.0969	0.1083	0.1172	0.1241	0.1294	0.1334	0.1434	0.1463	0.1474	0.1478	0.1482
2.0	0.0840	0.0947	0.1034	0.1103	0.1158	0.1202	0.1314	0.1350	0.1363	0.1368	0.1374
2.2	0.0732	0.0832	0.0917	0.0984	0.1039	0.1084	0.1205	0.1248	0.1264	0.1271	0.1277
2.4	0.0642	0.0734	0.0812	0.0879	0.0934	0.0979	0.1108	0.1156	0.1175	0.1184	0.1192
2.6	0.0566	0.0651	0.0725	0.0788	0.0842	0.0887	0.1020	0.1073	0.1095	0.1106	0.1116
2.8	0.0502	0.0580	0.0649	0.0709	0.0761	0.0805	0.0942	0.0999	0.1024	0.1036	0.1048
3.0	0.0447	0.0519	0.0583	0.0640	0.0690	0.0732	0.0870	0.0931	0.0959	0.0973	0.0987
3.2	0.0401	0.0467	0.0526	0.0580	0.0627	0.0668	0.0806	0.0870	0.0900	0.0916	0.0933
3.4	0.0361	0.0421	0.0477	0.0527	0.0571	0.0611	0.0747	0.0814	0.0847	0.0864	0.0882
3.6	0.0326	0.0382	0.0433	0.0480	0.0523	0.0561	0.0694	0.0763	0.0799	0.0816	0.0837
3.8	0.0296	0.0348	0.0395	0.0439	0.0479	0.0516	0.0645	0.0717	0.0753	0.0773	0.0796
4.0	0.0270	0.0318	0.0362	0.0403	0.0441	0.0474	0.0603	0.0674	0.0712	0.0733	0.0758
4.2	0.0247	0.0291	0.0333	0.0371	0.0407	0.0439	0.0563	0.0634	0.0674	0.0696	0.0724
4.4	0.0227	0.0268	0.0306	0.0343	0.0376	0.0407	0.0527	0.0597	0.0639	0.0662	0.0696
4.6	0.0209	0.0247	0.0283	0.0317	0.0348	0.0378	0.0493	0.0564	0.0606	0.0630	0.0663
4.8	0.0193	0.0229	0.0262	0.0294	0.0324	0.0352	0.0463	0.0533	0.0576	0.0601	0.0635
5.0	0.0179	0.0212	0.0243	0.0274	0.0302	0.0328	0.0435	0.0504	0.0547	0.0573	0.0610
6.0	0.0127	0.0151	0.0174	0.0196	0.0218	0.0233	0.0325	0.0388	0.0431	0.0460	0.0506
7.0	0.0094	0.0112	0.0130	0.0147	0.0164	0.0180	0.0251	0.0306	0.0346	0.0376	0.0428
8.0	0.0073	0.0087	0.0101	0.0114	0.0127	0.0140	0.0198	0.0246	0.0283	0.0311	0.0367
9.0	0.0058	0.0069	0.0080	0.0091	0.0102	0.0112	0.0161	0.0202	0.0235	0.0262	0.0319
10.0	0.0047	0.0056	0.0065	0.0074	0.0083	0.0092	0.0132	0.0167	0.0198	0.0222	0.0280

　　利用矩形面积角点下的附加应力计算公式和应力叠加原理，可以推导出地基中任意点的附加应力，这种方法称为角点法。计算点位于角点下的四种情况如图 2-10 所示。

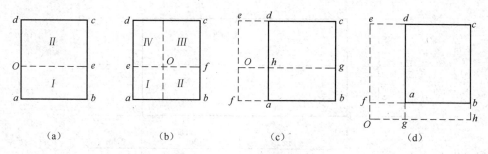

图 2-10　角点下的四种情况

　　（1）O 点在荷载面边缘［图 2-10（a）］。过 O 点作辅助线 Oe，将荷载面分成 I、II 两块面积，由叠加原理可得

$$\sigma_z = (\alpha_{cI} + \alpha_{cII})p_0 \qquad (2\text{-}14)$$

式中，α_{cI}、α_{cII} 分别是按两块小矩形面积 I、II，由（l_I/b_I, z/b_I）、（l_{II}/b_{II}, z/b_{II}）查得的附加应力系数。

　　（2）O 点在荷载面内［图 2-10（b）］。过 O 点作两条辅助线 ef，将荷载分成 I、II、III、IV 共四块面积，于是有

$$\sigma_z = (\alpha_{\sigma I} + \alpha_{\sigma II} + \alpha_{\sigma III} + \alpha_{\sigma IV})P_0 \qquad (2\text{-}15)$$

　　（3）O 点在荷载面边缘外侧［图 2-10（c）］，则

$$\sigma_z = (\alpha_{\sigma I} + \alpha_{\sigma II} + \alpha_{\sigma III} - \alpha_{\sigma IV})P_0 \qquad (2\text{-}16)$$

　　（4）O 点在荷载面角点外侧［图 2-10（d）］，则

$$\sigma_z = (\alpha_{\sigma I} - \alpha_{\sigma II} - \alpha_{\sigma III} + \alpha_{\sigma IV})P_0 \qquad (2\text{-}17)$$

45

📖 **课堂案例**

　　有均布荷载 $p = 100\text{kN/m}^2$，荷载面积为 2.0m×1.0m，如图 2-11 所示，求荷载面积上角点 A、边点 E、中心点 O 以及荷载面积外点 F 和点 G 等各点下 $z = 1.0$m 深度处的附加应力，并利用计算结果说明附加应力的扩散规律。

　　解：（1）点 A 下的附加应力。点 A 是矩形 $ABCD$ 的角点，且 $m = l/b = 2/1 = 2$；$n = z/b = 1$，查表 2-3 得 $\alpha_c = 0.1999$，故 $\sigma_{zA} = \alpha_c p = 0.1999 \times 100 = 20$（kN/m²）。

　　（2）点 E 下的附加应力。通过点 E 将矩形荷载面积划分为两个相等的矩形 $EADI$ 和 $EBCI$。

$$m = l/b = 1/1 = 1; \quad n = z/b = 1/1 = 1$$

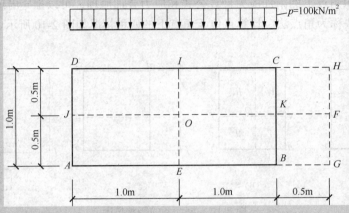

图 2-11　均布荷载附加应力的扩散规律

查表 2-3 得 $\alpha_c = 0.175\,2$，故 $\sigma_{zE} = 2\alpha_c p = 2 \times 0.175\,2 \times 100 = 35$（$kN/m^2$）。

（3）点 O 下的附加应力。通过点 O 将原矩形面积分为四个相等的矩形 $OEAJ$、$OJDI$、$OICK$ 和 $OKBE$。

$$m = l/b = 1/0.5 = 2 ; \quad n = z/b = 1/0.5 = 2$$

查表 2-3 得 $\alpha_c = 0.120\,2$，故 $\sigma_{zo} = 4\alpha_c p = 4 \times 0.120\,2 \times 100 = 48.1 (kN/m^2)$。

三、三角形分布的矩形荷载作用下的附加应力计算

设竖向荷载沿矩形截面一边 b 方向上呈三角形分布（沿另一边 z 的荷载不变），荷载的最大值 p_0，设荷载零值边的角点 1 为坐标原点，如图 2-12 所示，将荷载面内某点（x，y）处所取微面积 $dxdy$ 上的分布荷载以集中力 $\frac{x}{b}p_0 dxdy$ 代替。用积分法可求得角点 1 下任意深度 z 处 M 点的竖向附加应力，即

$$\sigma_z = \iint_A d\sigma_z = \iint_A \frac{3}{2\pi} \frac{p_0 x z^3}{x^2 + y^2 + z^2} dxdy \qquad (2\text{-}18)$$

积分得

$$\sigma_z = \alpha_{t1} p_0 \qquad (2\text{-}19)$$

式中　　$\alpha_{t1} = \dfrac{mn}{2\pi}\left[\dfrac{1}{\sqrt{m^2+n^2}} - \dfrac{n^2}{\sqrt{(1+n^2)\sqrt{m^2+n^2+1}}}\right]$

荷载最大值边的角点 2 下任意深度 z 处的竖向附加应力 σ_z 为

$$\sigma_z = \alpha_{t2} p_0 \qquad (2\text{-}20)$$

式中，α_{t1}、α_{t2} 均为 $m = l/b$ 和 $n = z/b$ 的函数，由《建筑地基基础设计规范》（GB 50007—2011）附录 K 查取。

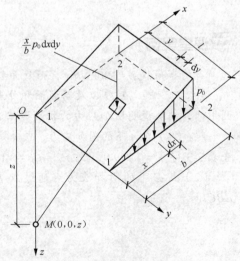

图 2-12　三角形分布矩形荷载角点下的 σ_z

四、均布圆形荷载作用下土中竖向附加应力的计算

如图 2-13 所示，半径为 r_0 的圆形荷载面积上作用有竖向均布荷载 p_0，为求荷载面中心点下任意深度 z 处 M 点的 σ_z 值，运用积分法可求得 σ_z 为

$$\sigma_z = \iint_A \mathrm{d}\sigma_z = \frac{3p_0 z^3}{2\pi} \int_0^{2\pi} \int_0^{r_0} \frac{r\mathrm{d}\theta\mathrm{d}r}{(r^2 + z^2)^{\frac{5}{2}}}$$

$$= p_0 \left[1 - \frac{z^3}{(r_0^2 + z^2)^{3/2}} \right]$$

$$= p_0 \left[1 - \frac{1}{\left(\dfrac{r_0^2}{z^2} + 1 \right)^{3/2}} \right] = \alpha_r p_0 \qquad (2\text{-}21)$$

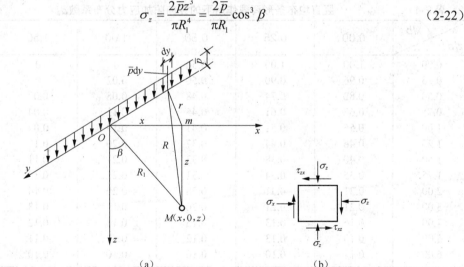

图 2-13　均布圆形荷载中点下的 σ_z

式中，α_r 为均布圆形荷载中心点下的附加应力系数，可由《建筑地基基础设计规范》（GB 50007—2011）附录 K 查取。

五、线荷载作用下地基的附加应力

线荷载是在半空间表面一条无限长直线上的均布荷载。设一竖向线荷载 $\bar{p}$ 作用在 y 坐标轴上，沿 y 轴截取一微分段 $\mathrm{d}y$，如图 2-14 所示，通过积分可得

$$\sigma_z = \frac{2\bar{p}z^3}{\pi R_1^4} = \frac{2\bar{p}}{\pi R_1} \cos^3 \beta \qquad (2\text{-}22)$$

图 2-14　线荷载作用下地基的附加应力

六、均布条形荷载作用下的附加应力计算

均布条形荷载是沿宽度方向和长度方向均匀分布，而长度方向为无限长的荷载。条形分布荷载下土中应力计算属于平面应变问题，对路堤、堤坝以及长宽比 $l/b \geqslant 10$ 的条形基础均可视为平面应变问题进行处理。

47

如图 2-15 所示，在土体表面作用分布宽度为 B 的均布条形荷载 q 时，土中任一点的竖向应力 σ_z 可用式（2-23）求解：

$$\sigma_z = \alpha_s p \qquad (2-23)$$

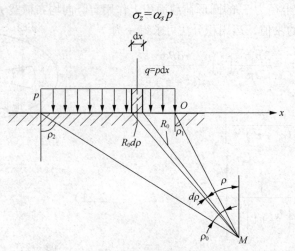

图 2-15　均布条形荷载作用下地基的附加应力

式中，应力系数 α_s 是 $n=x/b$ 及 $m=z/b$ 的函数，即

$$\alpha_s = \frac{1}{\pi}\left[\left(\arctan\frac{1-2n}{2m}+\arctan\frac{1-2n}{2m}\right)-\frac{4m(4n^2-m^2-1)}{(4n^2+4m^2-1)+16m^2}\right] \qquad (2-24)$$

式中，α_s 为竖直均布条形荷载作用下的竖向附加应力分布系数，见表 2-4。

表 2-4　　　　　　　　竖直均布条形荷载作用下的竖向附加应力分布系数 α_s

z/b ＼ x/b	0.00	0.25	0.50	1.00	1.50	2.00
0.00	1.00	1.00	0.50	0	0	0
0.25	0.96	0.90	0.50	0.02	0	0
0.50	0.82	0.74	0.48	0.08	0.02	0
0.75	0.67	0.61	0.45	0.15	0.04	0.02
1.00	0.55	0.51	0.41	0.19	0.07	0.03
1.25	0.46	0.44	0.37	0.20	0.10	0.04
1.50	0.40	0.38	0.33	0.21	0.11	0.06
1.75	0.35	0.34	0.31	0.21	0.13	0.07
2.00	0.31	0.31	0.28	0.20	0.14	0.08
3.00	0.21	0.21	0.20	0.17	0.13	0.10
4.00	0.16	0.13	0.15	0.14	0.12	0.10
5.00	0.13	0.13	0.12	0.12	0.11	0.09
6.00	0.11	0.10	0.10	0.10	0.10	—

此时，x 坐标轴的原点是在均布荷载的中点处，均布条形荷载作用下地基中任意点 M 处附加应力的极坐标表达式为

$$\sigma_z = \frac{p}{\pi}[\sin\beta_2\cos\beta_2 - \sin\beta_1\cos\beta_1 + (\beta_2 - \beta_1)] \qquad (2-25)$$

式中，当 M 点位于荷载分布宽度两端点竖直线之间时，β_1 取负值，计算中 β_1 及 β_2 采用弧度为计算单位。

M 点的最大主应力 σ_1 和最小主应力 σ_3 分别为

$$\sigma_1 = \frac{p}{\pi}(\beta_0 + \sin\beta_0)$$

$$\sigma_3 = \frac{p}{\pi}(\beta_0 - \sin\beta_0) \qquad (2-26)$$

式中，β_0 为 M 点与条形荷载两端连线的夹角，如图 2-15 所示，称为视角，$\beta_0 = \beta_2 - \beta_1$。视角 β_0 的二等分线即为最大主应力 σ_1 的方向，与二等分线垂直的方向就是最小主应力 σ_3 的方向。均布条形荷载下地基中的附加应力分布规律如图 2-16 所示。

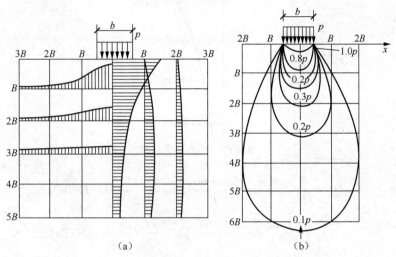

图 2-16　均布条形荷载下地基中附加应力等值线

从图 2-16 中可以看出：

（1）均布条形荷载下地基中附加应力具有扩散分布性；

（2）在离基底不同深度处的各个水平面上，以基底中心点下轴线处最大，随距离中轴线越远应力越小；

（3）在荷载分布范围内之下沿垂线方向的任意点，随深度越向下附加应力越小。

学习案例

某条形基础如图 2-17 所示，基础埋深 1.5m，其上作用荷载 $F=340\text{kN}$，$M=50\text{kN·m}$，基础及其以上覆土重 $G=60\text{kN}$。

想一想

试求基础中心点下的附加应力。

案例分析

解：（1）基底附加应力。

偏心距 $e = \dfrac{M}{F+C} = \dfrac{50}{340+60} = 0.125(\text{m})$

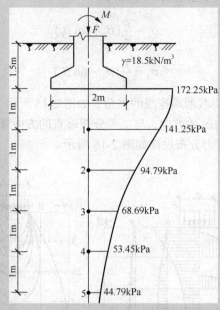

图 2-17 极坐标法放样

基底压力

$$p_{max} = \frac{N}{b}(1+\frac{6e}{b}) = \frac{340+60}{2} \times \left(1+\frac{6\times0.125}{2}\right) = 275(\text{kPa})$$

$$p_{min} = \frac{N}{b}(1-\frac{6e}{b}) = \frac{340+60}{2} \times \left(1-\frac{6\times0.125}{2}\right) = 125(\text{kPa})$$

基底附加应力

$$p_{0max} = 275-18.5\times1.5=247.25(\text{kPa})$$

$$p_{0min} = 125-18.5\times1.5=97.25(\text{kPa})$$

（2）基础中心点下的附加压力。

将梯形分布的基底附加压力视为由均布荷载和三角形分布荷载两部分组成，其中均布荷载 $p_0 = 97.25$ kPa；三角形分布荷载 $p_t = 150$ kPa。分别计算权值为 0、0.5m、1m、2m、3m、4m、5m 时的附加应力，将计算结果列于表 2-5 中。

表 2-5　计算结果

| 点号 | 深度/m | $\frac{z}{b}$ | 均布荷载 p_0=97.25kPa | | | 三角形荷载 p_t=150kPa | | | $\sigma = \sigma_z' + \sigma_z''/\text{kPa}$ |
			$\frac{x}{b}$	α_{sz}	σ_z'	$\frac{x}{b}$	$\alpha\tau$	σ_z'	
0	0	0	0	1.00	97.25	0.5	0.500	75.0	172.25
1	0.5	0.25	0	0.96	93.36	0.5	0.480	72.0	165.36
2	1.0	0.5	0	0.82	79.75	0.5	0.410	61.5	141.25
3	2.0	1.0	0	0.55	53.49	0.5	0.275	41.3	94.79
4	3.0	1.5	0	0.40	38.90	0.5	0.200	30.0	68.90
5	4.0	2.0	0	0.31	38.15	0.5	0.155	23.3	53.45
6	5.0	2.5	0	0.26	25.29	0.5	0.130	19.5	44.79

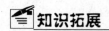
知识拓展

荷载的概念与分类

1. 荷载的概念

荷载通常是指作用在结构上的外力。如结构自重、水压力、土压力、风压力以及人群及货物的重力、起重机轮压等。此外，还有其他因素可以使结构产生内力和变形，如温度变化、地基沉陷、构件制造误差、材料收缩等。从广义上说，这些因素也可看做荷载。

合理地确定荷载，是结构设计中非常重要的工作。如果估计过大，所设计的结构尺寸将偏大，造成浪费；如将荷载估计过小，则所设计的结构不够安全。进行结构设计，就是要确保结构的承载能力足以抵抗内力，将变形控制在结构能正常使用的范围内。在进行结构设计时，不仅要考虑直接作用在结构上的各种荷载作用，还应考虑引起结构内力、变形等效应的间接作用。

对于特殊的结构，必要时还要进行专门的实验和理论研究以确定荷载。

2. 荷载的分类

在工程实际中，作用在结构上的荷载是多种多样的。为了便于力学分析，需要从不同的角度对它们进行分类。

（1）根据荷载的分布范围，荷载可分为集中荷载和分布荷载。

① 集中荷载是指分布面积远小于结构尺寸的荷载，如起重机的轮压。由于这种荷载的分布面积较集中，因此在计算简图上可把这种荷载作用于结构上的某一点处。

② 分布荷载是指连续分布在结构上的荷载，当连续分布在结构内部各点上时称为体分布荷载，当连续分布在结构表面上时称为面分布荷载，当沿着某条线连续分布时称为线分布荷载，当为均匀分布时称为均布荷载。

（2）根据荷载的作用性质，荷载可分为静力荷载和动力荷载。

① 当荷载从零开始，逐渐缓慢地、连续均匀地增加到最后的确定数值后，其大小、作用位置以及方向都不再随时间而变化，这种荷载称为静力荷载。例如，结构的自重、一般的活荷载等。静力荷载的特点是：该荷载作用在结构上时，不会引起结构振动。

② 如果荷载的大小、作用位置、方向随时间而急剧变化，这种荷载称为动力荷载。例如，动力机械产生的荷载、地震力等。这种荷载的特点是：该荷载作用在结构上时，会产生惯性力，从而引起结构显著振动或冲击。

（3）根据荷载作用时间的长短，可分为恒荷载和活荷载。

① 恒荷载是指作用在结构上的不变荷载，即在结构建成以后，其大小和作用位置都不再发生变化的荷载。例如，构件的自重、土压力等。构件的自重可根据结构尺寸和材料的重力密度（即 $1m^3$ 体积的重量，单位为 N/m^3）进行计算。

② 活荷载是指在施工或建成后使用期间可能作用在结构上的可变荷载，这种荷载有时存在，有时不存在，它们的作用位置和作用范围可能是固定的（如风荷载、雪荷载、会议室的人群荷载等），也可能是移动的（如起重机荷载、桥梁上行驶的汽车荷载等）。不同类型的房屋建筑，因其使用的情况不同，活荷载的大小也就不同。在现行《建筑结构荷载规范》（GB 50009—2012）中，各种常用的活荷载都有详细的规定。

确定结构所承受的荷载是结构设计中的重要内容之一，必须认真对待。在荷载规范未述及的某些特殊情况下，设计者需要深入现场，结合实际情况进行调查研究，才能合理确定荷载。

情境小结

建筑物使地基土中原有的应力状态发生变化，从而引起地基变形。若土中应力过大，超过了地基土的极限承载力，则可能引起地基剪切破坏。为了计算基础沉降以及对地基进行强度与稳定分析，必须知道土中的应力分布。地基的应力与变形计算是保证建筑物正常使用和安全可靠的前提。

通过本情境的学习，在掌握均匀地基土的自重应力基础上，进行多层地基土的自重应力计算，进而掌握地下水对自重应力的影响。在理解基底压力和基底附加压力的前提下，对其进行计算。采用附加应力系数的方法计算多种情况下的附加应力。

学习检测

一、填空题

1. 对绝对刚性基础，本身刚度很大，在_____作用下，基础底面保持_____，即基础各点的沉降是相同的，为了使基础与地基的变形保持协调一致，刚性基础的_____的分布要重新调整。

2. 常见的_____作用在_____的一个主轴上（称为单向偏心），为了抵抗荷载的偏心作用，设计时通常把_____的长边放在_____方向。

3. 在建筑物建造后，基底处_____与开挖基坑前相比，应力将_____，_____的应力即为_____。

4. 利用_____面积角点下的附加应力计算公式和应力叠加原理，可以推导出地基中任意点的_____，这种方法称为_____。

5. _____下地基中附加应力具有_____；在离基底不同深度处的各个水平面上，以基底_____处最大，随距离中轴线越远应力越小；在荷载分布范围内之下沿_____方向的任意点，随深度越向下附加应力_____。

二、选择题

1. 地下水位以下的土，由于受到（　　　）的浮力作用，土的重度减轻。
   A. 水　　　　　　　　B. 土　　　　　　　　C. 空气　　　　　　　　D. 其他条件

2. 当基础为完全柔性时，就像放在地上的薄膜，在垂直荷载作用下没有抵抗弯矩变形的能力，基础随着地基一起（　　　）。
   A. 变形　　　　　　　B. 抗剪　　　　　　　C. 下沉　　　　　　　　D. 沉降

3. 块式整体基础、素混凝土基础通常被视为（　　　）。
   A. 条形基础　　　　　B. 刚性基础　　　　　C. 柔性基础　　　　　　D. 杯形基础

4. 在建筑物建造后，基底处基底压力作用与开挖基坑前相比，应力将（　　　）。
   A. 减小　　　　　　　B. 增加　　　　　　　C. 不增不减　　　　　　D. 消失

三、判断题

1. 在一般情况下，土层的覆盖面积很小，所以土的自重可看成分布面积为很小的荷载。

　　　　　　　　　　　　　　　　　　　　　　　　　　　　　　　　　　（　　　）

52

2. 土体在荷载作用下既不能有侧向变形，又不能有剪切变形，只能产生横向变形。（　　）

3. 通常地基土由不同重度的土层所构成。（　　）

4. 地下水位的变化会引起土中自重应力的变化。（　　）

5. 地下水位下沉后，新增的自重应力会引起土体本身产生变形，造成地表大面积下沉或塌陷。（　　）

6. 当基础为完全柔性时，就像放在地上的薄膜，在垂直荷载作用下没有抵抗弯矩变形的能力，基础随着地基一起变形。（　　）

7. 通常在中心荷载作用下，基底压力呈马鞍形分布，中间小而两边大。（　　）

8. 当基础上的荷载较大时，基础边缘因为应力很大，土产生塑性变形，边缘应力不再增大，而使中间部分应力继续增大，基底压力呈抛物线形分布。（　　）

9. 当作用在基础上的荷载继续增大，接近地基的破坏荷载时，应力图形又变成中部突出的钟形。（　　）

10. 轴心受压柱的基底附加压力即属于均布矩形荷载情况。（　　）

四、名词解释

1. 基底压力
2. 地基反力
3. 线荷载
4. 均布条形荷载

五、问答题

1. 土的自重应力和附加应力分别是什么？
2. 地下水对土的自重有什么影响？
3. 基底压力分布与哪些因素有关？

学习情境三

计算土的压缩性与地基沉降量

某房屋建筑工程中业主担心土质有问题，要求施工单位进行地基土在不同压力下的试验，并确定其压缩变形量、压缩系数和压缩模量等有关压缩指标。

案例导航

土的压缩就是土在压力作用下体积逐渐缩小的过程，压缩试验是将土样放在金属容器内，在有侧限的条件下施加压力，观察在不同压力下的压缩变形量，以测定土的压缩系数、压缩模量等有关压缩指标，了解土的压缩特性，作为设计计算依据。

土的压缩性一般可通过室内压缩试验来确定，试验的过程大致如下：先用金属环刀切取原状土样，然后将土样连同环刀一起放入压缩仪内，如图3-1所示，再分级加载。在每级荷载作用下，压至变形稳定，测出土样稳定变形量后，再加下一级压力。一般土样加五级荷载，即 50kPa、100kPa、200kPa、300kPa、400kPa，根据每级荷载下的稳定变形量，可以计算出相应荷载作用下的孔隙比。

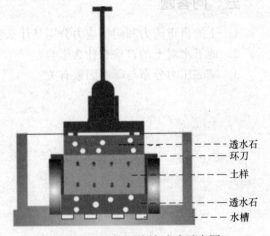

图 3-1　土的压缩性试验示意图

如何对工程中地基的沉降量进行计算，怎样认识地基变形与时间的关系及地基沉降量允许值？需要掌握如下重点：

1. 土的压缩性；
2. 地基最终沉降量的计算；
3. 地基变形与时间的关系；
4. 建筑物沉降观测与地基允许变形值。

学习单元 1　计算土的压缩性

知识目标

1. 了解土的压缩性的基本概念。
2. 熟悉土的压缩性指标。

技能目标

1. 了解土的压缩性的过程，并了解土的压缩性的基本概念。
2. 通过熟悉土的压缩性试验，掌握压缩系数的应用与要求。

基础知识

一、土的压缩性的概念

土的压缩性是土的力学基本性质之一。它是指在外荷载作用下，土体产生体积压缩的性质，也可以说是反映土中应力变化与其变形之间关系的一种工程性质。简单定义为土体的压缩性就是土体在压力作用下体积缩小的性质。

由于地基土是三相体（不包括完全饱和土和干土，这两种土是二相体），因此土体受力压实后，其压缩变形包括：一是由于土粒及孔隙水和空气本身的压缩变形，研究试验表明，在一般压力（100～600kPa）作用下，这种压缩变形占总压缩量的比例甚微，可忽略不计；二是土中部分孔隙水和空气被挤出，使土粒产生相对位移，重新排列压密。同时还可能有部分封闭气体被压缩或溶解于孔隙水中，使孔隙体积减小，从而导致土的结构产生变形，这是引起土体压缩的主要原因。

需要指出，土的压缩变形需要一定的时间才能完成。对于无黏性土，压缩过程所需的时间较短；而对于饱和黏性土，由于透水性小，水被挤出的较慢，压缩过程所需要的时间相当长，可能需要几年甚至几十年才能达到压缩稳定。因此，将土体在压力作用下，其压缩量随时间增长的过程，称为土的固结。

55

二、土的压缩性指标

（一）土的压缩性试验

土的压缩性试验是在侧限压缩仪中进行的。该实验的主要目的是了解土的孔隙比随压力变化的规律，并测定土的压缩指标，评定土的压缩性大小。

室内侧限压缩仪（又称固结仪）示意图如图 3-2 所示，它由压缩容器、加压活塞、刚性护环、环刀、透水石和底座等组成。常用的环刀内径为 60～80mm，高20mm；试验时，先用金属环刀取土，然后将土样连同环刀一起放入侧限压缩仪内，土样上下各放一块透水石，以便土样受压后能自由排水，在透水石上面再通过加荷载装置施加竖向荷载。由于土样受到环刀、压缩容器的约束，在压缩过程中只能发生竖向变形，不能发生侧向变形，所以这种方法称为侧限压缩试验。

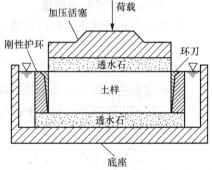

图 3-2　侧限压缩仪示意图

侧限压缩试验中土样的受力状态相当于土层在承受连续均布荷载时的情况。试验中作用在土样上的荷载需逐级施加，通常按 50kPa、100kPa、200kPa、300kPa、400kPa、500kPa 加荷载；最后一级荷载视土样情况和实际工程而定，原则上略大于估计的土自重应力与附加应力之和，但不小于 200kPa。每次加荷载后要等到土样压缩相对稳定后才能施加下一级荷载，必要时，可做加载—卸载—再加载试验。

☼小技巧

土的压缩性试验技巧

试验时，要通过加荷载装置和加压板将压力均匀地施加到土样上。荷载逐级增加。根据每一级压力下的稳定变形量，计算出与各级压力下相应的稳定孔隙比。

图 3-3 为土样压缩试验前后体积变化示意图。由于土样压缩时不可能发生侧向膨胀，故压缩前后土样的横截面积不变。压缩过程中土粒体积也是不变的。土样横截面面积为 A，土样压缩前高度为 H_0，土中颗粒体积为 V_{s0}，土中孔隙体积为 V_{v0}；压缩后高度为 H_1，土中颗粒体积为 V_{s1}，土中孔隙体积为 V_{v1}，s 为压缩变形量。

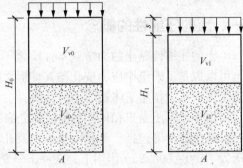

图 3-3　土样压缩试验前后体积变化示意图

压缩前的体积

$$V_0 = V_{v0} + V_{s0} = V_{s0}(1+e_0) \qquad (3-1)$$

压缩后的体积

$$V_1 = V_{v1} + V_{s1} = V_{s1}(1+e_1) \qquad (3-2)$$

据此可得到如下关系式：

$$\frac{s}{H_0} = \frac{H_0 - H_1}{H_0} = \frac{(H_0 - H_1)A}{H_0 A} = \frac{V_0 - V_1}{V_0} \qquad (3-3)$$

结合式（3-1）、式（3-2）和式（3-3），整理可得

$$e_1 = e_0 - \frac{s}{H_0}(1+e_0) \qquad (3-4)$$

式中，e_0——压缩前土样的孔隙比；

　　　e_1——压缩后土样的孔隙比；

　　　s——土样压缩变形量。

各级压力 p_i 作用下土样压缩稳定后相应的孔隙比 e_i 为

$$e_i = e_0 - \frac{\Delta s}{H_0}(1+e_0) \qquad (3-5)$$

根据试验的各级压力和求得对应各级压力下的孔隙比，以纵坐标表示孔隙比，以横坐标表示压力，从而可绘制出土样压缩试验的曲线，即为压缩曲线，如图 3-4 所示。

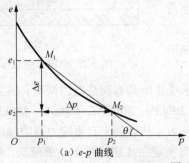

（a）e-p 曲线

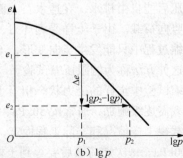

（b）lg p

图 3-4　压缩曲线

（二）压缩系数

土在完全侧限条件下，孔隙比 e 随压力 p 的增加而减小，当压力由 p_1 至 p_2 的变化范围不大时，可将压缩曲线上相应的曲线段近似地用直线来代替，如图 3-4 所示。若 p_1 压力相应的孔隙比为 e_1，p_2 压力相应的孔隙比为 e_2，则该段的斜率可用下式表示：

$$\alpha = \tan \theta = \frac{\Delta e}{\Delta p} = \frac{e_1 - e_2}{p_2 - p_1} \tag{3-6}$$

式中，α——土的压缩系数（MPa^{-1}）；

e_1——相应于 p_1 作用下压缩稳定后的孔隙比；

e_2——相应于 p_2 作用下压缩稳定后的孔隙比。

式（3-6）为土的力学性质的基本定律之一，称为压密定律。它表明：在压力变化范围不大时，孔隙比的变化（减小值）与压力的变化（增加值）成正比。比例系数称为压缩系数，用符号 α 表示。

☼**小提示**

土的压缩性判定技巧

压缩系数是表明土的压缩性大小的重要指标，广泛应用于土力学计算当中。压缩系数越大，表明在某压力变化范围内孔隙比减少的越多，压缩性就越高。且同一种土的压缩系数并不是常数，而是随所取压力变化范围的不同而改变的。因此评价不同种类和状态土的压缩系数大小，必须在同一压力变化范围内进行比较。

在工程实际中，为了便于比较，通常取 $p_1=100$kPa，$p_2=200$kPa，相应的压缩系数用 α_{1-2} 表示，以此判定土的压缩性。规定如下：

$\alpha_{1-2}<0.1MPa^{-1}$，属于低压缩性土；$0.1MPa^{-1} \leqslant \alpha_{1-2}<0.5MPa^{-1}$，属于中压缩性土；$\alpha_{1-2} \geqslant 0.5MPa^{-1}$，属于高压缩性土。

在侧限条件下，土在完全侧限条件下的竖向附加应力与相应的应变增量的比值称为土的侧限压缩模量，用 E_s 表示。

设附加应力的增量 $\Delta p = p_2 - p_1$，应变的增量 $\Delta \varepsilon = \Delta s / h$，可得

$$\varepsilon = \frac{\Delta s}{n} = \frac{e_1 - e_2}{1 + e_1} \tag{3-7}$$

则

$$E_s = \frac{\Delta p}{\Delta \varepsilon} = \frac{p_2 - p_1}{\dfrac{e_1 - e_2}{1 + e_1}} = \frac{1 + e_1}{\alpha} \tag{3-8}$$

式中，E_s——土的侧限压缩模量（MPa）；

α、e_1、e_2 的含义与式（3-6）中的含义相同。

☼**小提示**

压缩模量也是土的一个重要的压缩性指标，它与压缩系数成反比，E_s 越大，α 越小，土的压缩性越低。一般情况下，$E_s<4$MPa，属于高压缩性土；$4MPa \leqslant E_s \leqslant 15MPa$，属于中压缩性土；$E_s>15$MPa，属于低压缩性土。

学习单元 2　计算地基最终沉降量

知识目标

1. 了解地基最终沉降量的基本概念。
2. 掌握最终沉降量的计算方法。
3. 掌握大面积荷载作用下地基附加沉降量的计算方法。

技能目标

1. 了解地基最终沉降量的基本概念，并掌握分层总和法计算最终沉降量的方法与要求；同时，掌握规范法计算地基沉降量的要求。
2. 掌握大面积地面荷载作用下地基附加沉降量的计算方法与要求。

基础知识

一、地基最终沉降量的概念

最终沉降量是地基在建筑物荷载作用下压缩变形达到完全稳定时地基表面的沉降量。通常认为，除新近沉积的欠固结以外，一般地基土层在自重作用下的压缩已稳定，因此，地基沉降的外因主要是建筑物荷载在地基中产生附加应力。

地基沉降造成两个方面的问题：一是沉降量过大造成建筑物标高降低，影响正常使用；二是不均匀沉降造成建筑物倾斜、开裂甚至倒塌。计算地基最终沉降量的目的，是确定建筑最大沉降值（沉降量、沉降差、倾斜），并将其控制在建筑物所允许的范围内，以保证建筑物安全和正常使用。计算地基最终沉降量的方法有分层总和法和《建筑地基基础设计规范》（GB 50007—2011）中给定的方法。

> ☆小技巧
>
> **地基变形计算应符合的规定**
>
> 在计算地基变形时应符合下列规定。
>
> （1）由于建筑物地基不均匀、荷载差异很大、体型复杂等因素引起的地基变形，对于砌体承重结构应由局部倾斜控制；对于框架结构和单层排架结构应由相邻柱基的沉降差控制；对于多层或高层建筑和高耸结构应由倾斜值控制；必要时应控制平均沉降量。
>
> （2）在必要情况下，需要分别预估建筑物在施工期间和使用期间的地基变形值，以便预留建筑物之间的净空，选择连接方法和施工顺序。

二、分层总和法计算最终沉降量

（一）分层总和法的概念及基本假定

普通的分层总和法是假定地基土为线弹性体，将地基沉降量计算深度（即压缩层）范围内的土层划分为若干个薄层，分别计算每个薄层的压缩变形量，然后将各分层土的变形量叠加起来的方法。

采用分层总和法计算地基最终沉降量时，通常有以下两种假定情况：

（1）地基中划分的各薄层均在无侧向膨胀情况下产生竖向压缩变形。这样计算基础沉降时，就可以使用室内固结试验的成果，如压缩模量、e-p 曲线；

（2）基础沉降量按基础底面中心垂线上的附加应力进行计算。实际上基底下同一深度上偏离中垂线的其他各点的附加应力比中垂线上的较小，这样会使计算结果比实际稍偏大，可以抵消一部分由基本假定所造成的误差；

（3）对于每一薄层来说，从层顶到层底的应力是变化的，计算时近似地取层顶和层底应力的平均值。划分的土层越薄，由这种简化所产生的误差就越小；

（4）只计算"压缩层"范围内的变形。所谓"压缩层"是指基础底面以下地基中显著变形的那部分土层。由于基础下引起土体变形的附加应力随着深度的增加而减小，自重应力则相反，因此到一定深度后，地基土的应力变化值已不大，相应的压缩变形也就很小，计算基础沉降时可将其忽略不计。这样，从基础底面到该深度之间的上层，就被称为"压缩层"。压缩层的厚度称为压缩层的计算深度。

（二）计算步骤

分层总和法是将地基沉降深度 z_n 范围的土划分为若干个分层，按侧限条件下分别计算各分层的压缩量，其总和即为地基最终沉降量，具体计算步骤如下。

（1）选择沉降计算剖面，在每一个剖面上选择若干计算点。在计算基底压力和地基中附加应力时，根据基础的尺寸及所受荷载的性质（中心受压、偏心或倾斜等），求出基底压力的大小和分布；再结合地基土层的形状，选择沉降计算点的位置。

（2）将地基分层。在分层时天然土层的交界面和地下水位面应为分层面，同时在同一类土层中分层的厚度不宜过大。一般取分层厚 $h_i \leq 0.4b$（b 为基础底面的宽度）或 h_i 取 $1 \sim 2m$ 厚。

（3）求出计算点垂线上各分层层面处的竖向自重应力 σ_c（应从地面起算），并绘出它的分布曲线。

（4）求出计算点垂线上各分层层面处的竖向附加应力 σ_z，并绘出它的分布曲线。

（5）确定地基沉降计算深度 z_n。地基沉降计算深度是指基底以下需要计算压缩变形的土层总厚度，也称为地基压缩层深度。在该深度以下的土层变形小，可略去不计。确定 z_n 的方法是该深度处应符合 $\sigma_z \leq 0.2\sigma_c$ 的要求；若其下方存在高压缩性土，则要求 $\sigma_z \leq 0.1\sigma_c$。

（6）计算各分层的自重应力平均值。

$$p_{1i} = \frac{\sigma_{ci-1} + \sigma_{ci}}{2} \tag{3-9}$$

附加应力平均值

$$p_i = \frac{\sigma_{zi-1} + \sigma_{zi}}{2} \tag{3-10}$$

$$p_{2i} = p_{1i} + \Delta_{pi} \tag{3-11}$$

（7）计算各层土在侧限条件下的压缩量。计算公式为

$$\Delta s_i = \varepsilon_i h_i = \frac{e_{1i} - e_{2i}}{1 + e_{1i}} h_i \tag{3-12}$$

式中，Δs_i——第 i 分层土的压缩模量（mm）；

ε_i——第 i 分层土的平均竖向应变；

h_i——第 i 分层土的厚度（mm）。

又因为

$$\varepsilon_i = \frac{e_{1i} - e_{2i}}{1 + e_{1i}} = \frac{a_i(p_{2i} - p_{1i})}{1 + e_{1i}} \frac{\Delta p_i}{E_{si}} \qquad (3\text{-}13)$$

$$\Delta S_i = \frac{a_i(p_{2i} - p_{1i})}{1 + e_{1i}} h_i = \frac{\Delta p_i}{E_{si}} h_i \qquad (3\text{-}14)$$

式中，a_i——第 i 层土的压缩系数；

E_{si}——第 i 层土的压缩模量。

孔隙比 e_{1i} 及 e_{2i} 可从 e-p 曲线上查得。

（8）计算地基的最终沉降量：

$$s = \sum_{i=1}^{n} \Delta s_i = \sum_{i=1}^{n} \frac{\bar{\sigma}_i}{E_{si}} h_i \qquad (3\text{-}15)$$

式中，n——地基沉降计算深度范围内所划分的土层数。

📖 **课堂案例**

已知一柱下单独方形基础，基础底面尺寸为 2.5m×2.5m，埋深 2.0m，作用于基础上（设计地面标高处）的轴向荷载 N =1 250kN，有关地基勘察资料如图 3-5 和图 3-6 所示。试用单向分层总和法计算基础中点最终沉降量。

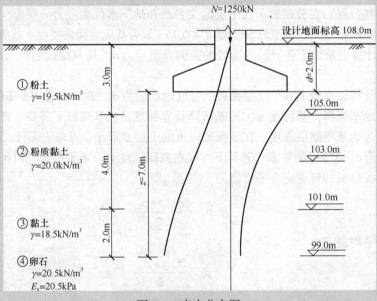

图 3-5 应力分布图

解：（1）基底压力计算。基础底面以上，基础与填土的混合重度取 γ_0=20.0kN/m³。

$$p = \frac{N + G}{F} = \frac{1250 + 2.5 \times 2 \times 20}{2.5 \times 2.5} = 240 \text{(kPa)}$$

（2）基底附加压力计算。

$$p_0 = p - \gamma d = 240 - 19.5 \times 2.0 = 201 \text{(kPa)}$$

（3）计算地基土的自重应力。z 自基底标高算起。

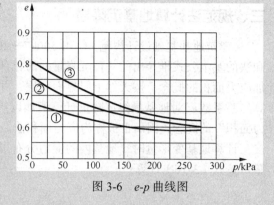

图 3-6 e-p 曲线图

$$z=0, \quad \sigma_z=19.5 \times 2=39(kPa)$$
$$z=1m, \quad \sigma_{cz1}=39+19.5 \times 1=58.5(kPa)$$
$$z=2m, \quad \sigma_{cz2}=58.5+20.0 \times 1=78.5(kPa)$$
$$z=3m, \quad \sigma_{cz3}=78.5+20.0 \times 1=98.5(kPa)$$
$$z=4m, \quad \sigma_{cz4}=98.5+20.0 \times 1=118.5(kPa)$$
$$z=5m, \quad \sigma_{cz5}=118.5+20.0 \times 1=138.5(kPa)$$
$$z=6m, \quad \sigma_{cz6}=138.5+18.5 \times 1=157(kPa)$$
$$z=7m, \quad \sigma_{cz7}=157+18.5 \times 1=175.5(kPa)$$

（4）基础中点下地基中竖向附加应力计算。

用角点法计算，$L/B=1$，$\sigma_{zi}=4\alpha_{ci}p_0$，查附加应力系数表得 α_{ci}。

（5）确定沉降计算深度 z_n。考虑第③层土压缩性比第②层土大，经计算后确定 $z_n=7m$，见表 3-1。

表 3-1　　　　　　　　　计算结果一

z/m	$z/(B/2)$	α_c	σ_z/kPa	σ_{cz}/kPa	σ_z/σ_{cz}/%	z_n
0	0	0.2500	201	39		
1	0.8	0.1999	160.7	58.5		
2	1.6	0.1123	90.29	78.5		
3	2.4	0.0642	51.62	98.8		
4	3.2	0.0401	32.24	118.5	27.21	
5	4.0	0.0270	21.71	138.5	15.68	
6	4.8	0.0193	15.52	157	9.89	
7	5.6	0.0148	11.90	175.5	6.78	按 7m 计

（6）计算基础中点最终沉降量。利用勘察资料中的 e-p 曲线，求 α、E_s。

$$\alpha = \frac{e_1-e_2}{p_2-p_1}; \quad E_s = \frac{1+e_1}{\alpha}$$

按单向分层总和法公式计算沉降量，计算结果见表 3-2。

表 3-2　　　　　　　　　计算结果二

z/m	σ_{cz}/kPa	σ_z/kPa	h/cm	自重应力平均值 $\bar{\sigma}_{cz}$/kPa	附加应力平均值 $\bar{\sigma}_z$/kPa	$\bar{\sigma}_{cz}+\bar{\sigma}_z$/kPa	e_1	e_2	$\alpha=\frac{e_1-e_2}{p_2-p_1}$/kPa^{-1}	$E_s=\frac{1+e_1}{a}$/kPa	$S_i=\frac{1}{E_{si}}\bar{\sigma}_i h_i$/cm	$S=\sum S_i$
0	39	201										
1	58.5	160.7	100	48.75	180.85	229.6	0.71	0.64	0.000387	4418	4.09	
2	78.5	90.29	100	68.5	125.5	194	0.64	0.61	0.000239	6861	1.83	5.92
3	98.5	51.62	100	88.5	70.96	159.46	0.635	0.62	0.000211	7749	0.92	6.84
4	118.5	32.24	100	108.5	41.93	150.43	0.63	0.62	0.000238	6848	0.61	7.45
5	138.5	21.71	100	128.5	26.98	155.48	0.63	0.62	0.000371	4393	0.61	8.06
6	157	15.52	100	147.75	18.62	166.37	0.69	0.68	0.000537	3147	0.59	8.65
7	175.5	11.90	100	166.25	13.71	179.96	0.68	0.67	0.000729	2304	0.59	9.24

三、规范法计算地基沉降量

《建筑地基基础设计规范》（GB 50007—2011）给定的计算地基沉降的方法，是根据分层总和法的基本公式推导出的一种沉降量的简化计算方法，是在分层总和法的基础上，采用平均附加应力面积的概念，按天然土层界面分层，并结合大量工程沉降观测值的统计分析，以沉降计算经验系数 ψ_s 对地基最终沉降量计算值加以修正，求得地基的最终变形量。该方法采用了"应力面积"的概念，因而也被称为应力面积法。

计算地基变形量时，地基内的应力分布可采用各向同性均质线性变形体理论，其最终变形量可按式（3-16）计算：

$$s = \psi_s s' = \psi_s \sum_{i=1}^{n} \frac{p_0}{E_{si}} \left(\overline{\alpha}_i z_i - \overline{\alpha}_{i-1} z_{i-1} \right) \tag{3-16}$$

式中，s——地基最终沉降量（mm）；

ψ_s——沉降计算经验系数，根据地区沉降观测资料及经验确定，无地区经验时可采用表 3-3 中的数值；

n——地基变形计算深度范围内所划分的土层数；

p_0——对应于作用的准永久组合时的基础底面处的附加压力（kPa）；

E_{si}——基础底面下第 i 层土的压缩模量（MPa），应取土的自重压力至土的自重压力与附加压力之和的压力段计算；

z_i、z_{i-1}——基础底面至第 i、第 $i-1$ 层土底面的距离（m）；

$\overline{\alpha}_i$、$\overline{\alpha}_{i-1}$——基础底面计算点至第 i、第 $i-1$ 层土底面范围内平均附加应力系数，可按《建筑地基基础设计规范》（GB 50007—2011）附录 K 选用相应值。

表 3-3　　　　　沉降计算经验系数 ψ_s

$\overline{E}_s$/MPa　　　　基底附加压力	2.5	4.0	7.0	15.0	20.0
$P_0 \geqslant f\alpha k$	1.4	1.3	1.0	0.4	0.2
$P_0 \leqslant 0.75 f\alpha k$	1.1	1.0	0.7	0.4	0.2

注：为变形计算深度范围内压缩模量的当量值，应按下式计算：

$$\overline{E}_s = \frac{\sum A_i}{\sum \dfrac{A_i}{E_{si}}}$$

式中，A_i——第 i 层土附加应力系数沿土层厚度的积分值。

（1）有相邻荷载影响。地基变形计算深度可通过计算确定，即要求满足：

$$\Delta s_n' \leqslant 0.025 \sum_{i=1}^{n} \Delta s_i' \tag{3-17}$$

式中，$\Delta s_i'$——在计算深度范围内，第 i 层土的计算变形值；

$\Delta s_n'$——在由计算深度向上取厚度为 Δz 的土层计算变形量，Δz 值见表 3-4。

表 3-4　　　　　　　　Δz 值

b/m	$b \leqslant 2$	$2 < b \leqslant 4$	$4 < b \leqslant 8$	$b > 8$
Δz /m	0.3	0.6	0.8	1.0

如确定的计算深度下部仍有较软土层时，应继续计算，直到再次符合要求时为止。

（2）无相邻荷载影响。基础宽度在 1～30m 范围内时，基础中点的地基变形计算深度也可按下列简化公式计算：

$$z_n = (2.5 - 0.4\ln b)b \tag{3-18}$$

式中，b——基础宽度（m）。

在计算深度范围内存在基岩时，z_n 可取至基岩表面；当存在较厚的坚硬黏性土层，其孔隙比小于 0.5，压缩模量大于 50MPa，或存在较厚的密实砂卵石层，其压缩模量大于 80MPa 时，z_n 可取至该层土表面。

四、大面积地面荷载作用下地基附加沉降量计算

由地面荷载引起柱基内侧边缘中点的地基附加沉降计算值可按分层总和法计算，其计算深度按式（3-17）确定。

> ☆**小提示**
>
> 　　参与计算的地面荷载包括地面堆载和基础完工后的新填土，地面荷载应按均布荷载考虑，其计算范围是横向取 5 倍基础宽度，纵向为实际堆载长度，其作用面在基底平面处。
>
> 　　当荷载范围横向宽度超过 5 倍基础宽度时，按 5 倍基础宽度计算。小于 5 倍基础宽度或荷载不均匀时，应换算成宽度为 5 倍基础宽度的等效均布地面荷载计算。

换算时，将柱基两侧地面荷载按每段为 0.5 倍基础宽度分成 10 个区段如图 3-7 所示，然后按下式计算等效均布地面荷载。当等效均布地面荷载为正值时，说明柱基将发生内倾；为负值时，说明柱基将发生外倾。

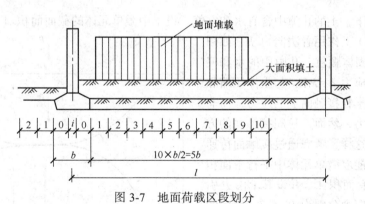

图 3-7　地面荷载区段划分

$$q_{eq} = 0.8\left[\sum_{i=0}^{10} \beta_i q_i - \sum_{i=0}^{10} \beta_i p_i\right] \tag{3-19}$$

式中，q_{eq}——等效均布地面荷载（kPa）；

　　　　β_i——第 i 区段的地面荷载换算系数，按表 3-5 查取；

　　　　q_i——柱内侧第 i 区段内的平均地面荷载（kPa）；

　　　　p_i——柱外侧第 i 区段内的平均地面荷载（kPa）。

表 3-5					地面荷载换算系数						
区段	0	1	2	3	4	5	6	7	8	9	10
$\dfrac{a}{5b} \geq 1$	0.30	0.29	0.22	0.15	0.10	0.08	0.06	0.04	0.03	0.02	0.01
$\dfrac{a}{5b} < 1$	0.52	0.40	0.30	0.13	0.08	0.05	0.02	0.01	0.01	—	—

注：表中 a 为地面荷载的纵向长度（m）；b 为车间跨度方向基础底面边长（m）。

学习单元 3　处理地基变形与时间的关系

 知识目标

1. 掌握有效应力。
2. 掌握饱和土的一维固结沉降计算方法。

 技能目标

1. 根据有效应力的基本理论掌握其计算公式。
2. 根据饱和土的一维固结理论假设掌握其计算方法，同时，对固结度与时间因数关系曲线能有所了解。

64

➡ *基础知识*

一、有效应力

在一般情况下，土的孔隙中含有水和空气。设土中微单元体的截面面积 A（包括土粒和孔隙的总截面面积）上作用着法向力 P，如图 3-8 所示，则由固体颗粒、孔隙中的水和气体共同承担的总应力 $\delta = P/A$。与土体压缩和强度有关的只是土粒接触面上的应力，而非颗粒截面上的应力，然而，粒间接触面的方位却是随机的。这样，考虑通过接触面传递的应力时，就只能取微单元体中平行于面积 A 的统计接触面总面积 A_s，并设其上由 P 引起的法向力和切向力分别为 P_s 和 T_s。相应的粒间接触面上的法向应力和切向应力 $\sigma_s = P_s/A_s$ 和 $\tau_s = T_s/A_s$。粒间应力的定义是

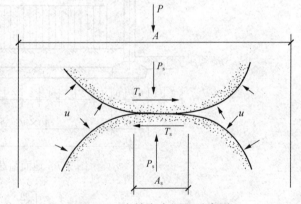

图 3-8　有效应力原理示意图

$\sigma_g = P_s/A$，如引入接触面积比 $a = A_s/A$，则 $\sigma_g = \sigma_s A_s/A = \sigma_s a$，这就是总应力 σ 中起着控制土体体积变化和抗剪强度的有效应力 σ'，即

$$\sigma' = \sigma_g = \sigma_s a \qquad\qquad (3\text{-}20)$$

对具有普遍意义的非饱和土，孔隙压力包括孔隙水压力 u_w 和孔隙气压力 u_a 两个分量。如何确定有效应力 σ' 与 σ 之间的关系是土力学的基本问题之一。A·W·毕肖普（A·W·Bishop，

1955）对饱和度不太小（s_r=40%～85%）的非饱和土提出了土中有效应力的表达式，即

$$\sigma'=\sigma-[u_a-\chi(u_a-u_w)]\tag{3-21}$$

式中，χ——与土的饱和度有关的参数。当饱和度 S_r=100%，χ=1 时，式（3-21）简化为 K·太沙基（K·Terzaghi，1923）凭经验得到的饱和土的有效应力表达式：

$$\sigma'=\sigma-u \text{ 或 } \sigma=\sigma'+u\tag{3-22}$$

式中，u——饱和土的孔隙压力，即孔隙水压力 u_w。

A·W·斯肯普顿（A·W·Skempton）在试验基础上对以上两式做出了详细的论证。对无黏性土来说，其推理是简单的，是由于孔隙压力各向相等，根据微面 A 的法向平衡条件即得：

$$P=P_s+(A-A_s)u=\sigma_sA_s+(A-A_s)u\tag{3-23}$$

以 A 除式（3-23）各项，得

$$\sigma=\sigma_sa+(1-a)u=\sigma'+(1-a)u\tag{3-24}$$

式中，接触面积比 $a<0.03$，可以略去不计。

> ☼ 小提示
>
> 对于黏性土，其中黏土矿物颗粒为结合水所包围，实际上并不直接接触，式（3-24）中的有效应力应认为是粗颗粒的接触面应力和细颗粒之间的分子力的综合效应。

二、饱和土的一维固结

（一）太沙基一维固结理论假设

一维固结是指饱和土层在渗透固结过程中孔隙水只沿一个方向渗流，同时土颗粒也只朝一个方向发生位移。例如，当荷载面积远大于压缩土层的厚度时，地基中的孔隙水主要沿竖向渗流，此即为一维固结问题。

图 3-9 所示为一维固结的情况之一，其中厚度为 H 的饱和黏性土层的顶面是透水的，而其底面则不透水。假使该土层在自重作用下的固结已经完成，只是由于透水面上一次施加的连续均布荷载 p_0 才引起土层的固结。饱和土层在一维固结过程中任意时间的变形，通常用 K·太沙基提出的一维固结理论进行计算，其一维固结理论的基本假设如下：

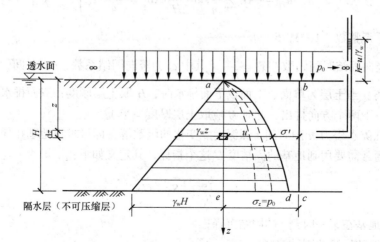

图 3-9　可压缩土层中孔隙水压力（或有效应力）的分布随时间而变化（一维固结情况）

（1）土是均质、各向同性和完全饱和的。

（2）土粒和孔隙水都是不可压缩的。

（3）土中附加应力沿水平面是无限均匀分布的，因此，土层的压缩和土中水的渗流都是一维的。

（4）外荷是一次骤然施加的。

（5）土中水的渗流服从达西定律。

（6）在渗透固结中，土的渗透系数 k 和压缩系数 α 都是不变的常数。

（二）一维固结沉降计算方法

（1）根据一维固结理论假设，饱和土的一维固结微分方程如下：

$$c_v \frac{\partial^2 u}{\partial z^2} = -\frac{\partial u}{\partial t} \tag{3-25}$$

$$c_v = \frac{k(1+e)}{r_w \alpha} \tag{3-26}$$

式中，c_v——土的竖向固结系数；

$\quad$ k——z 方向的渗透系数；

$\quad$ α——土的压缩系数；

$\quad$ e——土的天然孔隙比。

其余符号意义同前。

（2）如图 3-9 所示的初始条件（开始固结时的附加应力分布情况）和边界条件（可压缩土层顶底面的排水条件）如下：

当 $t=0$ 且 $0 \leqslant z \leqslant H$ 时，$u=\sigma_z$；

当 $0<t<\infty$ 且 $z=0$ 时，$u=0$；

当 $0<t<\infty$ 且 $z=H$ 时，$\frac{\partial u}{\partial z}=0$；

当 $t=\infty$ 且 $0 \leqslant z \leqslant H$ 时，$u=0$。

（3）根据以上的初始条件和边界条件，采用分离变量法可求得特解如下：

$$u_{z,t} = \frac{A}{\pi} \sigma_z \sum_{m=1}^{\infty} \frac{1}{m} \sin \frac{m\pi z}{2H} \exp\left(-\frac{m^2\pi^2}{4}T_v\right) \tag{3-27}$$

式中，m——正奇整数（1，3，5…）；

$\quad$ T_v——竖向固结时间因数，$T_v = \frac{c_v t}{H^2}$（其中 c_v 为竖向固结系数，t 为时间，H 为压缩土层最远的排水距离。当土层为单面、上面或下面排水时，H 取土层厚度；双面排水时，水由土层中心分别向上、下两个方向排出，此时 H 应取土层厚度一半）。

（4）有了孔隙水压力 u 随时间 t 和深度 z 变化的函数解，即可求得地基在任一时间的固结沉降。此时，通常需要用到地基的固结度 U 这个指标，其定义如下：

$$U = \frac{S_{ct}}{S_c} \quad \text{或} \quad S_{ct} = US_c \tag{3-28}$$

式中，S_{ct}——地基在某一时刻 t 的固结沉降；

$\quad$ S_c——地基最终的固结沉降。

（5）对于单向固结情况，其平均固结度 U_z 按下列公式计算：

$$U_z = 1 - \frac{8}{\pi^2} \sum_{m=1,3}^{\infty} \frac{1}{m^2} \exp\left(-\frac{m^2\pi^2}{4}T_v\right) \qquad (3\text{-}29)$$

或

$$U_z = 1 - \frac{8}{\pi^2}\left[\exp\left(-\frac{\pi^2}{4}T_v\right) + \frac{1}{9}\exp\left(-\frac{9\pi^2}{4}T_v\right) + \cdots\right] \qquad (3\text{-}30)$$

式中，括号内的级数收敛很快，当 $U_z > 30\%$ 时可近似地取其中第一项，即

$$U_z = 1 - \frac{8}{\pi^2}\exp\left(-\frac{\pi^2}{4}T_v\right) \qquad (3\text{-}31)$$

（三）固结度与时间因数关系曲线

为了便于实际应用，可根据式（3-26）绘制出如图 3-10 所示的 U_z-T_v 关系曲线①。对于图 3-10（a）中所示的 3 种双面排水情况，都可以利用图 3-10 中的曲线①计算，此时，只需将饱和压缩土层的厚度改为 $2H$，即 H 取压缩土层厚度一半即可。另外，对于图 3-11（b）中单面排水的两种三角形分布起始孔隙水压力图，则采用对应于图 3-10 中的 U_z-T_v 关系曲线②和③计算。

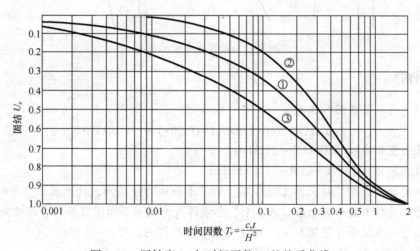

图 3-10　固结度 U_z 与时间因数 T_v 的关系曲线

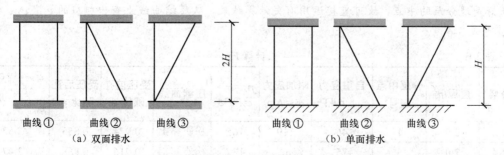

图 3-11　一维固结的几种起始孔隙水压力分布图

67

学习案例

如图 3-12 所示，自地表起各层的重度分别为：粉土 $\gamma=18\text{kN/m}^3$；粉质黏土 $\gamma_{sat}=19.5\text{kN/m}^3$；黏土 $\gamma_{sat}=20\text{kN/m}^3$，柱传给基础的轴心力 $F=2\,400\text{kN}$，方形基础的边长为 4m（设 $f_{ak}=180\text{kPa}$）。

想一想

试计算图 3-12 所示的最终沉降量。

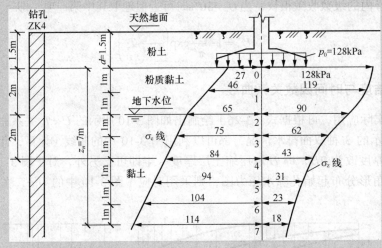

图 3-12　最终沉降量示意图

案例分析

解：（1）计算基底附加压力 p。
$$p =F/A+20d=2\,400/(4\times4)+20\times1.5 = 180(\text{kPa})$$
基底处自重应力 $\sigma_{cz}=18\times1.5=27(\text{kPa})$
基底附加应力 $p_0=p-\sigma_{cz}=180-27=153(\text{kPa})$

（2）确定分层厚度。按天然土层分层，地下水面也为分层面，故地基土分为粉质黏土层、含地下水的粉质黏土层和黏土层，共 3 层，各层厚度为该层层面至沉降计算深度处。

（3）确定地基沉降计算深度 Z_n。由于无相邻荷载影响，则
$$Z_n=(2.5-0.4\ln b)b = 4\times(2.5-0.4\ln4) \approx 7.8，取 Z_n=8$$

（4）计算 E_{si}。以各分层中点处的应力作为该分层的平均应力。由于表 3-8 中点编号 1、3、6 正好是现分层的中点，故可直接运用有关计算结果。从压缩曲线上查出相应的 e_{1i}、e_{2i}，计算 E_{si}，见表 3-6。

表 3-6　计算 E_{si}

分层	层厚/m	分层中点编号	自重应力 $\sigma_{zi}\Delta p_i$/kPa	附加应力 $\sigma_{zi}=\Delta p_i$	$p_{zi}=\sigma_c+\sigma_z$/kPa	压缩曲线	受压前孔隙比 e_i	受压后孔隙比 e_2	$E_{si}=(1+e_{1i})\times\dfrac{\Delta p_i}{e_{1i}-e_{2i}}$/MPa
0-2	2.0	1	46	119	165	粉质黏土	0.974	0.855	2.52
2-4	2.0	3	75	62	137	粉质黏土	0.916	0.868	2.47
4-8	4.0	6	104	23	127	黏土	0.768	0.756	3.39

68

（5）计算 $\bar{\alpha}_i$。计算基底中心点下的 $\bar{\alpha}_i$ 时，应过中心点将基底划分为 4 块相同的小面积，其长宽比按角点法查表计算的结果见表3-7所列。

表 3-7　　　　　　　　　计算 $\bar{\alpha}_i$

点号	Z/m	l/b	z/b	$\bar{\alpha}_i$	$z_i\alpha_i/m$	分层	$z_i\alpha_i-z_{i-1}\bar{\alpha}_{i-1}$	E_{si}	$\Delta s'_i$	$\sum\Delta s'_i$
0	0		0	4×0.250 0=1.00	0	0-2	1.802	2.52	109.38	
2	2.0	2/2=1	1.0	4×0.255 2=1.020 8	1.802	2-4	0.992	2.47	61.45	205.63
4	4.0		2.0	4×0.174 6=0.698 4	0.992	4-8	0.771	3.39	34.80	
8	8.0		4.0	4×0.111 4=0.445 6	0.771	—	—	—	—	

（6）计算 $\Delta S'_i$。由 $\Delta S'_i = \dfrac{p_0}{E_{si}}(z_i\alpha_i-z_{i-1}\bar{\alpha}_{i-1})$ 得

0-2 层　$\Delta S'_i = \dfrac{153}{2.52}\times(2\times0.9008-0\times1)=109.38\,(\text{mm})$

2-4 层　$\Delta S'_i = \dfrac{153}{2.47}\times0.992=61.45\,(\text{mm})$

4-8 层　$\Delta S'_i = \dfrac{153}{3.39}\times0.771=34.80\,(\text{mm})$

（7）确定 $\bar{E}_s$。

$$\bar{E}_s = \frac{p_0 z_n \bar{a}_n}{s'} = \frac{153\times3.565}{205.63} = 2.65\,(\text{MPa})$$

由 $p_0 \leq 0.75 f_{ak}$ 得

$$\psi_s = 1.1 + \frac{2.65-2.5}{4.0-2.5}\times(1.0-1.1) = 1.09$$

$$s = \psi_s s' = 1.09\times205.63 = 224.14\,(\text{mm})$$

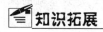 知识拓展

建筑物沉降观测与地基允许变形值

1. 建筑物的沉降观测

沉降观测是建筑物变形观测中的重要内容。由于沉降计算方法误差较大，理论计算结果常和实际产生的沉降有出入，因此，对于重要的建筑物、体型复杂或使用上对不均匀沉降有严格限制的建筑物，应进行施工期间与竣工后使用期间系统的沉降观测。一方面能观测沉降发展的趋势并预估最终沉降量，以便及时研究加固和处理措施；另一方面也可验证地基基础设计计算的正确性，以完善设计规范。

下列建筑物和构筑物应进行系统的沉降观测：高层建筑物，重要厂房的柱基及主要设备基础，连续性生产和受震动较大的设备基础，工业炉（如炼钢的高炉），高大的构筑物（如水塔、烟囱），人工加固的地基、回填土、地下水位较高的建筑物等。

（1）沉降观测的技术要求

沉降观测一般采用精密水准测量的方法进行。观测时，除应遵循精密水准测量的有关规定外，还应注意如下事项：

① 水准路线应尽量构成闭合环的形式。

② 采用固定观测员、固定仪器、固定施测路线的"三固定"方法来提高观测精度。

③ 观测应在成像清晰、稳定的时间段内进行。测完各观测点后，必须再测后视点，同一后视点的两次读数之差不得超出±1mm。

④ 前、后视观测最好用同一根水准尺，水准尺离仪器的距离应小于40m，前、后视距离用皮尺丈量，使之大致相等。

⑤ 精度要求。对一般厂房建筑物、混凝土大坝的沉降观测，要求能反映2mm的沉降量；对大型建筑物、重要厂房和重要设备基础的沉降观测，要能反映出1mm的沉降量；特殊精密工程：如高能粒子加速器、大型抛物面天线等，沉降观测的精度要求为±0.05～±0.2mm。

⑥ 基准点的高程变化将直接影响沉降观测的结果，应定期检查基准点高程有无变动。

（2）沉降观测网的布置

为了测定工程建筑物的变形，通常在建筑物上选择一些有代表性的且能反映建筑物变形特征的部位布设观测点，用点的变形来反映建筑物的变形情况，这些点成为变形监测点。为了测定监测点的位置变化，必须设置一些位置稳定不变的参考点作为整个变形监测的起算点和依据，这些点成为监测基准点。为了确保基准点稳定可靠，通常要求基准点远离建筑物沉降影响区域，并且埋置一定深度。但是如果基准点距离监测点太远，观测不便，精度也难以保证。因此，要求在距离适当、便于观测的地方设置一些相对稳定的工作点作为工作基点。沉降观测网通常由基准点、工作基点、监测点三级点位组成。

《建筑变形测量规范》（JGJ 8—2007）对沉降监测网点的布设做了如下规定。

① 特级沉降观测的高程基准点数不应少于4个，其他级别不应少于3个。高程工作基点可根据需要设置。基准点和工作基点应形成闭合环或形成由复合路线构成的节点网。

②高程基准点和工作基准点位置的选择应符合下列规定。

a. 高程基准点和工作基点应避开交通干道、地下管线、仓库堆栈、水源地、河岸、松软填土、滑坡地段、机器振动区及其他标石、标志易遭腐蚀和破坏的地方。

b. 高程基准点应选设在变形影响范围以外且稳定、易于长期保存的地方。在建筑区内，其点位与临近建筑的距离应大于建筑基础最大宽度的2倍，其标石埋深应大于临近建筑基础的深度。高程基准点也可选择在基础深且稳定的建筑上。

c. 高程基准点、工作基点之间应便于进行水准测量。当使用电磁波测距三角高程测量方法进行观测时，应使各点周围的地形条件一致。当使用静力水准测量方法进行沉降观测时，用于联测观测点的工作基点应与沉降观测点设在同一高程面上，偏差不应超过±1cm。当不能满足这一要求时，应设置上下高程不同但位置垂直相应的辅助点传递高程。

③ 高程基准点和工作基点标石、标志的选择和埋设应符合下列规定。

a.高程基准点的标石理埋设在基岩层或原状土层中，可根据点位所在处的不同地质条件，选埋基岩水准基点标石，深埋双金属管水准基点标石，深埋钢管水准基点标石、混凝土基本水准标石。在基岩壁和稳固的建筑上也可埋设墙上水准标志。

b.高程工作基点的标石可按点位的不同要求，选用浅埋钢管水准标石、混凝土普通水准标石或墙上水准标志等。

④ 高程控制测量宜采用水准测量方法。对于二、三级沉降观测的高程控制测量，当不便使用水准测量时，可使用电磁波测距三角高程测量方法。

（3）沉降观测资料的整理

① 当建筑物出现严重裂缝、倾斜时，应逐日或用几天进行一次连续观测，同时观测裂缝的

发展情况。对裂缝的观测常用贴石膏条的方法，即将生石膏烘干，研成粉末并调成膏状，将其抹在产生裂缝的墙面或柱身上，注明日期。石膏条应与裂缝正交，一般长 15~25cm，宽 2~4cm，厚 5~8mm。贴石膏前，应将砌体表面刷洗干净，使两者牢固黏结。

② 沉降观测的测量数据应在每次观测后立即进行整理，从而计算观测点高程的变化和每个观测点在观测间隔时间内的沉降增量及累计沉降量。

观测单位根据建筑物的沉降观测结果绘制建筑物沉降观测综合图，包括总平面图，建筑物的立面图、平面图和剖面图，基础平面图、剖面图，地质剖面图，沉降展开曲线图，荷载—沉降、沉降—时间曲线，以及水准点位置和剖面图等，根据图样分析判断建筑物的变形状况及其变化发展趋势并提出报告。

2．地基变形允许值

《建筑地基基础设计规范》（GB 50007—2011）规定了一般建筑物可采用的地基变形允许值，见表 3-8。

表 3-8　　　　　　　　　　　　　建筑物的地基变形允许值

变 形 特 征	地基土类别	
	中、低压缩性土	高压缩性土
砌体承重结构基础的局部倾斜	0.002	0.003
工业与民用建筑相邻柱基的沉降差： 框架结构 砌体墙填充的边排柱 当基础不均匀沉降时不产生附加应力的结构	0.002l 0.000 7l 0.005l	0.003l 0.001l 0.005l
单层排架结构（柱距为 6m）柱基的沉降量/mm	(120)	200
桥式吊车轨面的倾斜（按不调整轨道考虑）：纵向横向	0.004 0.003	
多层和高层建筑的整体倾斜：$H_g \leqslant 24$ $24 < H_g \leqslant 60$ $60 < H_g \leqslant 100$ $H_g > 100$	0.004 0.003 0.0025 0.002	
体型简单的高层建筑基础的平均沉降量/mm	200	
高耸结构基础的倾斜：$H_g \leqslant 20$ $20 < H_g \leqslant 50$ $50 < H_g \leqslant 100$ $100 < H_g \leqslant 150$ $150 < H_g \leqslant 200$ $200 < H_g \leqslant 250$	0.008 0.006 0.005 0.004 0.003 0.002	
高耸结构基础的沉降量/mm：$H_g \leqslant 100$ $100 < H_g \leqslant 200$ $200 < H_g \leqslant 250$	400 300 200	

注：1．本表数值为建筑物地基实际最终变形允许值；
2．有括号者仅适用于中压缩性土；
3．l 为相邻柱基的中心距离（mm），H_g 为自室外地面起算的建筑物高度（m）；
4．倾斜指基础倾斜方向两端点的深降差与其距离的比值；
5．局部倾斜指砌体承重结构沿纵向 6~10m 内基础两点的沉降差与其距离的比值。

表中数值是根据大量常见建筑物系统沉降观测资料统计分析得出的。对于表中未包括的其他建筑物的地基允许变形值，可根据上部结构对地基变形的适应性和使用上的要求确定。

71

本章小结

地基土层承受上部建筑物的荷载，必然会产生变形，从而引起建筑物基础沉降，当场地土质坚实时，地基的沉降较小，对工程正常使用没有影响；但若地基为软弱土层且厚薄不均，或上部结构荷载轻重变化悬殊时，地基将发生严重的沉降和不均匀沉降，其结果将使建筑物发生各类事故，影响建筑物的正常使用与安全。

本章主要介绍土的压缩性、地基最终沉降量的计算以及地基变形与时间的关系，通过学习可以详细地掌握分层总和法计算地基最终沉降量的步骤。

学习检测

一、填空题

1. 常用的环刀内径为_____mm，高_____mm，试验时，先用金属环刀_____，然后将_____连同环刀一起放入压缩仪内，土样上下各放一块_____，以便土样受压后能_____，在_____上面再通过加荷装置施加_____荷载。

2. 当存在较厚的坚硬黏性土层，其孔隙比小于_____，压缩模量大于_____MPa，或存在较厚的密实砂卵石层，其压缩模量大于_____MPa时，z_n 可取至该层土表面。

3. 普通的分层总和法是假定地基土为_____，将_____计算深度（即压缩层）范围内的土层划分为若干个薄层，分别计算每个薄层的_____，然后将各分层土的变形量叠加起来的方法。

4. 参与计算的地面荷载包括_____和_____后的新填土，地面荷载应按均布荷载考虑，其计算范围是横向取_____倍基础宽度，纵向为实际_____。

二、选择题

1. 压缩模量 E_s 是土的一个重要的压缩性指标，下列 E_s 值中属于高压缩性土的是（　　　）。
    A. 3 　　　　　　 B. 5 　　　　　　 C. 10 　　　　　　 D. 15

2. 某柱下单独方形基础，基础底面尺寸为 2.5m×2.5m，埋深 2m，作用于基础上的轴向荷载 $N=1\,250kN$，则其基底压力为（　　　）kPa。
    A. 100 　　　　　 B. 200 　　　　　 C. 240 　　　　　 D. 265

3. 沉降观测应从浇捣基础后立即开始，民用建筑每增高一层观测一次，工业建筑应在不同荷载阶段分别进行观测，施工期间的观测不应少于（　　　）次。
    A. 3 　　　　　　 B. 5 　　　　　　 C. 7 　　　　　　 D. 10

4. 在观测点布置时，在一个观测区内，水准基点不应少于（　　　）个，埋置深度应与建筑物基础的埋深相适应。
    A. 3 　　　　　　 B. 5 　　　　　　 C. 7 　　　　　　 D. 10

5. 在观测点布置时，观测点的间距一般应设置为（　　　）m。
    A. 3～5 　　　　　 B. 5～8 　　　　　 C. 8～12 　　　　　 D. 12～15

三、判断题

1. 对于饱和土，其压缩主要是由于空气的挤出而产生的。　　　　　　　　　　（　　）
2. 由于土样压缩时不可能发生侧向膨胀，故压缩前后土样的横截面积会有所改变。（　　）
3. 压缩系数中曲线越陡，则土的压缩性越高。　　　　　　　　　　　　　　　（　　）
4. 不同的土压缩性差异很大，即便是同一种土，压缩曲线的斜率也是变化的。　（　　）
5. 压缩模量也是土的一个重要的压缩性指标，它与压缩系数成反比。　　　　　（　　）
6. 土中附加应力沿水平面是无限均匀分布的，因此，土层的压缩和土中水的渗流都是一维的。　　　　　　　　　　　　　　　　　　　　　　　　　　　　　　　　　　　（　　）

四、名词解释

1. 土的压缩性
2. 侧限压缩试验
3. 压缩曲线
4. 侧限压缩模量
5. 地基最终沉降量

五、问答题

1. 试述土的压缩性及引起土压缩的原因。
2. 土的压缩性指标有哪些？
3. 分层总和法计算最终沉降量的原理是什么？如何运用分层总和法计算最终沉降量？
4. 简述一维固结沉降的计算方法。
5. 建筑物沉降观测的技术要求有哪些？
6. 简述沉降观测点的布置要求。

学习情境四
确定地基承载力

 案例引入

某建筑地基中的一单元土体上的大主应力 σ_1=400kPa，小主应力 σ_3=180kPa。该土样的抗剪强度指标可由试验测得，c=18kPa，φ=20°。该单元土体处于何种状态？若该土样处于剪破状态，则是否会沿剪应力最大的面发生破坏？

案例导航

地基除满足变形要求外，还应满足强度要求。地基土在外部荷载作用下，土体将产生剪应力，当剪应力超过土体本身的抗剪强度时，土体就沿着某一滑裂面产生相对滑动而造成剪切破坏，使地基丧失稳定性。因此，地基土的强度实质就是土的抗剪强度，如地基的承载力和边坡的稳定性等都由土的抗剪强度控制。土的抗剪强度是土的重要力学性质之一。

地基剪切破坏的形式可分为冲剪破坏、局部剪切破坏和整体剪切破坏三种。冲剪破坏的原因是基础下软弱土的压缩变形使基础连续下沉，如荷载继续增加到某一数值时，基础可能向下"切入"土中，基础侧面附近的土体因垂直剪切而破坏。局部剪切破坏是介于整体剪切破坏和冲剪破坏之间的一种破坏形式。剪切破坏也从基础边缘开始，但滑动面不发展到地面，而是限制在地基内部某一区域内，基础四周地面也有隆起现象，但不会有明显的倾斜和倒塌。整体剪切破坏的特征是，当基础荷载较小时，基底压力与沉降基本上呈直线关系，当荷载增加到某一数值时，在基础边缘处的土开始发生剪切破坏。随着荷载的增加，剪切破坏区（或称塑性变形区）逐渐扩大，这时压力与沉降之间呈曲线关系。如果基础上的荷载继续增加，剪切破坏区不断扩大，最终在地基中形成一个连续的滑动面，基础急剧下沉或向一侧倾倒，同时基础四周的地面隆起，地基发生整体剪切破坏。

如何确定地基的承承载，如何测定土体处于何种状态？需要掌握如下要点：

1. 土的抗剪强度计算；
2. 土的抗剪强度试验；
3. 地基承载力的测定。

学习单元1 计算土的抗剪强度

知识目标

1. 了解土的抗剪强度的概念。

2. 熟悉抗剪强度的库仑规律。

3. 理解抗剪强度的相关指标。

4. 掌握土的极限平衡条件。

 **技能目标**

1. 在了解土的抗剪强度概念的基础上，熟悉抗剪强度的库仑规律，并能熟悉库仑规律直线方程式的表示方法。

2. 理解土的抗剪强度、土的摩擦力和土的黏聚力，并能了解影响土的抗剪强度的因素。

3. 掌握土的极限平衡条件，能熟练判定土体的状态，并掌握土体的极限平衡条件。

基础知识

当土体在荷载作用下发生剪切破坏时，作用在剪切面上的极限剪应力就称为土的抗剪强度。

土体受建筑物荷载作用时，除产生竖向附加应力外，还会产生剪应力，若土体中某点的剪应力达到抗剪强度，则此点的土将沿着剪应力作用方向产生相对滑动，称该点已发生强度破坏。随着荷载增加，土体中达到强度破坏的点越来越多，即剪切破坏的范围不断扩大，最终形成一个连续的滑动面，则土体丧失稳定性。工程实践和室内试验都证实了土是由于受剪而产生破坏，剪切破坏是土体强度破坏的重要特点，因此，土的强度问题实质上就是土的抗剪强度问题。在实际工程中，由于地基强度事故的数量比起地基变形引起的事故要少，但后果极为严重，往往是灾难性的。因此对地基土的强度问题应予以高度重视。

一、抗剪强度的库仑定律

土的抗剪强度与金属、混凝土等材料的抗剪强度不同，它不是定值，而是受许多因素的影响。即使同一种土，在不同条件下其抗剪强度也不相同，它与剪切前土的密度、含水量、剪切方式、剪切时排水、排气等条件有关。

为了研究土的抗剪强度，最简单的方法是将土样装在剪力盒中，如图 4-1 所示，在土样上施加一定的法向压力 σ，而后再在下盒上施加剪力 T，使上下盒发生相对错动，把土样在上下盒接触面处剪坏，从而测得土的抗剪强度 τ_f。取三个以上土样，加上不同的法向压力，分别测得相应的抗剪强度，并由此绘出抗剪强度线，如图 4-2（a）所示。试验证明，在法向压力变化范围不大时，抗剪强度与法向压力的关系近似为一条直线，这就是抗剪强度的库仑定律，如图 4-2（b）所示。

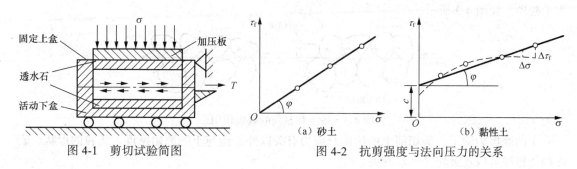

图 4-1　剪切试验简图　　　　　图 4-2　抗剪强度与法向压力的关系

不论砂土或黏性土，抗剪强度与法向压力的关系都可用直线方程式表示。

对于砂土：

$$\tau_f = \sigma \tan \varphi \tag{4-1}$$

75

对于黏性土：

$$\tau_f = \sigma \tan\varphi + c \qquad\qquad (4\text{-}2)$$

式中，τ_f——土的抗剪强度（kPa）；

σ——作用于剪切面上的法向压力（kPa）；

φ——土的内摩擦角（°）；

c——土的黏聚力（kPa）。

式（4-1）、（4-2）即为著名的库仑剪切强度定律，式中 c、φ 称为土的抗剪强度指标。同时，根据该定律可知：对于砂土，其抗剪强度仅由土粒间的摩擦力构成；而对于黏性土，其抗剪强度由黏聚力和摩擦力两部分构成。

二、抗剪强度相关指标

（一）土的抗剪强度

黏性土的抗剪强度指标变化范围颇大，诸如结构破坏、法向有效压力下的固结程度、剪切方式等因素对它们的影响要比对砂土大得多。黏性土内摩擦角 φ 的变化范围大致为 0°～30°；黏聚力 c 一般为 10～100kPa，有的坚硬黏土甚至更高。

砂土的内摩擦角一般随其粒度变细而逐渐降低。砾砂、粗砂、中砂的 φ 值为 32°～40°，细砂、粉砂的 φ 值为 28°～36°。松散砂的 φ 与天然休止角（也叫天然坡度角，即砂堆自然形成的最陡角度）相近，密砂的 φ 比天然休止角大。饱和砂土比同样密度的干砂 φ 值小 1°～2°。

> ☼**小技巧**
>
> **影响土的抗剪强度的因素**
>
> 影响土的抗剪强度的因素很多，主要包括：土颗粒的矿物成分、形状及颗粒级配；初始密度；含水量；土的结构扰动情况；有效应力；应力历史；试验条件。

（二）土的摩擦力

土的摩擦力主要来自两个方面，一是滑动摩擦，即剪切面土粒间表面的粗糙所产生的摩擦作用；二是咬合摩擦，即由粒间互相嵌入所产生的咬合力。显然，密砂的咬合（联锁）作用要大于松砂，如图 4-3 所示。

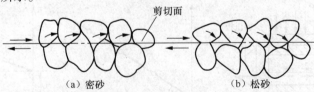

图 4-3　砂土颗粒间的联锁作用

土的摩擦力除了与剪切面上的法向总应力有关以外，还与土的原始密度、土粒的形状、表面的粗糙程度以及级配等因素有关。

（三）土的黏聚力

黏聚力一般由土粒之间的胶结作用和分子引力等因素所形成。因此，黏聚力分量通常与土中黏粒含量、矿物成分、含水率、土的结构等因素密切相关。

三、土的极限平衡条件

（一）黏性土的极限平衡条件

黏性土的抗剪强度曲线表达式为 $\tau_f = \sigma \tan\varphi + c$。将抗剪强度曲线延伸并与 σ 轴交于 O' 点，如图 4-4 所示，则 $OO' = p_c = \dfrac{c}{\tan\varphi}$，当达到极限平衡状态时，从图 4-4 的几何关系中可以得到：

$$\sin\varphi = \frac{\overline{O''a}}{\overline{O'O''}} = \frac{(\sigma_1 + p_c) - (\sigma_3 + p_c)}{(\sigma_1 + p_c) + (\sigma_3 + p_c)} = \frac{(\sigma_1 - \sigma_3)}{\sigma_1 + \sigma_3 + 2p_c} \tag{4-3}$$

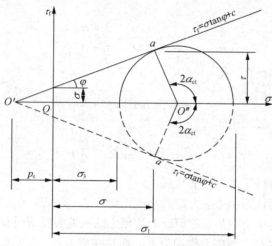

图 4-4　黏性土中的极限平衡状态

通过三角函数关系的换算，上式变为

$$\sigma_1 = \sigma_3 \tan^2\left(45° + \frac{\varphi}{2}\right) + 2c\tan\left(45° + \frac{\varphi}{2}\right) \tag{4-4}$$

$$\sigma_3 = \sigma_1 \tan^2\left(45° - \frac{\varphi}{2}\right) - 2c\tan\left(45° - \frac{\varphi}{2}\right) \tag{4-5}$$

由图 4-4 可求出剪切破裂面的位置，即

$$2\alpha_{cr} = 90° + \varphi \tag{4-6}$$

或

$$\alpha_{cr} = 45° + \frac{\varphi}{2} \tag{4-7}$$

但在极限平衡状态时，通过土中一点可以出现不止一个，而是一对滑动面，如图 4-4 中的 a 及 a'，这一对滑动面与最大主应力 σ_1 的作用面成 $\pm\left(45° + \dfrac{\varphi}{2}\right)$ 的交角，即与最小主应力作用面成 $\left(45° - \dfrac{\varphi}{2}\right)$ 的交角，而这一对滑动面之间的夹角在 σ_1 作用方向上等于（$90° - \varphi$）。

（二）无黏性土的极限平衡条件

在图 4-5 中，以应力圆表示砂土内某点的应力状态。直线 $\tau_f = \sigma \tan\varphi$ 表示土的抗剪强度。若该点处于极限平衡状态，则抗剪强度曲线必定与应力圆相切（圆 2）。作用于滑动面上的法向应力 σ 与剪应力 τ 即为圆 2 上的点 a，若土中某点的应力圆不与该土的抗剪强度曲线相切（圆 1），则说明此点的应力尚处于弹性平衡状态。若应力圆与抗剪强度曲线相割（圆 3），则从理论上讲该点早已破坏，实际上在这里已产生塑性流动和应力重分布。土体处在极限平衡状态时，从图 4-5 的几何关系中可以得到：

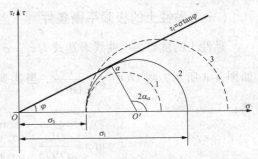

图 4-5　砂土内某点的应力状态

$$\sin\varphi = \frac{\overline{O'a}}{\overline{OO'}} = \frac{\sigma_1 - \sigma_3}{\sigma_1 + \sigma_3} \tag{4-8}$$

通过三角函数关系的换算，得

$$\sigma_1 = \sigma_3 \tan^2\left(45° + \frac{\varphi}{2}\right) \tag{4-9}$$

$$\sigma_3 = \sigma_1 \tan^2\left(45° - \frac{\varphi}{2}\right) \tag{4-10}$$

土的抗剪强度理论可以归纳为以下几点：

（1）土的抗剪强度与该面上正应力的大小成正比；

（2）土的强度破坏是由土中某点的剪应力达到土的抗剪强度所引起的；

（3）破坏面不发生在最大剪应力作用面上，而是在应力圆与抗剪强度包线相切的切点所代表的平面上，即与大主应力作用面成 $a = 45° + \dfrac{\varphi}{2}$ 交角的平面上；

（4）如果同一种土有几个试样在不同的大、小主应力组合下受剪切，则在 $\tau_f - \sigma$ 坐标图上可得几个极限应力圆，这些应力圆的公切线就是其抗剪强度包线（可视为一直线）；

（5）土的极限平衡条件是判别土体中某点是否达到极限平衡状态的基本公式。

学习单元 2　土的抗剪强度试验

知识目标

1. 掌握土的抗剪强度的测定方法。
2. 掌握抗剪强度指标测定的方法。
3. 掌握不同排水条件时的剪切试验方法。

技能目标

1. 能够根据土的种类选择合适的抗剪强度的测定方法。
2. 掌握总应力法和有效应力法的测定方法与要求。

3. 掌握不同排水条件下的剪切试验，并且掌握有效应力计算的抗剪强度表达式。

 基础知识

目前，要正确测定土的抗剪强度指标是困难的，这是因为土的抗剪强度不仅取决于土的种类，而且在更大程度上取决于土的密度、含水量、初始应力状态、应力历史和试验中的排水条件等因素。因此，为了求得可供建筑物地基设计或土坡稳定分析用的土的强度指标，试验中试样必须具有代表性，它的应力和排水条件尽可能与实际情况相同。可是，根据现有的仪器设备和技术条件要完全做到这一点仍有困难。目前，只有做近似模拟土体在现场可能受到的受剪条件，通常剪切试验可分为以下三种试验方法。

一、抗剪强度指标的测定方法

（一）直接剪切（直剪）试验

1. 试验设备

直接剪切试验简称直剪试验。直剪仪分为应变控制式和应力控制式两种。目前我国普遍采用的是应变控制式直剪仪，如图 4-6 所示。该仪器的主要部件由剪切盒（分上、下盒）、垂直加压设备、剪切传动装置、测力计等组成。

2. 试验过程

首先施加竖向压力，然后在仪器的一端施加剪力。在施加直剪力后，既有上下盒之间的错动（相对位移，即剪切变形），又有上下盒的共同变形。测出钢环仪的径

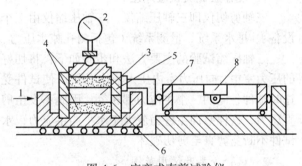

图 4-6　应变式直剪试验仪

1—推力；2—竖向变形量表；3—土样；4—透水石；
5—上盒；6—下盒；7—钢环仪；8—径向变形量表

向变形不断增加，当达到某一数值（即土的抗剪强度值）时，如果继续施力，就会出现力加不上去，量测变形的仪表指针出现倒退的情况，这就是破坏的开始，说明此时已超过了土的抗剪强度。钢环仪径向变形的最大值乘以钢环常数就是土的抗剪强度值。如果继续施力，剪切变形会继续增加，量测变形的仪表指针虽然倒退，但不会退到零点，基本稳定在某一数值，这时钢环仪显示的变形值乘以钢环常数所得到的抗剪强度值称为残余抗剪强度。前面钢环仪径向变形的最大值乘以钢环常数所得土的抗剪强度称为峰值抗剪强度。

3. 试验方法

根据试验时土样的排水条件，直剪试验可分为快剪、固结快剪和慢剪三种方法。

（1）快剪试验时，试样上、下面放上蜡纸或塑料薄膜，同时不用透水石垫块，而用其他不透水垫块，在试样施加竖向应力σ后，立即快速施加水平剪应力，而且以很快的速度使土样在 3～5min 之内剪破，此时可近似认为土样没有排固结，得到的抗剪强度指标用 c_q、φ_q 表示。

（2）固结快剪是试样在施加竖向荷载σ后充分排水固结，待固结稳定，再快速施加水平剪应力并快速使土样剪切破坏，得到的抗剪强度指标用 c_{cq}、φ_{cq} 表示。

（3）慢剪是试样在施加竖向荷载σ后，让土样充分排水固结，固结后以慢速施加水平剪应力，试样缓慢剪切破坏，使试样在受剪过程中一直有时间充分排水固结和产生体积变形，得到的指标用 c_s、φ_s 表示（固结快剪和慢剪试验时，试样上、下面放滤纸和透水石）。

4．实验特点

（1）直剪试验仪的优点。直剪试验仪的优点是仪器构造简单、传力明确、操作方便、试样薄、固结快、省时、仪器刚度大，不可能发生横向变形，仅根据竖向变形量就可计算试样体积的变化。这些优点使直剪仪至今还被广泛使用。

（2）直剪试验仪的缺点。

① 不能严格控制实验时试样的排水条件，前面所述的三种直剪试验，都是以实验速率来控制的，而这种控制是不十分严格的，同时，试验过程中也无法测定试样中孔隙水压力的变化情况。

② 剪切面是人为假定的，因此它不一定是试样最薄弱面。

③ 剪切面上剪应力的分布不均匀，试样剪切破坏时先从边缘开始，在边缘发生应力集中现象。

④ 在剪切过程中，试样剪切面逐渐减小，而在计算抗剪强度时却是按原截面积计算。

（二）三轴剪切试验

1．设备组成及试验原理

三轴剪切仪即三轴压缩仪，三轴压缩仪由三个主要部分组成：压力系统（包括轴压、围压设备）、排水系统、量测系统（包括测孔隙水压力、测排水量、测变形）等组成。

三轴压缩试验的主要方法和步骤如下：将切好的圆柱体试样套在橡胶薄膜内，并放入密闭的压力室中，向压力室内压入液体（水），使试件受到周围压力 σ_3，保持 σ_3，在试验过程中不变，这时试件各向的三个主应力都相等，因此不发生剪应力。然后在压力室上端的传力杆上施加垂直压力，这样竖向主应力就大于水平向主应力，水平向主应力不变而竖向主应力逐渐增大时，试件不断受剪直至剪切破坏。

2．试验分类及适用范围

三轴剪切试验根据土样的排水条件可分为以下三种。

（1）不固结不排水试验。该试验简称为 UU 试验。UU 试验的本质是自始至终关闭排水阀门，不能排水。因为不能排水，所以也不能固结。不能排水是问题的本质方面，因而也简称不排水剪。又因为不能排水，自始至终存在孔隙水压力，随着加荷增大，孔隙水压力越来越大，而有效应力是常量。

该试验适用于透水性差的黏土地基，且施工速度快，或斜坡稳定性验算。

（2）固结不排水试验。该试验简称为 CU 试验，和直剪仪中的固结快剪相当。CU 试验的前一阶段施加各向相等围压，打开排水阀门，允许排水固结，直到固结完成。试验的后一阶段，关闭排水阀门，施加竖向压力，在不排水条件和主应力差（$\sigma_1 - \sigma_3$）作用下使土样剪坏。前一阶段没有孔隙水压力，后一阶段有孔隙水压力。

该试验适用于一般建筑物地基的稳定性验算，如透水性较差的黏性土地基在施工期间有一定的固结作用。

（3）固结排水试验。该试验简称为 CD 试验，自始至终开着排水阀门，允许排水，在施加各向相等围压条件下实现排水固结，再在排水条件下施加竖向压力直至土样剪切破坏。在试验过程中，因为能充分排水，所以孔隙水压力为 0。

该试验适用于加荷速率慢，排水条件好的情况，如透水性较好的低塑黏性土做挡土墙填土、明堑的稳定性验算，超压密土的蠕变等。

3．实验特点

与直接剪切试验相比，三轴压缩试验具有如下特点：

（1）可以严格控制试验过程中试样的排水条件和能量测试样中孔隙水压力的变化；

（2）试样中应力状态明确；

（3）破裂面并非人为假定，而是试样的最薄弱面；

（4）试样的水平向主应力相等，而实际土体的受力状态不都属于这种轴对称情况；

（5）三轴压缩仪的构造、操作均较复杂。

（三）现场剪切试验

由于室内抗剪强度试验要求取得原状土样，这些原状土样，特别是高灵敏度的软黏土样，不可避免地在取样、运送及制备过程中受到扰动，含水率也难以保持，同时有些原状土样的获取也比较困难。因此原位测定土的抗剪强度试验具有重要的意义。

1. 试验原理及过程

现场剪切试验可分为大面积直剪试验、水平推剪试验及十字板剪切试验。本书仅简单介绍了十字板剪切试验，十字板剪切试验适用于饱和软黏土。

☼小提示

十字板是横断面呈十字形、带刃口的金属板，高度为 100～120mm，转动直径为 50～75mm，板厚为 2～3mm。试验时先将套管打入测定点以上 750mm，并清除管内的残留土。将十字板装在轴杆底端，插入套管并向下压至套管底端以下750mm，或套管直径的 3～5 倍以下深度。然后由地面上的扭力设备对钻杆施加扭矩，使埋在土中的十字板扭转，直到十字板旋转土体破坏为止。土体的破坏面为十字板旋转所形成的圆柱面（包括侧面和顶、底面）。剪切速率控制在 2min 内测得峰值强度。

81

2. 试验成果

根据试验结果按下式计算十字板剪切试验得到的土的抗剪强度 τ_f 值为

$$\tau_f = \frac{2M}{\pi D^2\left(H+\dfrac{D}{3}\right)} \tag{4-11}$$

式中，H、D——十字板的高度和转动直径（cm）；

　　　　M——剪切破坏时的扭力矩（kN·cm）。

（四）抗剪强度指标的选用

土的抗剪强度指标随试验方法、排水条件的不同而异，因而在实际工程中应该尽可能根据现场条件决定室内试验方法，以获得合适的抗剪强度指标。指标的选用见表 4-1。

表 4-1　　　　　　　　地基土抗剪强度指标的选用

试 验 方 法	适 用 条 件
不排水剪或快剪	地基土的透水性和排水条件不良，建筑物施工速度较快
排水剪或慢剪	地基土的透水性好，排水条件较佳，建筑物加载速度较慢
固结不排水剪或固结快剪	建筑物竣工后较久，荷载又突然增大（如房屋增层），或地基条件等价于上述两种情况

二、总应力法和有效应力法

（一）总应力法

库伦公式是以剪切破坏面上的法向总应力 σ 来表达土的抗剪强度的，即方程式（4-1）和（4-2）。式中 σ 是总应力值，因此这种分析方法称为总应力法。相应的 c 和 φ 称为总应力强度指标或总应力强度参数。

☼**小提示**

实际上，地基受荷载作用后经历不同的固结度，即使在同一时刻，地基中不同位置的土又处于不同的固结度，但总应力法对整个土层只采用相应于某一特定固结度的抗剪强度，与实际不符。其次，在地质条件稍复杂的情况下，哪怕是粗略地估计地基土的固结度也是困难的。这些都说明总应力法对地基实际情况的模拟是很粗略的。因此，如果需要更精确地评定地基的强度与稳定，就应采用更完善的方法，如有效应力法。

（二）有效应力法

按照太沙基的有效应力概念，土体承受的总应力 σ 是由土粒骨架和孔隙水水共同承担的，即 $\sigma = \sigma' + u$，但由于孔隙水不能承担剪应力，因此，实际上土体内的剪应力仅能由土粒骨架承担。此外，从土的强度机理来说，抗剪强度的两个组成部分：摩擦阻力和粒间粘结力，其数值都取决于作用在土颗粒之间的粒间法向应力（即有效应力），因此，土的抗剪强度用剪切破坏面上的法向有效应力 σ' 来表达更为合理，即库伦公式应修改为：

$$\tau_f = \sigma' \tan \varphi' = (\sigma - u) \tan \varphi' \tag{4-12}$$

$$\tau_f = c' + \sigma' \tan \varphi' = c' + (\sigma - u) \tan \varphi' \tag{4-13}$$

式中，c'——有效黏聚力（kPa）；

φ'——有效内摩擦角（度）。

这种表达强度的方法称为有效应力法，c'、φ' 称为有效应力强度指标或有效应力强度参数。

有效应力法中抗剪强度与有效应力的关系如图 4-7 所示。根据土样剪切试验的 $\tau_f - \sigma'$ 关系曲线，可求得有效应力的抗剪强度指标 φ'、c'。取得 φ'、c' 后，校核地基强度与稳定可按下述步骤进行：

（1）求出欲验算的地基应力分布；

（2）按固结理论算出或根据现场实测资料得出所研究时刻地基中孔隙水应力的分布，从而知道地基中有效应力的分布；

（3）根据 φ'、c' 求出该阶段的地基极限承载力，并与外荷比较，判断土的强度与稳定是否得到保证。

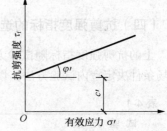

图 4-7 抗剪强度与有效应力的关系

☼**小提示**

由于有效应力法反映了土的强度本质，概念明确，比较符合实际。但一般已知的是总应力 σ，只有孔隙水压力 u 才能计算有效应力 σ'，这就要求在进行室内抗剪强度试验时要有两

侧 u 才能用有效应力法整理实验结果，得出有效应力强度指标φ'、c'；在定量应用φ'、c'以有效应力法研究工程实际中的土体稳定时，也需对土体中产生的 u 值进行估算或实测，这就给有效应力法的应用带来一定的困难。

学习单元3 测定地基的承载力

知识目标

1. 了解地基变形的三个阶段。
2. 掌握地基的临塑荷载计算方法。
3. 掌握地基的临界荷载方法。
4. 掌握地基的极限承载力。

技能目标

1. 在对地基进行静荷载试验时，了解地基变形的三个阶段，即线性变形阶段、弹塑形变形阶段和破坏阶段。
2. 能够根据所学知识掌握地基临塑荷载、临界荷载和地基极限承载力的计算方法与要求。

 基础知识

一、地基变形

地基承受建筑物荷载的作用后，内部应力发生变化。一方面，附加应力引起地基土变形造成建筑物沉降；另一方面，附加应力引起地基内土体的剪应力增加，当某一点的剪应力达到土的抗剪强度时，这一点的土就处于极限平衡状态。若土体某一区域内各点都达到极限平衡状态，就形成极限平衡区，或称为塑性区。如果荷载继续增大，地基内极限平衡区的发展范围随之不断扩大，局部的塑性区发展成为连续贯穿到地表的整体滑动面。这时，基础下一部分土体将沿滑动面发生整体滑动，称为地基失去稳定。如果这种情况发生，建筑物将发生严重的塌陷、倾倒等灾害性的破坏。

地基承受荷载的能力称为地基的承载力。通常分为两种承载力：一种称为地基极限承载力，是指地基即将丧失稳定性时的承载力；另一种称为地基容许承载力，是指地基稳定有足够的安全度并且变形控制在建筑物容许范围内时的承载力。

在基础设计中，要求地基压应力的计算值不超过地基容许承载力。地基容许承载力的确定，一般可通过如下三种途径：利用现场荷载试验成果；利用理论公式；按规范规定的方法。

对地基进行静荷载试验时，一般可以得到如图 4-8 所示的荷载 p 和沉降 s 的关系曲线。从荷载开始施加至地基发生破坏，地基的变形经过以下三个阶段。

（一）线性变形阶段

相应于 $p\text{-}s$ 曲线的 Oa 部分。由于荷载较小，地基主要产生压密变形，荷载与沉降关系接近于直线。此时土体中各点的剪应力均小于抗剪强度，地基处于弹性平衡状态。基础沉降的主要原因是土颗粒互相挤密、空隙减小，地基土产生压缩变形。

83

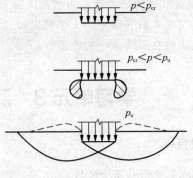

（a）地基荷载试验 p-s 曲线分段图   （b）地基土中不同压力时的变形

图 4-8　地基荷载试验的 p-s 曲线

（二）弹塑性变形阶段

相应于 p-s 曲线的 ab 部分。当荷载增加到超过 a 点压力 p_{cr} 时，荷载与沉降之间呈曲线关系。此时土中局部范围内产生剪切破坏，即出现塑性变形区。随着荷载增加，剪切破坏区逐渐扩大。

（三）破坏阶段

相应于 p-s 曲线的 bc 部分。当荷载增加到某一极限时，地基变形突然增大，说明地基土中的塑性变形区已形成了与地面贯通的连续滑动面，地基土向基础一侧或两侧挤出，地面隆起，地基整体失稳，基础急剧下沉。

二、地基的临塑荷载

临塑荷载是指在外荷载作用下，地基中刚开始产生塑性变形时，基础底面单位上承受的荷载。其计算公式可根据土中应力计算的弹性理论和土体极限平衡条件导出。设地表作用一均布条形荷载 p_0，如图 4-9（a）所示。在地表下任意一深度点 M 处产生的大、小主应力可利用材料力学公式求得

$$\frac{\sigma_1}{\sigma_3} = \frac{p_0}{\pi}(\beta_0 \pm \sin\beta_0) \tag{4-14}$$

实际上一般基础都具有一定的埋置深度 d，如图 4-9（b）所示。此时地基中某点 M 的应力除了由基底附加应力 $p_0 = p - \gamma d$ 产生以外，还有土的自重应力。严格地说，M 点上土的自重应力在各向是不等的，因此上述两项在 M 点产生的应力在数值上不能叠加。为了简单起见，在下文叙述荷载公式推导中，假定土的自重应力在各向相等，相当于土的侧压力系数 K_0 取 1.0，因此土的水平和竖向自重应力取值为（$\gamma_0 d + \gamma z$）。故地基中任一点的 σ_1 和 σ_3 可写为：

$$\frac{\sigma_1}{\sigma_3} = \frac{p - \gamma d}{\pi}(\beta_0 \pm \sin\beta_0) + \rho_0 d + \gamma z \tag{4-15}$$

根据极限平衡理论，当点 M 处于极限平衡状态时，该点应满足以下极限平衡条件式：

$$\sin\varphi = \frac{\sigma_1 - \sigma_3}{\sigma_1 + \sigma_3 + 2c\cot\varphi} \tag{4-16}$$

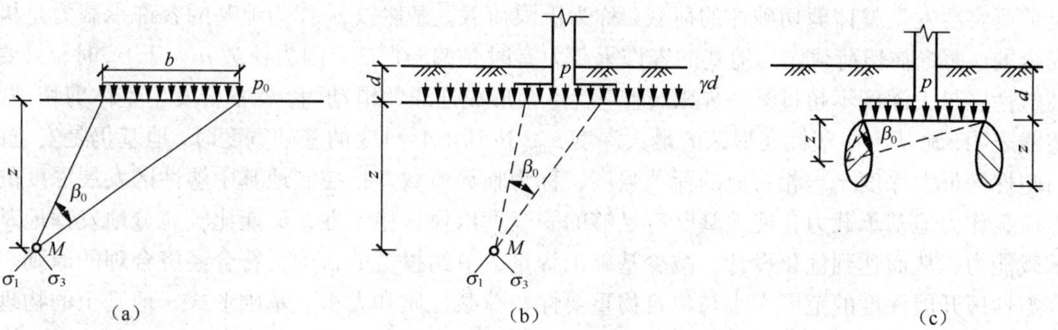

图 4-9　条形均布荷载作用下的地基主应力及塑性区

经整理可得

$$z=\frac{p-\gamma_0 d}{\pi\gamma}\left(\frac{\cos\beta_0}{\sin\varphi}-\beta_0\right)-\frac{c}{\gamma\tan\varphi}-\frac{\gamma_0}{\gamma}d \tag{4-17}$$

如图 4-9（c）所示，采用弹性理论计算，基础两边点的主应力最大，因此塑性区首先从基础两边点开始向深度发展。

塑性区发展的最大深度 $z_{\max}$，可由 $\mathrm{d}z/\mathrm{d}\beta_0=0$ 的条件求得，即

$$\frac{\mathrm{d}z}{\mathrm{d}\beta_0}=\frac{p-\gamma_0 d}{\pi\gamma}\left(\frac{\cos\beta_0}{\sin\varphi}-1\right)=0$$

则有

$$\cos\beta_0=\sin\varphi$$

即

$$\beta_0=\frac{\pi}{2}-\varphi$$

则最大深度 $z_{\max}$ 的表达式为

$$z_{\max}=\frac{p-\gamma_0 d}{\pi\gamma}\left[\cot\varphi-\left(\frac{\pi}{2}-\varphi\right)\right]-\frac{c}{\gamma\tan\varphi}-\frac{\gamma_0}{\gamma}d \tag{4-18}$$

由式（4-18）可见，当其他条件不变时，荷载 p 增大，塑性区就发展，该区的最大深度也随着增大。若 $z_{\max}=0$，则表示地基中将要出现但尚未出现塑性变形区，其相应的荷载即为临塑荷载 p_{cr}。因此，在式（4-18）中令 $z_{\max}=0$，可得到临塑荷载的表达式为

$$P_{\mathrm{cr}}=\frac{\pi(\gamma_0 d+c\cot\varphi)}{\cot\varphi+\varphi-\frac{\pi}{2}}+\gamma_0 d \tag{4-19}$$

式中，γ_0——基底标高以上土的加权平均重度（$\mathrm{kN/m^3}$）；

φ——地基土的内摩擦角（°）。

三、地基的临界荷载

地基的临界荷载是指允许地基产生一定范围塑性区所对应的荷载。

$p\text{-}s$ 曲线中的 a 点和 b 点是变形由一个阶段过渡到另一个阶段的两个特征分界点。a 点对应的荷载为 p_{cr}，即 p_{cr} 是地基中即将出现塑性变形区的荷载，称为临塑荷载。b 点对应的荷载 p_{b}

是地基将要发生整体剪切破坏的荷载，称为极限荷载。显然以 p_b 作为地基的容许承载力是极不安全的，而将临塑荷载作为地基的容许承载力有时又偏于保守，因为荷载 p 大于 p_{cr} 时，只要保证塑性区最大深度不超过某一界限，地基就不会形成连通的滑动面，就不会发生整体剪切破坏。实践表明，地基土中塑性变形区的最大深度 z_{max} 达到 $1/4 \sim 1/3$ 的基础宽度时，地基仍是安全的。与塑性区最大深度 z_{max} 相对应的荷载强度，称为临界荷载。把控制地基中塑性区发展深度的临界荷载作为地基承载力，使地基既有足够的安全度以保证稳定性，又能比较充分地发挥地基的承载能力，从而达到优化设计，减少基础工程量，节约投资的目的，符合经济合理的原则。允许塑性区开展深度的范围大小与建筑物重要性、荷载性质和大小、基础形式、地基土的物理力学性质等有关。

一般认为，在中心垂直荷载下，塑性区的最大发展深度 z_{max} 可控制在基础宽度的 $1/4$，相应的塑性荷载用 $p_{1/4}$ 表示。令 $z_{max}=b/4$，则

$$p_{1/4} = \frac{\pi\left(\gamma_0 d + c\cot\varphi + \dfrac{1}{4}\gamma b\right)}{c\cot\varphi + \varphi - \dfrac{\pi}{2}} + \gamma_0 d$$

📖课堂案例

已知地基土的重度 $\gamma_0=19\text{kN/m}^3$，黏聚力 $c=15\text{kPa}$，内摩擦角 $\varphi=20°$，若条形基础宽度 $b=2.5\text{m}$，埋置深度 $d=1.5\text{m}$。试求该地基的 p_{cr} 和 $p_{1/4}$ 值。

解：

（1）计算 p_{cr}。

$$p_{cr} = \frac{\pi(\gamma_0 d + c\cot\varphi)}{\cot\varphi + \varphi - \dfrac{\pi}{2}} + \gamma_0 d = \frac{\pi \times (28.5 + 41.205)}{2.747 + 0.314 - 1.57} + 28.5 = 175.4(\text{kPa})$$

（2）计算 $p_{1/4}$。

$$p_{1/4} = \frac{\pi\left(\gamma_0 d + c\cot\varphi + \dfrac{1}{4}\gamma b\right)}{\cot\varphi + \varphi - \dfrac{\pi}{2}} + \gamma_0 d = \frac{\pi \times (28.5 + 41.205 + 11.875)}{2.747 + 0.314 - 1.57} + 28.5 = 200.4(\text{kPa})$$

四、地基的极限承载力

（一）地基的破坏形式

在荷载作用下，建筑物地基的破坏通常是由于承载力不足而引起的剪切破坏。地基剪切破坏的形式可分为冲剪破坏、局部剪切破坏和整体剪切破坏三种。

1. 冲剪破坏

冲剪破坏的原因是基础下软弱土的压缩变形使基础连续下沉，如荷载继续增加到某一数值时，基础可能向下"切入"土中，基础侧面附近的土体因垂直剪切而破坏，如图4-10（a）所示。

冲剪破坏时，地基中没有出现明显的连续滑动面，基础四周的地面不隆起，基础没有很大

的倾斜，压力—沉降关系曲线与局部剪切破坏的情况类似，不出现明显的转折现象，如图 4-11 中曲线 A 所示。

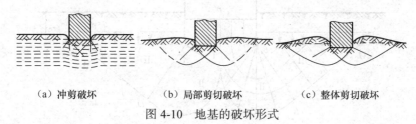

（a）冲剪破坏　　　　（b）局部剪切破坏　　　　（c）整体剪切破坏

图 4-10　地基的破坏形式

2. 局部剪切破坏

局部剪切破坏是介于整体剪切破坏和冲剪破坏之间的一种破坏形式。剪切破坏也从基础边缘开始，但滑动面不发展到地面，而是限制在地基内部某一区域内，基础四周地面也有隆起现象，但不会有明显的倾斜和倒塌，如图 4-10（b）所示。压力—沉降关系曲线从一开始就呈现非线性关系，如图 4-11 中曲线 B 所示。

3. 整体剪切破坏

整体剪切破坏的特征是，当基础荷载较小时，基底压力 p 与沉降 s 基本上呈直线关系，如图 4-11 中 C 曲线的 Oa 段，属于线性变形阶段，当荷载增加到某一数值时，在基础边缘处的土开始发生剪切破坏。随着荷载的增加，剪切破坏区（或称塑性变形区）逐渐扩大，这时压力与沉降之间呈曲线关系，如图中的 ab 段，属

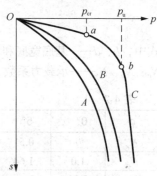

图 4-11　压力-沉降关系曲线

弹塑性变形阶段。如果基础上的荷载继续增加，剪切破坏区不断扩大，最终在地基中形成一个连续的滑动面，基础急剧下沉或向一侧倾倒，同时基础四周的地面隆起，地基发生整体剪切破坏，如图 4-10（c）所示。

地基剪切破坏的形式与土的性质、基础上施加荷载的情况及基础的埋置深度等多种因素有关。一般地，硬黏性土或紧密的砂土地基常发生整体剪切破坏；松软土地基常发生冲剪破坏；而中等密实的砂土地基常发生局部剪切破坏。通常使用的地基承载力公式都是在整体剪切破坏条件下得到的。

（二）地基极限承载力的求解方法

地基极限承载力的求解方法一般有两种：一种是根据土的极限平衡理论和已知的边界条件，计算出土中各点达到极限平衡时的应力及滑动方向，求得基底极限承载力；另一种是通过基础模型试验，研究地基的滑动面形状并进行简化，根据滑动土体的静力平衡条件求得极限承载力。下面介绍几种常见的地基极限承载力公式。

1. 太沙基公式

太沙基公式适用于基底粗糙的条形基础，如图 4-12 所示，滑动土体共分为三区。

Ⅰ区——基础下的楔形压密区。由于土与粗糙基底的摩擦力作用，该区的土不进入剪切状态而处于压密状态，形成"弹性核"，弹性核边界与基底所成角为 φ。

Ⅱ区——过渡区。滑动面按对数螺旋线变化。C 点处螺旋线的切线垂直地面，D 点处螺旋线的切线与水平线成（$45° -\varphi/2$）角。

Ⅲ区——朗肯被动区。处于被动极限平衡状态，滑动面是平面，与水平面的夹角为（$45° -\varphi/2$）。

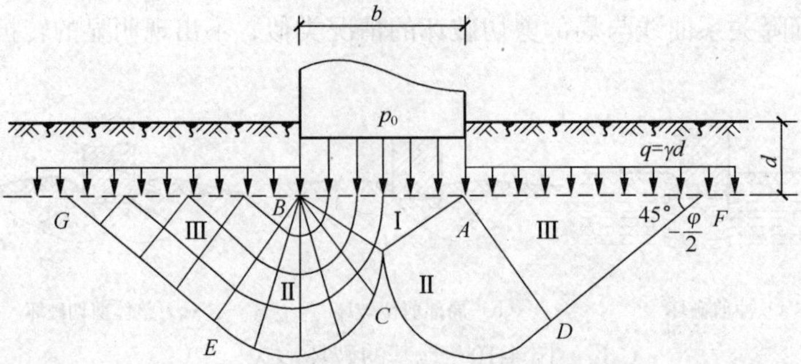

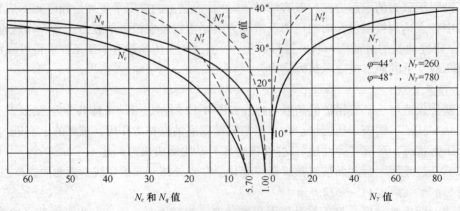

图 4-12 太沙基公式适用于基底粗糙的条形基础

根据 I 区土楔体的静力平衡条件，可求得太沙基极限承载力 p_u。计算公式为

$$p_u = cN_c + \gamma dN_q + \frac{1}{2}\gamma bN_\gamma \qquad (4\text{-}20)$$

式中，b、d——基底宽底和埋置深度（m）；

N_c、N_q、N_γ——承载力系数，与土的内摩擦角 φ 有关，可由表 4-2 得出。

表 4-2　　太沙基公式承载力系数

φ	0°	5°	10°	15°	20°	25°	30°	35°	40°
N_γ	0	0.51	1.20	1.80	4.0	11.0	21.8	45.4	125
N_q	1.0	1.64	2.69	4.45	7.44	12.7	22.5	41.4	81.3
N_c	5.71	7.34	9.61	12.9	17.7	25.1	37.2	57.8	95.7

上式适用于条形基础整体剪切破坏的情况，对于局部剪切破坏，太沙基建议将 c 和 $\tan\varphi$ 值均降低 1/3。

$$c' = \frac{2}{3}c; \quad \tan\varphi' = \frac{2}{3}\tan\varphi$$

局部破坏时的地基极限承载力 p_u 为

$$p_u = \frac{2}{3}cN_c' + \gamma dN_q' + \frac{1}{2}\gamma bN_\gamma' \qquad (4\text{-}21)$$

式中，N_c'、N_q'、N_γ'——相应于局部剪切破坏的承载力因数，由 φ 值查图 4-13 中的虚线可得。

图 4-13　太沙基承载力因数

📖**课堂案例**

某条形基础，基础宽度 $b=2.0$m，埋深 $d=1.5$m。地基土的重度 $\gamma=18.6$kN/m，黏聚力 $c=16$kPa，内摩擦角 $\varphi=20°$。试按太沙基公式确定地基的极限承载力。

解：查表 4-2 得 $N_c=17.7$，$N_q=7.44$，$N_\gamma=4.0$

因此，该地基的极限承载力为

$$p_u = cN_c + \gamma dN_q + \frac{1}{2}\gamma bN_\gamma$$

$$= 16×17.7 + 18.6×1.5×7.44 + \frac{1}{2}×18.6×2.0×4.0 = 565.18(\text{kPa})$$

2. 斯肯普顿公式

斯肯普顿公式是针对饱和软土地基（$\varphi_u=0$）提出来的，当条形均布荷载作用于地基表面时，滑动面形状如图 4-14 所示。Ⅰ区和Ⅲ区分别为朗肯主动区和朗肯被动区，均为底角等于 45° 的等腰直角三角形。Ⅱ区 bc 面为圆弧面。根据脱离体 Obce 的静力平衡条件可得

$$p_u = c(2+\pi) = 5.14c \qquad (4-22)$$

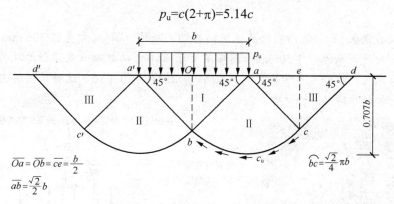

$$\overline{Oa} = \overline{Ob} = \overline{ce} = \frac{b}{2}$$
$$\overline{ab} = \frac{\sqrt{2}}{2}b$$
$$\widehat{bc} = \frac{\sqrt{2}}{4}\pi b$$

图 4-14　斯肯普顿公式滑动面形状

对于埋深为 d 的矩形基础，斯肯普顿极限承载力公式为

$$p_u = 5c_u\left(1+0.2\frac{b}{l}\right)\left(1+0.2\frac{d}{b}\right) + \gamma_0 d \qquad (4-23)$$

式中，b、l——基础的宽度和长度（m）；

d——基础的埋深（m）；

γ_0——埋深范围内的重度（kN/m³）；

c_u——地基上的不排水强度，取基底以下 $\frac{2}{3}b$ 深度范围内的平均值（kPa）。

按斯肯普顿公式确定地基承载力时，安全系数一般取 1.1 ~ 1.5。工程实践证明，用斯肯普顿公式计算的饱和软土地基承载力与实际情况比较接近。

📖**课堂案例**

某矩形基础，宽度 $b=2.0$m，长度 $l=5.0$m，埋置深度 $d=2.0$m。地基土为饱和软黏土，重度 $\gamma_0=18$kN/m，$c_u=14$kPa，$\varphi_u=0$。试按斯肯普顿公式确定地基极限承载力。

解：
$$p_u=5c_u\left(1+0.2\frac{b}{l}\right)\left(1+0.2\frac{d}{b}\right)+\gamma_0 d$$

$$=5\times14\times\left(1+0.2\times\frac{2.0}{5.0}\right)\left(1+0.2\times\frac{2}{2.0}\right)+18\times2=126.72(\text{kPa})$$

学习案例

某建筑工程中的地基土是黏性土，含有大量的粗颗粒。业主要求施工单位采用大型三轴仪对粗粒土进行剪切试验，以测定粗粒土的抗剪强度指标并研究其抗剪强度和变形特性。通过试验数据绘制粗粒土的压力变形关系曲线，包括$\varepsilon_v-\varepsilon_1$和$(\sigma_1-\sigma_3)-\varepsilon_1$曲线，求取非线性应力应变参数。

想一想

粗料土如何进行三轴剪切试验？

案例分析

1. 准备仪器设备。本次试验采用高压三轴剪切试验机，试样尺寸直径300 mm，高600mm，适用于测定轴向荷载不大于1 500kN，围压不大于3MPa的粗粒土抗剪强度及其变形特性，是目前我国较先进的粗粒土力学性能测试设备（见图4-15、图4-16）。试验采用的围压为2MPa，试验方法为饱和固结排水剪切试验。

90

图4-15　粗粒土大型三轴试验机

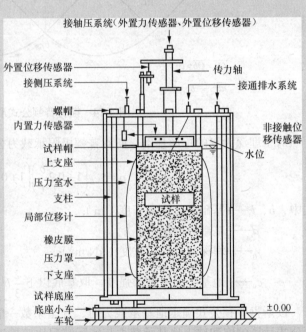

图4-16　粗粒土大型三轴试验机图解

2. 试样级配。本次试验采用某土质心墙堆石坝的坝壳粗粒料，由于掺砾料的砾石粒径较大，超过了试验允许的最大粒径60mm，故采用相似级配法进行缩尺，原级配及相似级配曲线见图4-17。

3. 三轴剪切试验方法和过程。试样尺寸直径300mm，高度600mm，采用击实制样，控制干密度为$\rho_d=2.161g/cm^3$。由于粗粒料颗粒之间没有凝聚力，土体本身无法保持站立，同时粗粒料棱角尖锐，因而传统的三轴试验制样方法不能用来进行粗粒料制样。为了解决上述问题，试验时可采用在压力室底座上直接制样、用标准厚乳胶膜约束试样，使其站立进行制样和安装，整个过程应尽量减少对制好试样的扰动。

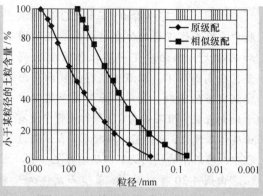

图4-17 原级配和相似级配曲线图

试样装好后开始试验，包括试样饱和、试样固结、试样剪切3个阶段，具体过程如下所述。

（1）试样饱和。根据《土工试验规程》（SL237—1999），选用水头饱和法。试样装好后，将压力室和脱气罐注满水，然后打开进水管和排水管的阀门。由于脱气罐与压力室的水头差在1m左右，使水在水头差的作用下从底部进入试样，从试样的顶部流出，排除试样内的空气，直到流入水量和溢出水量相等，即认为试样已经饱和。

（2）试样固结。试验采用等向固结，即固结过程中$\sigma_1=\sigma_3$，并打开排水阀，使其处于排水状态。对其施加周围压力到预定值，并保持恒定。测记体变读数及孔隙水压力值，待排水管读数稳定后且孔隙水压力在规定范围内即认为固结完成。

（3）试样剪切。试验采用应变控制剪切，在剪切过程中，轴向施加主应力差（$\sigma_1-\sigma_3$）使试样压缩，同时打开排水阀门，使其处于排水状态。然后缓慢地施加主应力差，不致在土中产生超孔隙水压力。在剪切期间只有主应力差（$\sigma_1-\sigma_3$）不断增加直到大主应力达到破坏值（$\sigma_1-\sigma_3$）$_f$，试验中采用0.02mm/min的剪切速率，剪切到15%。

4. 试验结果分析。对于堆石料，由于试验对象为饱和样，所以可根据测量排水量来求取体变。在体变管下端接一个压阻式差压传感器与数据采集系统相连，通过体变管内水头的变化可测得排水量的变化，并且可以实现数据自动采集。通过试验数据绘制应力应变关系曲线及应变体变关系曲线，如图4-18和图4-19所示。下面就试验相关曲线进行分析。

从图4-18可以看出：最大主应力比可以达到3.67。应力应变曲线在局部出现很小的波动，这是因为堆石体颗粒以点接触为主，在剪切过程中接触点处出现应力集中，局部应力超过堆石体颗粒接

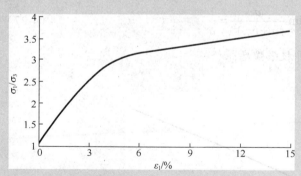

图4-18 某堆石体应力应变关系曲线图

触强度，产生了尖点破碎，引起了应力和应变的波动。随后在压力作用下颗粒发生重新排列、定向，达到一个新的平衡状态，在宏观上表现为应变继续发展。堆石体的应力应变与传统的岩土材料不同，其剪切过程是颗粒不断重新排列、定向过程。从图4-18中还可以看出，对于固结排水（CD）剪切试验，轴向应变达到15%之前，没有发生明显的应变软化现象。而在之前进行的GDS三轴试验中发生了明显的应变软化现象。这并不是因为材料本身发生破坏而产生，而是由于围压低，在轴压的作用下更易产生横向变形。而在高围压下，更接近三向等压压缩。

从图 4-19 可以看出：三轴 CD 剪切试验中，堆石体试样的体变随轴向应变的增加而增大，轴向应变一般比体应变大得多，在高围压下，堆石体试样的横向变形受到更多的限制，其体积应变更多的取决于轴向应变。堆石体在 CD 剪切试验中没有出现体胀现象，始终呈体缩变形。在试验过程中，堆石体的横向变形以压缩为主。

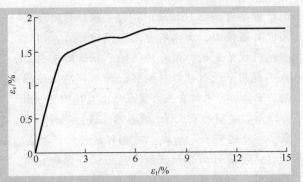

图 4-19 某堆石体轴向应变-体变关系曲线图

由图 4-20 可以看出：某堆石 $\varepsilon_1/(\sigma_1-\sigma_{37})-\varepsilon_1$ 关系曲线近似为一条直线，与之对应的应力应变关系曲线呈硬化形。所以它符合双曲线规律，可以用式（4-24）双曲线方程来描述，以此来确定非线性应力应变参数。

$$\sigma_1 - \sigma_3 = \frac{\varepsilon_1}{a + b\varepsilon_1} \tag{4-24}$$

$$E_t = \frac{\partial(\sigma_1 - \sigma_3)}{\partial \varepsilon_1} = \frac{a}{(a + b\varepsilon_1)^2} \tag{4-25}$$

式中，σ_1-σ_3——大小主应力差；

ε_1——轴向应变；

E_t——切线模量；

a、b——参数。

从图 4-20 中可以求得 $a = 0.55$，$b = 0.158$。

$$(\sigma_1 - \sigma_3)_{ult} = \lim_{\varepsilon_1 \to \infty} \frac{\varepsilon_1}{(a + b\varepsilon_1)} = \frac{1}{b} \tag{4-26}$$

$$E_i = \lim_{\varepsilon_1 \to \infty} \frac{a}{(\alpha + b\varepsilon_1)^2} = \frac{1}{a} \tag{4-27}$$

式中，$(\sigma_1 - \sigma_3)_{ult}$——双曲线的渐近线，即极限强度；

E_i——初始切线模量。

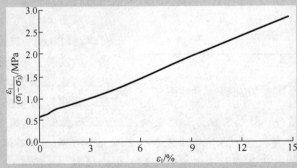

图 4-20 某石体 $\varepsilon_1/(\sigma_1 - \sigma_3) - \varepsilon_1$ 关系曲线图

知道 a，b 值之后求得 $(\sigma_1 - \sigma_3)_{ult} = 6.322$，$E_i = 1.818$。定义破坏强度 $(\sigma_1 - \sigma_3)_f$ 与极限强度之比值为破坏比，用 R_f 表示，关系式为：

$$R_f = \frac{(\sigma_1 - \sigma_3)_f}{(\sigma_1 - \sigma_3)_{ult}} \tag{4-28}$$

由图 4-18 知 $(\sigma_1 - \sigma_3)_f = 3.67$，则 $R_f = 0.581$。按莫尔-库仑 Mohr-Coulomb 破坏强度理论，破坏强度关系式为：

$$(\sigma_1 - \sigma_3)_f = \frac{2c\cos\varphi + 2\sigma_3\sin\varphi}{1 - \sin\varphi} \tag{4-29}$$

式中，c——黏聚力或咬合力；

φ——为内摩擦角。

由于试样为堆石体，所以可以认为黏聚力 $c = 0$，由式（4-29）得 $\varphi = 28.6°$。求得的各参数列于表 4-3。

表 4-3　　　　　　　　　　　　　试验参数表

a	b	E_i	$(\sigma_1-\sigma_3)_{ult}$	$(\sigma_1-\sigma_3)_f$	R_f	c	$\varphi/°$
0.55	0.158	1.818	6.322	3.67	0.581	0	28.6

于是，可得出以下结论：

（1）该堆石体最大主应力比可以达到 3.67，应力应变关系曲线呈硬化形，且与之对应的 $\varepsilon_1/(\sigma_1 - \sigma_3) - \varepsilon_1$ 关系曲线近似为一条直线，试样始终呈体缩变形；

（2）该堆石体的轴向应变-剪切应力曲线呈双曲线关系。

知识拓展

建筑结构适应地基变形的措施

1. 软弱地基处理的一般方法

房屋建筑上部结构的全部荷载通过基础传布于地基，地基变形将会对上部结构产生附加应力，如果地基变形过大则将会产生过大的附加应力，引起上部建筑物的结构损坏或过大变形，影响正常使用，甚至危及建筑物的安全。

软弱地基处理的目的在于提高地基强度，防止建造在这类地基上的构筑物发生破坏、滑动等。但有时则在结构物发生了滑动或过大的沉降甚至发生旋转、影响正常使用时，为了控制这类变形的继续发展而进行地基处理。根据软弱地基的不同情况，进行处理的方法很多，各种处理方法都有较强的针对性，处理方法选择是否合理，直接影响到建筑物的设计是否安全和节约。下面介绍几种常用的施工方法。

（1）换土。这种方法先挖基底下处理范围内的软弱土，再分层换填强度大、压缩性小、性能稳定的材料，并压实至要求的密实度，作为地基的持力层。常用于多层或低层建筑的条形基础、独立基础、地坪、料场及道路工程。

（2）夯实。强夯法是用巨锤、高落距对地基施加强大的冲击力，强制压实地基。采用强夯法是以很大的冲击能量对土层进行较大深度的固结，在大夯击能量作用下，土中出现高能量的冲击波和由此产生的高应力，导致砂土、湿陷性黄土，由原来欠压密状态转化为压密状态。强夯法对粉砂、细砂、黏土、亚黏土、湿陷性黄土、杂填土都适用。

（3）砂井。砂井是利用各种打桩机具击入钢管，或用高压射水、爆破等方法在地基中获得按一定规律排列的孔眼，再灌入中、粗砂，形成砂桩。砂井在饱和软黏土中起排水通道的作用，又称排水砂井。砂井顶面应铺设砂垫层，以构成完整的地基排水系统。软土地基设置砂井后，改善了地基的排水条件，在地基承受附加荷载后，排水固结过程大大加快，进而使地基强度得以提高。

（4）深层挤密法。深层挤密法主要有以下几种挤密方式。

① 石灰桩——适用于处理含水量较高的软弱土地基，不太严重的湿陷性事故的辅助处理措施。

② 灰土桩——适用于加固地下水位以上，天然含水量 12%~25%，厚度 5~15m 的新填土、杂填土、湿陷性黄土以及含水率较大的软弱地基。一般情况下，如为了消除地基湿陷性或提高地基的承载力或水稳性，降低压缩性，宜选用灰土桩。

③ 夯实水泥土桩——适用于加固地下水位以上，天然含水量 12%~23%，厚度在 10m 以内的粪土、新填土、杂填土、黏性土、湿陷性黄土以及含水率较大的软弱土地基。

④ 砂石（碎石）桩——适用于挤密松散砂土、粪土、黏性土、素填土、杂填土等地基，对于在饱和黏性土地基上主要不易变形控制的工程也可用。

同时，在设计时要充分考虑上部结构与地基基础的共同作用，并对建筑结构设计、荷载情况、结构类型和地质条件进行综合分析比较，确定合理的建筑措施、结构措施、地基处理方法和施工要求，以减轻地基变形对建筑物的危害。

2. 结构设计措施

（1）采用合适的结构形式。当上部结构和基础的整体刚度及强度不能适应地基变形时，上部结构就遭致裂损。在其他条件相同的情况下，上部结构连同基础的整体刚度越大，建筑物的差异沉降就越小，但在上部结构和基础中产生的附加弯矩就越大，所以当上部结构柔性大时，基础不宜有相当大的刚度。水池、油罐常采用柔性底板，目的就是使之能适应大量的不均匀沉降。选择结构形式时，对于由地基变形引起的结构物的整体或局部稳定问题必须引起重视。

（2）建筑处理措施。

① 在满足功能要求下，建筑体型应力求简单。当建筑体型比较复杂时，宜根据其平面形状和高度差异情况，在适当部位用沉降缝将其划分成若干个刚度较好的单元；当高度差异和荷载差异较大时，可将二者隔开一定距离，如拉开距离后的两单元必须连接时，应采用能自由沉降的连接构造。

② 当遇软弱地基时，在建筑平面的转折部位、建筑高度差异或荷载差异较大处、长高比过大的砌体承重结构或钢筋混凝土框架结构的适当部位、地基土的压缩性有显著差异部位、建筑结构或基础类型不同处、分期建造房屋的交界处，设置沉降缝。沉降缝应有足够的宽度，且应符合防震缝的要求；缝宽在房屋层数 2~3 层时可采用 50~80mm，4~5 层时可采用 80~120mm，5 层以上时不小于 120mm。

③ 相邻建筑物应考虑由于地基变形而产生的相互影响，后建的建筑物基础应与临近的建筑物基础保持一定的距离，其最小净距根据被影响建筑物的长高比和影响建筑物的预估平均沉降值综合确定。

④ 建筑物各单元组成部分的标高，应根据可能产生的不均匀沉降采取下列相应的措施。a. 室内地坪和地下设施的标高，应根据预估沉降量予以提高。建筑物各部分（或设备之间）有联系时，可将沉降较大者标高提高。b. 建筑物与设备之间，应留有足够的净空。当建筑物有管道穿过时，应预留足够尺寸的空洞或采用柔性的管道接头等。c. 建筑物的框架内填充墙宜采用轻质材料。对不均匀沉降（倾斜）敏感的建筑物的转角、悬挑、跨越部位，尽量不转折、不错

位，增强其建筑结构整体性。

（3）结构处理措施。

① 根据地质情况采用相应的地基处理措施。选用轻型结构减轻墙体自重，采用架空地板代替室内填土；同一结构单元宜采用同一类型基础，并宜设置在同一持力层上；调整各部分的荷载分布、基础宽度和埋置深度。

② 对于建筑体型复杂、荷载差异大的结构形式，可采用箱基、桩基、筏基等加强基础刚度，减少不均匀沉降。

③ 由主楼和裙楼组成的高层建筑，在使用上不能脱开的情况下，可以采取下列措施将主楼和裙楼连成整体，以预防和减少地基变形对结构的损伤：a. 裙楼基础从刚度较大的主楼基础上挑出；b. 主楼和裙楼均采用桩基，用后浇带形式将主楼和裙楼拉结；c. 预估主楼沉降量，且先施工主楼，在一定条件下，采用加强后浇带的技术，来控制主楼和裙楼之间的沉降差。

④ 对于一般砌体承重结构房屋，为预防地基变形对建筑物的损伤，可采取空置房屋总高度与宽度（单面走廊房屋的总宽度，不包括悬挑走廊的宽度）之比不大于2.5，墙体内设置钢筋混凝土圈梁，在外墙四周、叉位的纵横墙交接处、洞口两侧等设置钢筋混凝土构造柱等措施。

（4）施工措施。

① 相邻建筑物因荷载和基础埋置深度差异较大时，宜先建深后建浅，先建重、高部分，后建轻、低部分。同一建筑物各单元部分施工加载应力求平衡基础，必要时可控制加载速度。

② 软土地及基坑（槽）的开挖，应分层分段进行。深基础应考虑由于卸载引起的坑底回弹和土体边坡的稳定。同时保护好基坑（槽）基础底面的土层，尽量减少扰动。

③ 当地下水位高于基坑（槽）底面时，应采取排水或降低地下水位的措施，使基坑（槽）内无积水。采用降水时，应事前考虑对水位降低区域内的已建建筑物和管线可能造成的影响。设置水位观察井、沉降观测点，加强进行监控。

④ 建筑场地需大面积填土回填时，应在建筑物施工前三个月完成，回填土应分层压实，每层铺填厚度可取 200～300mm，并应提出压实系数的要求。

软土地基处理方法中，要注意每种方法都有其适用范围、局限性和优缺点。在软土地区，应该采取各种有效措施，控制地基不均匀沉降。针对某一具体土木建筑工程的工程地质条件、地基基础条件、工程对软土地基的特殊要求，要具体情况具体分析，确定出合适的地基处理方法。关键是将建筑物的上部结构、基础与地基视作一个共同作用的整体，通过采用合适的建筑结构形式、采取建筑处理、结构处理等措施，使建筑结构能够适应地基变形，从而使得结构设计与施工更加经济、合理、科学。

本章小结

地基基础设计必须满足两个基本条件，即变形条件和强度条件。本章主要介绍地基的强度和稳定性问题，包括土的抗剪强度理论、土体的极限平衡条件及地基承载力的确定。

在学习本章内容的过程中，要把土体的抗剪强度理论和土体的极限平衡条件联合起来进行分析，因为通过图形的动态表达进行分析更为直观。而抗剪强度指标的确定及地基承载力的确定需要结合试验进行学习。

学习检测

一、填空题

1. 即使同一种土，在不同条件下其抗剪强度也不相同，它与剪切前土的_____、_____、_____、_____、_____等条件有关。

2. 总应力法按排水条件的不同，在采用三轴压缩仪做试验时，分为_____、_____及固结不排水剪三种试验方法。

3. 一般情况下，地基在施工与使用阶段的固结程度往往不易准确估计，根据实践经验并考虑一定的_____，实用上常采用_____来核算稳定。

4. 允许塑性区开展深度的范围大小与_____、_____、_____、地基土的物理力学性质等有关。

二、选择题

1. 下列关于土的抗剪强度理论的说法，错误的是（　　）。
   - A. 土的抗剪强度与该面上正应力的大小成正比
   - B. 土的强度破坏是由土中某点的剪应力达到土的抗剪强度所引起的
   - C. 破坏面发生在最大剪应力作用面上
   - D. 土的极限平衡条件是判别土体中某点是否达到极限平衡状态的基本公式

2. 三轴试验根据土样的排水条件分类，其中不包括（　　）。
   - A. 不固结不排水试验
   - B. 固结不排水试验
   - C. 固结排水试验
   - D. 不固结排水试验

3. 不同的剪切试验方法的适用范围不同，其中透水性较差的黏土地基适用（　　）。
   - A. 固结不排水剪
   - B. 固结排水剪
   - C. 排水剪
   - D. 不排水剪

4. 土体中各点的剪应力均小于抗剪强度并处于弹性平衡状态，属于地基变形的（　　）阶段。
   - A. 线性变形
   - B. 弹性变形
   - C. 塑性变形
   - D. 破坏

5. 在荷载作用下，建筑物地基的破坏通常是由于承载力不足而引起的剪切破坏。地基剪切破坏的形式不包括（　　）。
   - A. 冲剪破坏
   - B. 冲切破坏
   - C. 局部剪切破坏
   - D. 整体剪切破坏

三、判断题

1. 土的强度破坏是由土中某点的压力达到土的抗剪强度所引起的。（　　）

2. 土的抗剪强度与该面上正应力的大小成反比。（　　）

3. 土的极限平衡条件是判别土体中某点是否达到极限平衡状态的基本公式。（　　）

4. 快剪（不排水剪）的强度相当于土体受力后出现孔隙水应力且孔隙水应力丝毫没有消散时的强度。（　　）

5. 应用有效应力法的关键在于求得孔隙水应力分布，但很多情况下得不到孔隙水应力分布的实用解答，往往会影响有效应力法的应用。（　　）

6. 根据土的有效应力原理和固结理论可知，土的抗剪强度并不是由剪切面上的法向总应力决定，而是取决于剪切面上的有效法向应力。　　　　　　　　　　　　　（　　）

7. 在荷载作用下，建筑物地基的破坏通常是由于承载力不足而引起的剪切破坏。　（　　）

8. 局部剪切破坏是介于整体剪切破坏和冲剪破坏之间的一种破坏形式。　　　（　　）

四、名词解释

1. 土的抗剪强度
2. 地基的临塑荷载
3. 地基的临界荷载

五、问答题

1. 什么是土的抗剪承载力？
2. 黏性土的抗剪承载力指标包括哪些？砂性土的抗剪承载力指标包括哪些？
3. 什么是土的极限平衡条件？如何确定某点是否处于极限平衡状态？
4. 抗剪承载力的测定方法有哪些？
5. 地基变形破坏经历哪三个阶段？各个阶段的地基土有何变化？
6. 地基破坏有哪三种形式？各种破坏常发生在哪些地基土中？

学习情境五

计算土压力与稳定边坡

案例引入

　　某城市一大厦坐落在软黏土地基上，土层描述如下：第 1 层为杂填土，厚 1.0m 左右；第 2 层为粉质黏土，$C_{cu}=12kPa$，$\varphi_{cu}=12°$，厚 2.2m 左右；第 3 层为淤泥质粉质黏土，$C_{cu}=9kPa$，$\varphi_{cu}=15°$；第 4 层为淤泥质黏土，$C_{cu}=10kPa$，$\varphi_{cu}=7°$，厚 10.0m 左右；第 5 层为粉质黏土，$C_{cu}=9kPa$，$\varphi_{cu}=16°$，厚 6.2m 左右；第 6 层为粉质黏土，$C_{cu}=36kPa$，$\varphi_{cu}=13°$，厚 8.0m 左右。主楼部分 2 层地下室，裙房部分 1 层地下室，平面位置如图 5-1 所示。主楼部分基坑深 10m，裙房部分基坑深 5m。设计采用水泥土重力式挡土结构作为基坑围护体系，并分别对裙房基坑（计算开挖深度取 5m）和主楼基坑（计算开挖深度取 5m）进行设计。水泥土重力式挡墙护体系剖面示意图如图 5-2 所示。

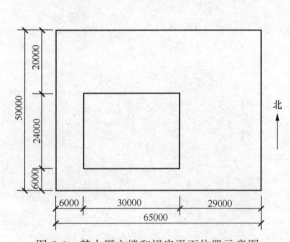

图 5-1　某大厦主楼和裙房平面位置示意图

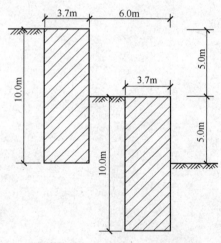

图 5-2　围护体系剖面示意图（主楼西侧和南侧）

　　当裙房部分和主楼部分基坑挖至地面以下 5.0m 深时，外围水泥土挡墙变形很小，基坑开挖顺利。当主楼部分基坑继续开挖，挖至地面以下 8.0m 左右时，主楼基坑西侧和南侧的围护体系，包括该区裙房基坑围护墙均产生整体失稳破坏。主楼基坑东侧和北侧围护体系完好，变形很小。围护体系整体失稳破坏造成主楼工程桩严重移位。

 案例导航

　　该工程事故发生的原因是围护挡土结构计算简图错误。对主楼西侧和南侧围护体系、裙房基坑围护结构和主楼基坑围护结构分别按开挖深度 5.0m 计算是错误的。当总挖深超过 5.0m 后，作用在主楼基坑围护结构上的主动土压力值远大于设计主动土压力值，提供给裙房基坑围护结构上的被动土压力值远小于设计被动土压力值。当开挖深度接近 8.0m 时，势必产生整体失稳破坏。另两侧未产生破坏，说明该水泥土围护结构足以承担开挖深度 5.0m 时的土压力。

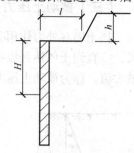

图 5-3　墙后卸载示意图

该案例较典型类似错误并不少见。在围护体系设计中，为了降低主动土压力，也为了减少围护墙的工程量，往往挖去墙后部分土，进行卸载，如图 5-3 所示。

学习单元 1　计算土压力

📝 知识目标

1. 了解土压力计算方法。
2. 熟悉并掌握朗肯土压力理论、库仑土压力理论的计算方法。

📝 技能目标

1. 能够根据土压力的计算理论，判断相同条件下主动土压力与静止土压力的大小。
2. 能够根据静止土压力的理论知识掌握其计算方法与应用要求。
3. 能够根据朗肯土压力的理论知识掌握其计算方法与应用要求。
4. 能够根据库仑土压力的理论知识掌握其计算方法与应用要求。

 基础知识

一、土压力的基本概念

土压力是指作用于各种挡土结构物（统称为挡墙）上的侧向压力。它是挡土结构物承受的主要荷载，其值的大小直接影响挡土墙的稳定性，所计算土压力是设计挡土结构物中的一个重要内容。土压力的大小及其分布规律同挡土结构物的侧向位移的方向、大小、土的性质、挡土结构物的刚度及高度等因素有关。根据挡土墙可能产生位移的方向和墙后填土中不同的应力状态，将土压力分为如下三种。

（一）静止土压力

刚性的挡土墙保持原来位置静止不动，则作用在墙上的土压力称为静止土压力，如图 5-4（a）所示。静止土压力一般用 E_0 表示。

（二）主动土压力

挡土墙在填土压力作用下，背离填土方向移动，这时作用在墙上的土压力将由静止土压力逐渐减小，当墙后土体达到极限平衡并出现连续滑动面使土体下滑时，土压力减至最小值，称为主动土压力，如图 5-4（b）所示。主动土压力用 E_a 表示。

（三）被动土压力

挡土墙在外力作用下，向填土方向移动，这时作用在墙上的土压力将由静止土压力逐渐增大，一直到土体达到极限平衡，并出现连续滑动面，墙后土体向上挤出隆起，这时土压力增至最大值，称为被动土压力，如图 5-4（c）所示。被动土压力用 E_p 表示。

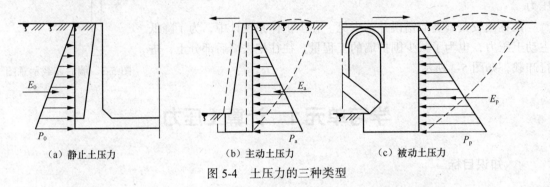

（a）静止土压力　　　　（b）主动土压力　　　　（c）被动土压力

图 5-4　土压力的三种类型

由于土压力是挡土墙的主要外荷载，因此在研究挡土墙时首先要确定土压力的性质、大小、方向和作用点。

土压力的计算理论主要有古典的朗肯（Rankine，1857）土压力理论和库仑（Coulomb，1773）土压力理论。自从库仑土压力理论发表以来，人们进行过多次多种的挡土墙模型试验、原型观测和理论研究。试验研究表明，在相同条件下，主动土压力小于静止土压力，而静止土压力又小于被动土压力，即

$$E_a < E_0 < E_p$$

土压力是挡土结构物与土体相互作用的结果。大部分情况下的土压力均介于上述三种极限状态土压力之间。在影响土压力大小及其分布的诸因素中，挡土结构物的位移是关键因素，图 5-5 中给出了土压力与挡土结构物位移间的关系。从图中可以看，挡土结构物达到被动土压力所需的位移远大于导致主动土压力所需的位移。

由理论分析及挡土墙的模型试验可知，挡土墙土压力不是一个常量，其土压力的性质、大小及沿墙高的分布规律与很多因素有关，归纳起来主要有以下三种：

（1）墙后填土的性质，包括填土的重度、含水量、内摩擦角和黏聚力的大小及填土面的倾斜程度；

（2）挡土墙的形状、墙背的光滑程度及结构形式；

（3）挡土墙的位移方向和位移量。

通过本章的学习，应能够对地基土压力进行验算，并能确定建筑地基是否存在危险，保证安全施工。

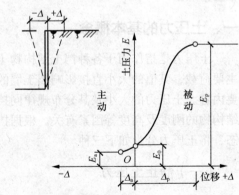

图 5-5　墙身位移与土压力的关系

二、静止土压力的计算

（一）静止土压力的概念

静止土压力——墙静止不动，土体无侧向位移，可假定墙后填土内的应力状态为半无限弹

性体的应力状态。在半无限弹性土体中，任一竖直面都是对称面，对称面上无剪应力，所以竖直面和水平面都是主应力面。

（二）静止土压力的计算方法

在填土表面下任意深度 z 处取一微小单元体，如图 5-6 所示，其上作用着竖向的土自重应力 γ_z，则该处的静止土压力强度可按下式计算：

$$\sigma_0 = K_0\gamma z \qquad (5\text{-}1)$$

式中，K_0——土的侧压力系数（或称为静止土压力系数）；

γ——墙后填土重度（kN/m³）。

由上式可知，静止土压力沿墙高为三角形分布，如图 5-6 所示。如果取单位墙长，则作用在墙上的静止土压力为

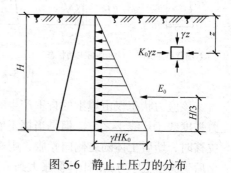

图 5-6　静止土压力的分布

$$E_0 = \frac{1}{2}\gamma H^2 K_0 \qquad (5\text{-}2)$$

式中，H——挡土墙高度（m）。

其余符号含义同前。E_0 的作用点在距墙底 $H/3$ 处。

> **课堂案例**
>
> 已知某混凝土挡土墙，墙高 $H=5.0$m，墙背竖直，墙后填土表面水平，填土的重度 $\gamma=18.5$kN/m³，$\varphi=30°$。试计算作用在此挡土墙上的静止土压力。
>
> 解：静止土压力系数 $K_0=1-\sin\varphi=0.5$
>
> 静止土压力 $E_0 = \dfrac{1}{2}\gamma H^2 K_0 = \dfrac{1}{2}\times 18.5\times 5.0^2\times 0.5 = 115.63$（kN/m）

三、朗肯土压力理论

（一）朗肯土压力理论的假定和条件

郎肯土压力理论研究了半无限弹性土体中处于极限平衡条件区域内的应力状态，继而导出极限应力的理论解。该理论虽为古典理论之一，但概念明确，方法简便，故沿用至今。

朗肯土压力理论首先做出以下基本假定：

（1）挡土墙是无限均质土体的一部分；

（2）墙背垂直光滑；

（3）墙后填土面是水平的。

根据上述假设，墙背处没有摩擦力，土体的竖直面和水平面没有剪应力，故水平方向和竖直方向的应力为主应力。而竖直方向的应力即为土的竖向自重应力。如果挡土墙在施工和使用阶段没有发生任何侧移和转动，那么水平相当应力就是静止土压力，也即土的侧向自重应力。这时距填土面为 z 深度处的单元微体［见图 5-7（a）］所处的应力状态可用图 5-7（d）所示莫尔应力圆 I 表示。

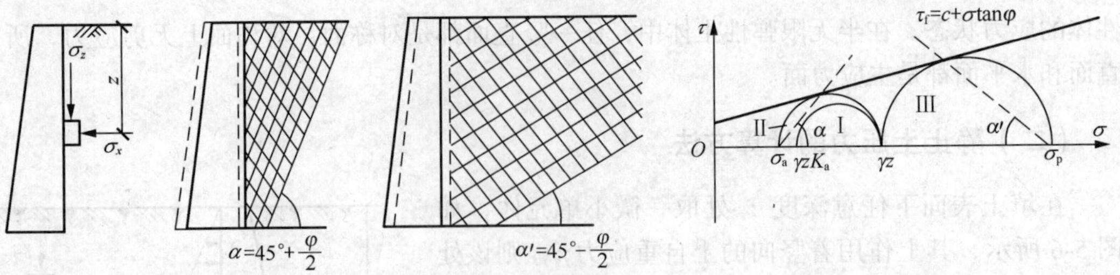

（a）墙背单元微体　　　　（b）朗肯主动状态　　　　（c）朗肯被动状态　　　　（d）莫尔应力圆

图 5-7　半空间体的极限平衡状态

该应力状态仅由填土的自重产生时，必然为弹性平衡状态，其莫尔应力圆一定处于填土抗剪强度线（τ_f 线）之下。但是当挡土墙在土压力作用下，使墙体离开填土向前发生微小转动或位移时，墙后土体随之侧向膨胀，则墙背侧向土压力强度 σ_x 逐渐减少，因墙背竖直光滑，σ_x 减小后仍为小主应力 σ_3，土体侧胀大到一定值时，σ_3 减小至 σ_{3f} 值点达到主动极限平衡状态，此时竖向主应力 σ_1 仍为 γz 不变（因土体侧胀引起的重度 γ 减小量忽略不计）。σ_{3f} 与 σ_1 构成主动极限应力圆如图 5-7（d）中的圆 II 所示，必然与 τ_f 线相切。因假设土体均匀侧胀，则土中各点均达到主动极限平衡状态，被称为主动朗肯状态。达到最低值的小主应力 σ_{3f}，称为朗肯主动土压力强度 E_a。

此时，土体中存在两簇对称的理论滑裂面，滑裂面与大主应力作用面（水平面）的夹角为 $\left(45^\circ + \dfrac{\varphi}{2}\right)$，如图 5-7（b）所示。反之，上述挡土墙在外力作用下，墙体向右挤推填土，如图 5-7（c）所示，土体产生侧向压缩变形，σ_x 随之不断加大，变为大主应力，而 γz 不变成为小主应力。当 σ_x 加大至 σ_{3f} 时，土体达到被动极限平衡状态，称为被动朗肯状态，最大值 σ_{3f} 称为朗肯被动土压力强度 E_p。σ_{1f} 与 σ_z 构成新的被动极限应力圆，如图 5-7（d）中的圆 III 所示。

朗肯将上述原理应用于挡土墙土压力计算中，他设想用墙背直立的挡土墙代替半空间左边的土，如果墙背与土的接触面上满足剪应力为 0 的边界应力条件以及产生主动或被动朗肯状态的边界变形条件，则墙后土体的应力状态不变。由此可以推导出主动和被动土压力计算公式。

（二）朗肯主动土压力计算

（1）由土的强度理论可知，当土体中某点处于极限平衡状态时，大主应力 σ_1 和小主应力 σ_3 之间应满足以下关系式：

对于黏性土

$$\sigma_1 = \sigma_3 \tan^2\left(45^\circ + \frac{\varphi}{2}\right) + 2c \tan\left(45^\circ + \frac{\varphi}{2}\right) \tag{5-3}$$

或

$$\sigma_3 = \sigma_1 \tan^2\left(45^\circ - \frac{\varphi}{2}\right) - 2c \tan\left(45^\circ - \frac{\varphi}{2}\right) \tag{5-4}$$

对于无黏性土

$$\sigma_1 = \sigma_3 \tan\left(45^\circ + \frac{\varphi}{2}\right) \tag{5-5}$$

或

$$\sigma_3 = \sigma_1 \tan\left(45^\circ - \frac{\varphi}{2}\right) \tag{5-6}$$

（2）对于如图 5-8 所示的挡土墙，设墙背光滑（为了满足剪应力为 0 的边界应力条件），直立、填土面水平。当挡土墙偏离土体时，由于墙后土体中离地表为任意深度 z 处的竖向应力 $\sigma_z = \gamma z$ 不变，亦即大主应力不变，而水平应力 σ_x 却逐渐减少直至产生主动朗肯状态，此时，σ_x 是小主应力 σ_a，也就是主动土压力强度。

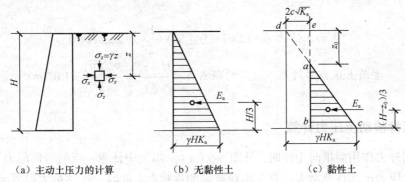

（a）主动土压力的计算　　　（b）无黏性土　　　（c）黏性土

图 5-8　主动土压力强度分布图

对于无黏性土

$$\sigma_a = \gamma z \tan^2\left(45° - \frac{\varphi}{2}\right) = \gamma z K_a \tag{5-7}$$

对于黏性土

$$\sigma_a = \gamma z \tan^2\left(45° - \frac{\varphi}{2}\right) - 2c \tan\left(45° - \frac{\varphi}{2}\right) = \gamma z K_a - 2\sqrt{K_a} \tag{5-8}$$

式中，K_a——主动土压力系数，$K_a = \tan^2\left(45° - \frac{\varphi}{2}\right)$；

　　　γ——墙后填土的重度（kN/m³），地下水位以下用有效重度；

　　　c——填土的黏聚力（kPa）；

　　　φ——填土的内摩擦角（°）；

　　　z——所计算的点离填土面的深度（m）。

（3）由上述公式及图 5-8（a）、（b）可见，主动土压力 σ_a 沿深度 z 呈直线分布。作用在墙背上的主动土压力的合力 E_a 即为 σ_a 分布图形的面积，其作用点位置在分布图形的形心处，即对于无黏性土，有

$$E_a = \frac{1}{2}\gamma H^2 \tan^2\left(45° - \frac{\varphi}{2}\right) \tag{5-9}$$

或

$$E_a = \frac{1}{2}\gamma H^2 K_a \tag{5-10}$$

E_a 通过三角形的形心，即作用在离墙底 $H/3$ 处。

🗒️**课堂案例**

某挡土墙高度为 5m，墙背垂直光滑，填土面水平。填土为黏性土，其物理力学性质指标如下：c=8kPa，φ=20°，γ=18kN/m³。试计算该挡土墙主动土压力及其作用点位置。

解：主动土压力系数 $K_a = \tan^2\left(45° - \dfrac{\varphi}{2}\right) = 0.217$

墙底主动土压力强度 $\sigma_a = \gamma z K_a - 2c\sqrt{K_a} = 18 \times 5 \times 0.217 - 2 \times 8 \times \sqrt{0.217} = 12.07(\text{kPa})$ 临界深度 $z_0 = \dfrac{2c}{\gamma\sqrt{K_a}} 1.91(\text{m})$

主动土压力 $E_a = 12.07 \times (5-1.91) \times \dfrac{1}{2} = 18.65(\text{kN/m})$

主动土压力作用点距墙底的距离 $h' = \dfrac{H - z_0}{3} = \dfrac{5-1.91}{3} = 1.03(\text{m})$

（三）朗肯被动土压力计算

当墙受到外力作用而推向土体时［见图 5-9（a）］，填土中任意一点的竖向应力 $\sigma_z = \gamma z$ 仍不变，而水平向应力 σ_x 却逐渐增大，直至出现被动朗肯状态，此时，σ_x 达最大限值 σ_p，因此 σ_p 是大主应力，也就是被动土压力强度，而 σ_z 则是小主应力。于是有

对于无黏性土

$$\sigma_p = \gamma z \tan^2\left(45° + \frac{\varphi}{2}\right) \gamma z K_p \tag{5-11}$$

对于黏性土

$$\sigma_p = \gamma z \tan^2\left(45° + \frac{\varphi}{2}\right) + 2c\tan\left(45° + \frac{\varphi}{2}\right) = \gamma z K_p + 2c\sqrt{K_p} \tag{5-12}$$

式中，K_p——被动土压力系数，$K_p = \tan^2\left(45° + \dfrac{\varphi}{2}\right)$；

γ——墙后填土的重度（kN/m^3），地下水位以下用有效重度；

c——填土的黏聚力（kPa）；

φ——填土的内摩擦角（°）；

z——所计算的点离填土面的深度（m）。

无黏性土的被动土压力强度呈三角形分布，如图 5-9（b）所示；黏性土的被动土压力强度则呈梯形分布，如图 5-9（c）所示。如取单位墙长计算，则被动土压力可由式（5-13）和式（5-14）计算。

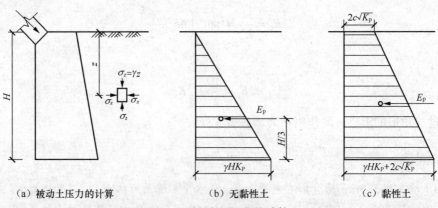

(a) 被动土压力的计算　　　　(b) 无黏性土　　　　(c) 黏性土

图 5-9　被动土压力的计算

对于无黏性土

$$E_p = \frac{1}{2}\gamma H^2 K_p \tag{5-13}$$

对于黏性土

$$E_p = \frac{1}{2}\gamma H^2 K_p + 2cH\sqrt{K_p} \tag{5-14}$$

被动土压力 E_p 通过三角形或梯形压力分布图的形心。若填土为成层土，填土表面有超载时，被动土压力的计算方法与前述主动土压力计算相同。

📖 课堂案例

已知某挡土墙高度为 5m，墙背垂直光滑，填土面水平。填土为黏性土，其物理力学性质指标如下：c=8kPa，φ=20°，γ=18kN/m³，试计算作用在此挡土墙上的被动土压力。

解：被动土压力系数 $K_p = \tan^2\left(45° + \dfrac{\varphi}{2}\right) = 2.16$

墙顶被动土压力强度 $\sigma_{p1} = 2c\sqrt{K_p} = 2\times 8 \times 1.47 = 23.52$(kPa)

墙底被动土压力强度度 $\sigma_{p2} = \gamma H K_p + 2c\sqrt{K_p} = 217.92$(kPa)

被动土压力 $E_p = \dfrac{1}{2}\gamma H^2 K_p + 2cH\sqrt{K_p} = 603.6$(kN/m)

（四）几种常见的土压力计算

（1）当填土面上作用均布荷载 q 时，如图 5-10 所示，墙后距填土面为 z 深度处一点的大主应力（竖向）$\sigma_1 = q + \gamma z$，小主应力 $\sigma_3 = \sigma_a$，于是有

对于黏性土

$$\sigma_a = (q + \gamma z)K_a - 2c\sqrt{K_a} \tag{5-15}$$

对于砂土

$$\sigma_a = (q + \gamma z)K_a \tag{5-16}$$

当填土为黏土时，令 $z=z_0$，$\sigma_a=0$，可得临界深度计算公式为

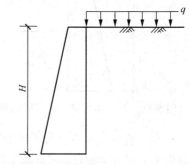

图 5-10　填土面上作用均布荷载

$$\sigma_a = \frac{2c}{\gamma\sqrt{K_a}} - \frac{q}{\gamma} \tag{5-17}$$

若荷载 q 较大，则 z_0 会出现负值，此时说明在墙顶处存在土压力，其值可通过令 $z_0=0$ 求得，则

$$\sigma_a = qK_a \tag{5-18}$$

（2）当挡土墙背填土由不同性质土层组成时，如图 5-11 所示，可按各层土质情况分别确定作用于墙背上的土压力。第一层土按其计算指标 γ_1、φ_1 和 c_1 计算土压力，而第二层土的压力就可将上层土视作第二层土上的均匀布荷载，用第二层土的计算指标 γ_1、φ_2 和 c_2 来进行计算。其

余土层可按第二层的方法计算。以无黏性土为例，有

$$\sigma_{a0} = 0 ;$$

$$\sigma_{a1上} = \gamma_1 h_1 K_{a1} ;$$

$$\sigma_{a1下} = \gamma_1 h_1 K_{a2} ;$$

$$\sigma_{a2上} = (\gamma_1 h_1 + \gamma_2 h_2) K_{a2} ;$$

$$\sigma_{a2下} = (\gamma_1 h_1 + \gamma_2 h_2) K_{a3} ;$$

$$\sigma_{a3上} = (\gamma_1 h_1 + \gamma_2 h_2 + \gamma_3 h_3) K_{a3} 。$$

☼小提示

由于各层土的性质不同，主动土压力系数 K_0 也不同，因此，在土层的分界面上主动土压力会出现两个数值，若为黏性土，其土压应力应减去相应的负侧向压力 $2c\sqrt{K_a}$。

（3）填土中若有地下水存在，如图 5-12 所示，则墙背同时受到土压力和静水压力的作用。地下水位以上的土压力可按前述方法计算。

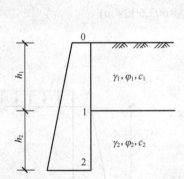

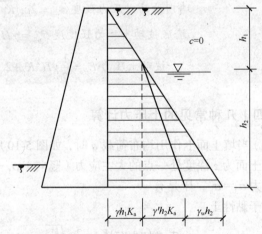

图 5-11　挡土墙背填土由不同性质土层组成　　图 5-12　填土中有地下水存在

在一般的工程中，可不计地下水对土体抗剪强度的影响，而只需以有效重度和土体原有的黏聚力 c 和内摩擦角 φ 来计算土压力。总侧压力为土压力和水压力之和，即

$$\sigma_a = \sigma_{a土} + \sigma_{a水} (\gamma_1 h_1 + \gamma' h_2) K_a + \gamma_w h_2 \tag{5-19}$$

课堂案例

如图 5-13 所示，某挡土墙高 4m，墙背垂直、光滑，墙后填土面水平，其上作用有均布荷载 $q=10$kPa，墙后填土为砂土，$\varphi=30°$，$\gamma=18$kN/m³，$\gamma_{sat}=19$kN/m³，地下水位在填土面下 2m 处，试计算墙背总侧压力。

解：该挡土墙条件符合朗肯土压力理论。

（1）主动土压力系数：

$$K_a = \tan^2 \left(45° - \frac{\varphi}{2}\right) = \tan^2 \left(45° - \frac{30°}{2}\right) = 0.333$$

（2）墙顶处土压力强度：

$$\sigma_a = qK_a = 10 \times 0.333 = 3.33(\text{kPa})$$

（3）地下水位处土压力强度：

$$\sigma_{a1} = (q + \gamma z_1)K_a = (10 + 18 \times 2) \times 0.333 = 15.32(\text{kPa})$$

（4）墙底处土压力强度：

$$\sigma_{a2} = (q + \gamma z_1 + \gamma z_2)K_a = (10 + 18 \times 2 + 9 \times 2)$$
$$\times 0.333 = 21.31(\text{kPa})$$

（5）墙底处水压力强度：

$$\sigma_{w2} = \gamma_w h_{w2} = 10 \times 2 = 20(\text{kPa})$$

侧压力分布如图 5-13 所示。

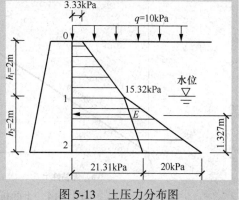

图 5-13　土压力分布图

（6）主动土压力：

$$E_a = \frac{1}{2} \times (3.33 + 15.32) \times 2 + \frac{1}{2} \times (15.32 + 21.31) \times 2 = 55.28(\text{kN/m})$$

（7）总水压力：

$$E_w = \frac{1}{2} \times 20 \times 2 = 20(\text{kN/m})$$

（8）总侧压力：

$$E = E_a + E_w = 55.28 + 20 = 75.28(\text{kN/m})$$

四、库仑土压力理论

（一）库仑土压力理论的假定和条件

107

法国工程师库仑通过研究在挡土墙背后土体滑动楔块上的静力平衡，提出了另一种土压力计算理论。当遇到挡土墙墙背倾斜、粗糙和非水平填土面等比较复杂的情况时，这种理论可显示出明显的优越性。库仑土压力理论做了如下假定：

（1）挡土墙是刚性的，墙后填土为无黏性土；

（2）滑动楔体为刚体；

（3）楔体沿着墙背及一个通过墙踵的平面滑动。

土的抗剪强度是指土体对外荷载所产生的剪应力的极限抵抗能力。土体发生剪切破坏时，将沿着其内部某一曲线面（滑动面）产生相对滑动，而该滑动面上的剪应力就等于土的抗剪强度。库仑通过一系列砂土剪切试验的结果［见图 5-14（a）］，提出土的抗剪强度表达式，即

$$\tau_f = \sigma \tan \varphi \tag{5-20}$$

后来库仑又通过黏性土的试验结果［见图 5-14（b）］提出更为普遍的抗剪强度表达式，即

$$\tau_f = c + \sigma \tan \varphi \tag{5-21}$$

式中，τ_f——土的抗剪强度（kPa）；

σ——剪切面上的正应力（kPa）；

φ——土的内摩擦角（°）；

c——土的黏聚力（kPa），对于无黏性土，$c = 0$。

式（5-21）就是反映土的抗剪强度规律的库仑定律，其中 c、φ 称为土的抗剪强度指标。该定律表明对一般应力水平，土的抗剪强度与滑动面上的法向应力之间呈直线关系。

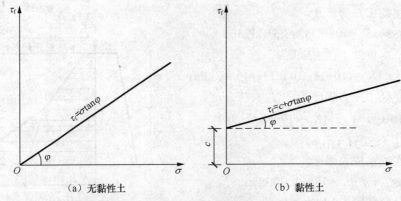

（a）无黏性土　　　　　　　　（b）黏性土

图 5-14　土的抗剪强度与法向应力之间的关系

> ## ☼小提示
>
> 　　黏性土的抗剪强度指标的变化范围很大，它与土的种类有关，并且与土的天然结构是否被破坏、试样在法向压力下的排水固结程度及试验方法等因素有关。内摩擦角的变化范围大致为 $0 \sim 30°$；黏聚力则可从小于 10kPa 变化到 200kPa 以上。

（二）库仑主动土压力计算

　　图 5-15 为库仑主动土压力合力计算简图，当墙体向前移动或转动而使墙后土体处于主动极限平衡状态时，土楔体 ABC 沿某一破裂面 BC 向下滑动。此时，作用在土楔体上的力有以下 3 个。

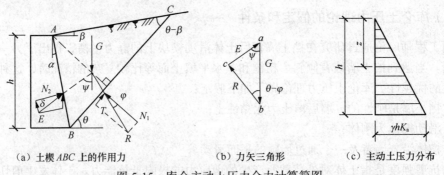

（a）土楔 ABC 上的作用力　　（b）力矢三角形　　（c）主动土压力分布

图 5-15　库仑主动土压力合力计算简图

　　1. 土楔体的重力 G

　　设墙背与竖直面的夹角为 α，填土面与水平面的夹角为 β，土楔体的破裂面与水平面的夹角为 θ，只要破裂面 BC 的位置一确定，G 的大小就已知，G 等于 $\triangle ABC$ 面积乘以重度，此时，G 是 θ 的函数，方向朝下。

　　2. 破裂面 BC 上的反力 R

　　该力是楔体滑动时，破裂面上的切向摩擦力 T 和法向反力 N 的合力，其大小未知，但其方向是已知的。反力 R 与破裂面 BC 的法线之间的夹角等于土的内摩擦角，并位于法线的下侧。

　　3. 墙背对土楔体的反力 E

　　该力是墙背法向反力 N_z 和切向摩擦力的合力。与该力大小相等、方向相反的楔体作用在墙背上的力就是土压力，其方向为已知，大小为未知。它与墙背的法线成 δ 角，δ 角为墙背与填土之间的摩擦角（外摩擦角），楔体下滑时反力 E 的位置在法线的下侧。

由于土楔体 ABC 在上列三力作用下处在静止平衡状态,故由该三力构成的力的三角形必然闭合,如图 5-15(b)所示。从图 5-12(a)中可知力 E 与竖直线的夹角 ψ 为

$$\psi = 90° - \delta - \alpha$$

于是力 E 与 R 的夹角为 $180° - [(\theta - \varphi) - \psi]$。

由力的三角形按正弦定理可得:

$$\frac{F}{G} = \frac{\sin(\theta - \varphi)}{\sin\left[180° - (\theta - \varphi + \psi)\right]} = \frac{\sin(\theta - \varphi)}{\sin(\theta - \varphi + \psi)}$$

或

$$E = G\frac{\sin(\theta - \varphi)}{\sin(\theta - \varphi + \psi)}$$

E 值随破裂面倾角 θ 而变化。按微分学求极值的方法,可由 $\dfrac{\mathrm{d}E}{\mathrm{d}\theta}$ 的条件求得 E 的最大值即为主动土压力 E_a,相应于此时的 θ 角即危险的滑动破裂面与水平面的夹角。根据推导,主动土压力计算公式如下:

$$E_a = \frac{1}{2}\gamma h^2 K_a$$

$$K_a = \frac{\cos^2(\varphi - \alpha)}{\cos^2\alpha\cos(\alpha + \delta)\left[1 + \sqrt{\dfrac{\sin(\varphi + \delta)\sin(\varphi - \beta)}{\cos(\alpha + \delta)\cos(\alpha - \beta)}}\right]^2} \tag{5-22}$$

式中,K_a——主动土压力系数,无因次量,为 φ、α、β、δ 的函数;

h——挡土墙高度(m);

γ——墙后填土的重度(kN/m³);

φ——墙后填土的内摩擦角(°);

α——墙背与铅直线的夹角,以铅直线为准,顺时针为负,称为仰斜,反时针为正,称为俯斜;

δ——墙背与填土间的摩擦角(墙摩擦角),决定于墙背面粗糙程度、填土性质、墙背面倾斜形状等,由试验或按规范确定;

β——填土表面与水平面所成坡角。

沿墙高主动土压力强度是按直线分布的,其强度分布图形为三角形,而主动土压力 E_a 的作用点在距墙底 $h/3$ 处。

当墙背垂直($\alpha=0$)、光滑($\delta=0$),填土表面水平($\beta=0$)且与墙齐高时,有

$$E_a = \frac{1}{2}\gamma h^2 K_a \tan^2\left(45° - \frac{\varphi}{2}\right) \tag{5-23}$$

可见,与朗肯总主动土压力公式完全相同。这说明 $\alpha=0$,$\delta=0$,$\beta=0$ 这种条件下,库仑土压力理论与朗肯土压力理论的计算结果是一致的。

109

课堂案例

挡土墙高 3.5m,墙背倾角 $\alpha=10°$(俯斜),$\beta=30°$,填土重度 $\gamma=18\mathrm{kN/m^3}$,$\varphi=30°$,$c=0$,填土与墙背的摩擦角 $\delta=\dfrac{2}{3}\varphi$,试按库仑土压力理论求主动土压力 E_a 及其作用点。

解：主动土压力系数

$$K_a = \frac{\cos^2(\varphi - \alpha)}{\cos^2 \alpha \cos(\alpha + \delta)\left[1 + \sqrt{\dfrac{\sin(\varphi + \delta)\sin(\varphi - \beta)}{\cos(\alpha + \delta)\cos(\alpha - \beta)}}\right]^2} = 1.05$$

主动土压力

$$E_a = \frac{1}{2}\gamma h^2 K_a = 115.76 \,(\text{kN/m})$$

土压力作用点

$$h' = \frac{1}{3}h = 1.17 \,(\text{m})$$

（三）库仑被动土压力计算

当墙受外力作用推向填土，直至土体沿某一破裂面破坏时，土楔向上滑动，并处于被动极限状态。按上述求主动土压力的原理可求得库仑被动土压力的计算式为

$$E_p = \frac{1}{2}\gamma H^2 K_p \tag{5-24}$$

式中，K_p——被动土压力系数，可用下式计算：

$$K_a = \frac{\cos^2(\varphi + \alpha)}{\cos^2 \alpha \cos(\alpha - \delta)\left[1 - \sqrt{\dfrac{\sin(\varphi + \delta)\sin(\varphi + \beta)}{\cos(\alpha - \delta)\cos(\alpha - \beta)}}\right]^2}$$

☼小提示

当墙后填土达到极限平衡状态时，破裂面是一曲面，在计算主动土压力时，只有当墙背的斜度不大，墙背与填土间的摩擦角较小时，破裂面才接近一平面。按库仑理论给出的公式进行计算，能满足工程设计需要的精度，但按库仑理论计算被动土压力时通常误差较大。

学习单元2　设计挡土墙

📝知识目标

1. 了解挡土墙的分类。
2. 掌握挡土墙的构造要求。
3. 掌握重力式挡土墙的压力计算方法。
4. 掌握抗滑移稳定性和抗倾覆稳定性的验算方法。

📝技能目标

1. 通过了解挡土墙的分类，掌握其构造要求。
2. 掌握重力式挡土墙土压力计算，并通过所学内容掌握抗滑移稳定性和抗倾覆稳定性的验算方法与要求。

基础知识

挡土墙是用来支撑天然边坡、挖方边坡或人工土体边坡，以保持土体稳定，防止土体坍塌的构筑物，又可以定义为用来支持并防止坡体倾塌的一种工程结构体。它广泛应用于房屋建筑地下室外墙、地下人防通道侧墙，以及高层建筑深基坑开挖和山区（包括丘陵地带）。在进行建筑工程地基设计时，解决边坡稳定性及滑坡问题，并在水利、铁路、公路、港湾以及桥梁工程中支撑路堤或路堑的边坡、隧道洞口、桥梁两端及河流岸壁等。

在挡土墙横断面中，与被支承土体直接接触的部位称为墙背；与墙背相对的、临空的部位称为墙面；与地基直接接触的部位称为基底；与基底相对的、墙的顶面称为墙顶；基底的前端称为墙趾；基底的后端称为墙踵。

设计挡土墙应遵循安全、经济、合理的原则，从实际场地出发。结合地形、地质条件及使用要求，因地制宜，以取得最好的社会和经济效益。

一、挡土墙的类型

挡土墙是防止土体坍塌的构造物，主要类型见表 5-1。

表 5-1　　　　　　　　　　　　　　挡土墙的类型

挡土墙类型	主 要 内 容
重力式挡土墙	重力式挡土墙墙面暴露于外，墙背可以做成倾斜和垂直的，如图 5-16（a）所示。墙基的前缘称为墙趾，而后缘叫做墙踵。重力式挡土墙通常由块石或素混凝土砌筑而成，因而墙体抗拉强度较小，作用于墙背的土压力所引起的倾覆力矩全靠墙身自重产生的抗倾覆力矩来平衡，因此，墙身必须做成厚而重的实体才能保证其稳定，这样，墙身的断面也就比较大。当地层较好．墙高度不大，而当地又有石料时，一般优先选用重力式挡土墙。重力式挡土墙一般不配钢筋或只在局部范围内配以少量的钢筋。墙高在 6m 以内地层稳定，开挖土石方时不会危及相邻建筑物安全的地段，经济效益明显
悬臂式挡土墙	悬臂式挡土墙一般用钢筋混凝土建造，它由三个悬臂板组成，即立壁、墙趾悬臂和墙踵悬臂，如图 5-16（b）所示。墙的稳定主要靠墙踵底板上的土重，而墙体内的拉应力则由钢筋承担。因此，这类挡土墙的优点是能充分利用钢筋混凝土的受力特征，墙体截面较小。在市政工程及厂矿储库中广泛应用这种挡土墙
扶壁式挡土墙	当墙后填土比较高时，为了增强悬臂式挡土墙中立壁的抗弯性能，常沿墙的纵向每隔一定距离设一道扶壁，如图 5-16（c）所示，故称为扶壁式挡土墙

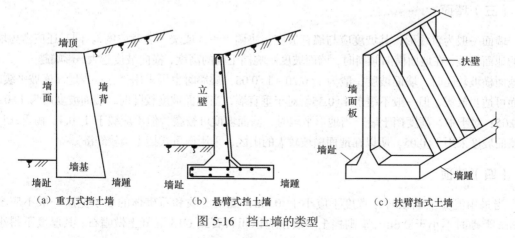

（a）重力式挡土墙　　（b）悬臂式挡土墙　　（c）扶臂挡式土墙

图 5-16　挡土墙的类型

111

近十多年来，国内外在发展新型挡土结构方面，提出了不少新型结构，如锚杆挡土墙、锚定板挡土墙及土工织物挡土墙等。锚定板挡土墙结构的简图如图 5-17 所示。这种结构一般由预制的钢筋混凝土墙面、钢拉杆和埋在填土中的锚定板组成，依靠锚定板产生的抗拔力抵抗侧压力，保持墙的稳定。它宜用于缺少石料地区的路肩或路堤挡土墙，但不应修筑于滑坡、坍塌、软土及膨胀土地区，或用于路堑挡土墙。立柱式锚定板挡土墙可采用单级墙或双级墙，每级墙高不宜大于 6m，上、下级墙体之间应设置宽度不小于 2m 的平台，上、下级墙的立柱宜交错布置。锚定板式挡土墙具有构件断面小，可预制，

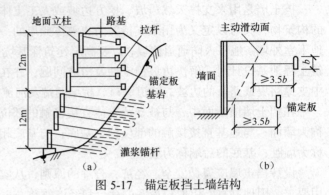

图 5-17　锚定板挡土墙结构

工程量小，不受地基承载力的限制等特点，有利于实现结构轻型化和施工机械化。

二、重力式挡土墙的构造要求

（一）材料

挡土墙墙身及基础采用的材料，在有石料的地区，应尽可能采用浆砌片石砌筑。片心的强度等级不得低 MU30；寒冷及地震区，其石料的重度不小于 20kN/m³，经 25 次冻融循环，应无明显破损。砌筑采用的水泥砂浆，在墙高小于 6m 时，砂浆采用 M5，超过 6m 高时宜采均 M7.5；在浸水地区、严寒地区和地震地区应选用 M10。在缺乏石料的地区，重力式挡上培可用 C15 混凝土或片石混凝土建造；在严寒地区采用 C20 混凝土或片石混凝土。

（二）墙背

重力式挡土墙的仰斜墙背坡度越缓，土压力越小，一般采用 1：0.25，不宜缓于 1：0.30。俯斜墙背坡度一般为 1：0.40～1：0.25。衡重式或凸折式挡土墙下墙墙背坡度多采用 1：0.30～1：0.20 俯斜，上墙墙背坡度受墙身强度控制，根据上墙高度，采用 1：0.45～1：0.2 俯斜。同一工程的挡土墙，其断面形式不宜变化过多，以免造成施工困难，并影响挡土墙的外观。

（三）墙面

墙面一般为直线形，其坡度应与墙背坡度相协调（一致或缓于墙背坡度）。同时还应考虑墙趾处的地面横坡，在地面横向倾斜时，墙面坡度影响挡土墙的高度，横向坡度越大，影响越大。因此，当地面横坡较陡时，墙面坡度一般为 1：0.20～1：0.05，矮墙时也可采用直立；当地面横坡平缓时，墙面可适当放缓，但一般不缓于 1：0.35。对于垂直墙，当地面坡度较陡时，墙面坡度可为 1：0.2～1：0.05；对于中、高度挡土墙，当地形平坦时，墙面坡度可较缓，但不应缓于 1：0.4。衡重式挡土墙墙面坡度采用 1：0.05，所以在地面横坡较大的山区，采用衡重式挡土墙较经济。

（四）墙顶

当采用混凝土墙顶时，宽度不应小于 0.4m；混凝土块和石砌体的墙顶宽度一般不应小于 0.5m，干砌时不小于 0.6m。浆砌挡土墙墙顶应以粗料石或 C15 混凝土做帽石，其厚度不得小于

0.4m，宽度不小于 0.6m，突出墙外的飞檐宽度为 0.1m。干砌挡土墙顶部 0.5m 厚度范围内宜用 M5 砂浆砌筑，以保证稳定性。如不做帽石，应选用大块片石置于墙顶，并用砂浆磨平。

（五）沉降伸缩缝及排水设施

为了防止因地基不均匀沉陷而引起墙身开裂，应根据地基的地质条件及墙高、墙身断面的变化情况设置沉降缝，为了防止污工砌体因砂浆硬化收缩和温度变化而产生裂缝，须设置伸缩缝。通常把沉降缝与伸缩缝合并在一起，统称为沉降伸缩缝或变形缝。

挡土墙应设置排水设施，以疏干墙后坡料中的水分，防止地表水下渗造成墙后积水，使墙身免受额外的静水压力，消除黏性土填料因含水量增加产生的膨胀压力，减少季节性寒冷地区填料的冻胀压力。

三、重力式挡土墙土压力计算

（1）如图 5-18 所示，对于土质边坡，边坡主动土压力应按式（5-25）进行计算：

$$E_a = \frac{1}{2}\psi_a \gamma h^2 K_a \qquad (5-25)$$

式中，E_a——主动土压力（kN/m）；

ψ_a——主动土压力增大系数，挡土墙高度小于 5m 时宜取 1.0，高度为 5~8m 时宜取 1.1，高度大于 8m 时宜取 1.2；

γ——填土的重度（kN/m³）；

h——挡土结构的高度（m）；

K_a——主动土压力系数，按《建筑地基基础设计规范》（GB 50007—2011）附录 L 确定。

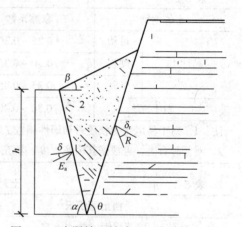

图 5-18　有限填土挡墙土压力计算示意图
1—岩石边坡；2—填土

当填土为无黏性土时，主动土压力系数可按库仑土压力理论确定；当支挡结构满足朗肯条件时，主动土压力系数可按朗肯土压力计算。

（2）当支挡结构后缘有较陡峻的稳定岩石坡面，岩坡的坡角 $\theta > 45° + \frac{\varphi}{2}$ 时，应按有限范围填土计算土压力，取岩石坡面为破裂面。根据稳定岩石坡面与填土间的摩擦角按式（5-26）计算主动土压力系数：

$$K_a = \frac{\sin(\alpha+\theta)\sin(\alpha+\beta)\sin(\theta-\delta_\gamma)}{\sin^2\alpha\sin(\theta-\beta)\sin(\alpha-\delta+\theta-\delta_\gamma)} \qquad (5-26)$$

式中，θ——稳定岩石坡面倾角（°）；

δ_γ——稳定岩石坡面与填土间的摩擦角（°），根据试验确定。当无试验资料时，可取 $\delta_\gamma = 0.33\varphi_k$ [φ_k 为填土的内摩擦角标准值（°）]。

四、抗滑移稳定性验算

抗滑移稳定性应按式（5-27）~式（5-31）验算，如图 5-19 所示。

$$\frac{(G_n + E_{an})\mu}{E_{at} - G_t} \geq 1.3 \qquad (5-27)$$

113

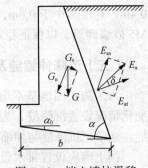

$$G_n = G\cos\alpha_0 \quad (5\text{-}28)$$

$$G_t = G\sin\alpha_0 \quad (5\text{-}29)$$

$$E_{at} = E_a\sin(\alpha-\alpha_0-\delta) \quad (5\text{-}30)$$

$$E_{an} = E_a\cos(\alpha-\alpha_0-\delta) \quad (5\text{-}31)$$

式中，G——挡土墙每延米自重（kN/m）；

α_0——挡土墙基底的倾角（°）；

μ——土对挡土墙基底的摩擦系数，由试验确定，也可按表 5-2 选用；

α——挡土墙墙背的倾角（°）；

δ——土对挡土墙墙背的摩擦角（°），按表 5-3 选用。

图 5-19 挡土墙抗滑移
稳定性验算示意图

表 5-2　　　　　　　　土对挡土墙基底的摩擦系数 μ

土的类别		摩擦系数 μ	土的类别	摩擦系数 μ
黏性土	可塑	0.25 ~ 0.30	中砂、粗砂、砾砂	0.40 ~ 0.50
	硬塑	0.30 ~ 0.35	碎石土	0.40 ~ 0.60
	坚硬	0.35 ~ 0.45	软质岩	0.40 ~ 0.60
粉土		0.30 ~ 0.40	表面粗糙的硬质岩	0.65 ~ 0.75

注：1. 对于易风化的软质岩和塑性指数 $I_p>22$ 的黏性土，基底摩擦系数应通过试验确定。

2. 对于碎石土，可根据其密实程度、填充物状况、风化程度等确定。

表 5-3　　　　　　　　土对挡土墙墙背的摩擦角

挡土墙情况	摩擦角 δ
墙背平滑、排水不良	$(0 \sim 0.33)\varphi_k$
墙背粗糙、排水良好	$(0.33 \sim 0.50)\varphi_k$
墙背很粗糙、排水良好	$(0.50 \sim 0.67)\varphi_k$
墙背与填土间不可能很滑动	$(0.67 \sim 1.00)\varphi_k$

五、抗倾覆稳定性验算

抗倾覆稳定性应按式（5-32）~式（5-36）验算，如图 5-20 所示。

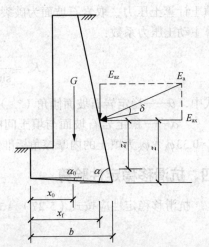

$$\frac{Gx_0 + E_{az}x_f}{E_{az}z_f} \geqslant 1.6 \quad (5\text{-}32)$$

$$E_{ax} = E_\alpha\sin(\alpha-\delta) \quad (5\text{-}33)$$

$$E_{az} = E_\alpha\cos(\alpha-\delta) \quad (5\text{-}34)$$

$$x_f = b - zc\tan\alpha \quad (5\text{-}35)$$

$$z_f = z - bc\tan\alpha_0 \quad (5\text{-}36)$$

式中，z——土压力作用点离墙踵的高度；

x_0——挡土墙重心离墙趾的水平距离；

α——挡土墙墙背的倾角；

图 5-20 挡土墙抗倾覆稳定性验算示意图

δ——土对挡土墙墙背的摩擦角；

b——基底的水平投影宽度。

整体滑动稳定性验算可采用圆弧滑动面法。地基承载力验算，基底合力的偏心距不应大于 0.25 倍基础的宽度。

知识链接

加筋土挡墙

加筋土是利用工合成材料工程应用中的一个重要领域。利用抗拉材料加筋土体的技术作为支挡结构，被应用于挡墙、桥台和港口岸墙等；作为土体的稳定体系，被应用于道路路堤、水工坝体、边坡稳定和加固地基等。前西德《地下建设》杂志（1979 年）曾誉之为"继钢筋混凝土之后又一造福人类的复合材料"。

加筋土挡墙是由面板、填料、筋材等组成的复合结构，其结构特性与各组成材料各自的工程力学特性及其之间的相互作用密切相关。80 年代以来，加筋土支挡结构的应用领域和应用方式不断发展变化，但理论研究却明显滞后。由于土体本身就是一种十分复杂的材料，它的工程力学特性及其在外界因素作用下的变化规律，至今仍是岩土工程界关注的热点。

学习单元 3　设计稳定边坡

115

知识目标

1. 掌握边坡设计的规定。
2. 掌握边坡的开挖要求。
3. 掌握边坡稳定性的分析。
4. 掌握影响边坡稳定性的因素。

技能目标

1. 能够根据边坡设计的相关规定进行简单的边坡工程设计。
2. 能够根据边坡的开挖要求进行土质的边坡开挖。
3. 能够进行边坡稳定性分析，并掌握影响边坡稳定性的因素。

 基础知识

一、边坡设计规定

高边坡设计从调查、勘探、设计到施工是一个环环相扣的系统工程，哪一环出现问题都可能造成边坡失稳变形。边坡设计应符合下列规定。

（1）边坡设计应保护和整治边坡环境，边坡水系应因势利导，设置地表排水系统，边坡工程应设内部排水系统。对于稳定的边坡，应采取保护及营造植被的防护措施。

（2）建筑物的布局应依山就势，防止大挖大填。对于平整场地而出现的新边坡，应及时进行支挡或构造防护。

（3）应根据边坡类型、边坡环境、边坡高度及可能的破坏模式，选择适当的边坡稳定计算方法和支挡结构形式。

（4）支挡结构设计应进行整体稳定性验算、局部稳定性验算、地基承载力计算、抗倾覆稳定性验算、抗滑移稳定性验算及结构强度计算。

（5）边坡工程设计前，应进行详细的工程地质勘察，并应对边坡的稳定性做出准确的评价；对周围环境的危害性做出预测；调查清楚岩石边坡的结构面，指出主要结构面的所在位置；提供边坡设计所需要的各项参数。

（6）边坡的支挡结构应进行排水设计。对于可以向坡外排水的支挡结构，应在支挡结构上设置排水孔。排水孔应沿着横竖两个方向设置，其间距宜取 2～3m，排水孔外斜坡度宜为 5%，孔眼尺寸不宜小于 100mm。

> ☼ **小提示**
>
> 支挡结构后面应做好滤水层，必要时应做排水暗沟。支挡结构后面有山坡时，应在坡脚处设置截水沟。对于不能向坡外排水的边坡，应在支挡结构后面设置排水暗沟。

（7）支挡结构后面的填土，应选择透水性强的填料。当采用黏性土做填料时，宜掺入适量的碎石。在季节性冻土地区，应选择不冻胀的炉渣、碎石、粗砂等填料。

二、边坡开挖要求

在坡体整体稳定的条件下，土质边坡的开挖应符合下列规定：

（1）边坡的坡度允许值，应根据当地经验参照同类土层的稳定坡度确定。当土质良好且均匀，无不良地质现象，地下水不丰富时，可按表5-4确定。

表5-4　　　　　　　　　　　土质边坡坡度允许值

土的类别	密实度或状态	坡度允许值（高宽比）	
		坡高在 5m 以内	坡高为 5～10m
碎石土	密实	1:0.35～1:0.50	1:0.50～1:0.75
	中密	1:0.50～1:0.75	1:0.75～1:1.00
	稍密	1:0.75～1:1.00	1:1.00～1:1.25
黏性土	坚硬	1:0.75～1:1.00	1:1.00～1:1.25
	硬塑	1:1.00～1:1.25	1:1.25～1:1.50

注：1. 表中碎石的充填物为坚硬或硬塑状态的黏性土。
　2. 对于砂土或充填物为砂土的碎石土，其边坡坡度允许值均按自然休止角确定。

（2）土质边坡开挖时，应采取排水措施，边坡的顶部应设置截水沟。在任何情况下都不应在坡脚及坡面上积水。

（3）边坡开挖时，应由上往下开挖，依次进行。弃土应分散处理，不得将弃土堆置在坡顶及坡面上。当必须在坡顶或坡面上设置弃土转运站时，应进行坡体稳定性验算，严格控制堆栈的土方量。

（4）边坡开挖后，应立即对边坡进行防护处理。

三、边坡稳定性分析

（一）边坡失稳

由于土坡表面倾斜，土体在自重及外荷载作用下，将有向下的滑动趋势。土坡上的部分土体在自然或人为因素的影响下，沿某一潜在滑动面发生剪切破坏，向坡下和坡外移动而丧失其稳定性的现象称为土坡失稳。土体重量及水的渗透力等各种因素会在坡体内引起剪应力，如果剪应力大于其作用力向上的抗剪强度，土体就要产生剪切破坏。所以，边坡稳定性分析是土的抗剪强度理论在实际工程中运用的一个范例。引起土坡失稳的根本原因在于土体内部某个面上的剪应力达到了该面上的抗剪强度，土体的稳定平衡遭到破坏。边坡稳定性的分析方法主要有工程地质对比法和力学分析法。本书主要介绍简单边坡稳定性分析的力学方法。

由以上分析可知，研究剪切面上的应力条件是土坡稳定性分析的核心问题。大量的调查资料证明：土的性质不同，土体滑动面形状各异。黏性土破坏时，滑动面近似为圆柱面；无黏性土破坏时，破裂面近似为一平面。因而在分析边坡稳定时，常假设土坡是沿着圆弧破裂面或直线破裂面滑动，以简化边坡稳定分析的方法。

（二）无黏性土边坡稳定性分析

大量的实际调查表明，由砂、卵石、风化砾石等组成的无黏性土土坡，其滑动面可以近似为一平面。对于均质的无黏性土土坡，由于无黏性土之间缺乏黏结力，因此只要位于坡间的单元土体能够保持稳定，则整个土坡就是稳定的。现在边坡坡面取一微小单元体进行分析，如图 5-21 所示。

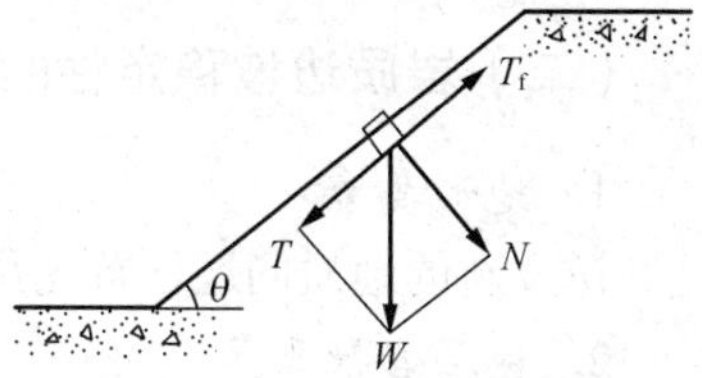

土体自重 W 铅垂向下，W 的两个分力为

法向分力　　　　　　$N=W\cos\theta$

切向分力　　　　　　$T=W\sin\theta$

稳定性系数

图 5-21　无黏性土边坡稳定性分析

117

$$K=\frac{抗滑力}{滑动力}=\frac{N\tan\varphi}{T}=\frac{W\cos\theta\tan\varphi}{W\sin\theta}=\frac{\tan\varphi}{\tan\theta} \tag{5-37}$$

由式（5-37）可知，无黏性土边坡稳定的极限坡角 θ 等于其内摩擦角，即当 $\theta=\varphi$（$K=1$）时，土坡处于极限平衡状态。故砂土的内摩擦角也称为自然休止角。由上述平衡关系还可以看出，无黏性土边坡的稳定性与坡高无关，仅决定于坡角 θ，只要 $\theta<\varphi$（$K>1$），边坡就可以保持稳定。

（三）黏性土边坡的稳定性分析

黏性土边坡的滑动情况如图 5-22 所示。边坡失稳前一般在坡顶产生张拉裂缝，接近坡脚的地面有较大的侧向位移和部分土体隆起，随着剪切变形的增大，边坡沿着某一曲面产生整体滑动。通常滑动曲面接近圆弧，在稳定分析中常假定滑动面为圆弧面。

当边坡沿圆弧 AB 滑动时，可视为土体 ABD 绕圆心转动。取土坡 1m 长度进行分析。滑动土体的重力在滑动面上的分力为滑动力，而沿滑动面上分布的土体抗剪强度合力

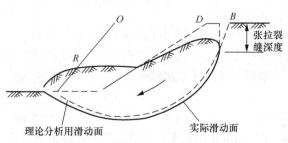

图 5-22　黏性土边坡的稳定性分析

为抗滑力，滑动力与抗滑力对滑动圆弧的圆心取矩计算。因滑动面为曲面，为简化计算，分析时将滑动土体沿横向分成若干小土条，每条的滑动面近似取为平面，逐条计算滑动力矩和抗滑力矩，最后叠加，得到总抗滑力矩和滑动力矩及稳定性系数。

$$K = \frac{抗滑力}{滑动力} = \frac{M_R}{M_T} = 1.1 \sim 1.5 \tag{5-38}$$

在上述计算中，由于滑动面 AB 是任意选定的，不一定是最危险的真正滑动面，通过试算法找出稳定性系数最小值 K_{min} 的滑动面，才是真正的滑动面。为此，取一系列圆心 O_1，O_2，$O_3 \cdots$ 和相应的半径 R_1，R_2，$R_3 \cdots$，可计算出各自的稳定性系数 K_1，K_2，$K_3 \cdots$，取其中最小值 K_{min} 的圆弧来进行设计。

四、影响边坡稳定性的因素

（一）土质边坡稳定性的影响因素

（1）土坡作用力发生变化：例如由于在坡顶堆放材料或建造建筑物使坡顶受荷载作用，或由于打桩、车辆行驶、爆破作业、地震等引起的振动改变了原来的平衡状态。

（2）土体的抗剪强度的降低：例如土体中含水率或孔隙水压力的增加。

（3）静水力的作用：例如雨水或地面水流入土坡中的竖向裂缝，对土坡产生侧向压力，从而促进土坡的滑动。

（4）地下水在坝或基坑等边坡中渗流所引起的渗流力常是边坡失稳的重要因素。

（二）岩质边坡稳定性的影响因素

1. 地形要素

诱发新的地质问题，首先是由于对原有地形的改造，特别是在山区。

2. 地层岩性要素

（1）石灰岩：除了含夹层顺向坡可以发生滑移性失稳外，多呈现为崩塌或被溶隙切割而形成的分割块体的倾倒、倾滑以及空间挠曲、压裂等。

（2）砂、泥岩互层：主要表现为泥岩风化、侵蚀而导致上覆砂岩滑落。常因砂、泥岩差异风化而形成"岩腔"，上覆砂岩常形成危岩而发生崩塌。

（3）泥岩和膨润土：蒙脱石等亲水矿物常常成为坡体变形、失稳控制层。

3. 地质构造要素

（1）地层产状近水平：坡体的变形、失稳主控界面是平行江河、沟谷的垂直裂隙同层面的组合，变形体的规模取决于侧向（垂直江河、沟谷）界面的间距。

（2）顺向坡：当地层层面倾向江河时，顺层（面）的变形、失稳是基本形式。变形、失稳条件：$\varphi < \alpha$（φ 为层间内摩擦角，α 为岩层倾角）。

（3）反向坡：当地层层面倾向山体时，坡体的变形、失稳控制界面是反倾向裂隙同层面的组合。

（4）切向坡：坡体的变形、失稳形式及规模取决于裂隙产状同岩层面产状之间的关系。滑动面常常发生在顺坡的层面、节理面、不整合接触面、断层面等软弱面。

4. 气候要素

降雨不仅增加坡体的重量，而且雨水还起到润滑的作用，因此，许多滑坡有"大雨大滑、小雨小滑、无雨不滑"的现象。另外，坡体失稳还与冻融作用有关，在融冻季节较常出现滑坡。

5. 地下水

（1）水渗入岩土层颗粒间的孔隙中将消除颗粒之间（特别是细颗粒之间）的吸附力。

（2）水溶解了颗粒之间的胶结物（如黄土中的碳酸钙），使颗粒丧失黏结力。

（3）水进入岩土孔隙将增加其单位体积的重量，因而加大了剪应力。

（4）水大量进入坡体内，将使潜水面上升，因而增加孔隙水压力，孔隙水压力对潜在破裂面上的岩土体起着浮托作用，降低了坡裂面上的正应力，因而使抗剪强度减少。

（5）大量的雨水沿节理裂隙入渗，软化节理裂隙面。

6. 地震要素

地震可通过松动斜坡岩土体结构、造成坡裂面和引起弱面错位等多种方式，降低斜坡的稳定性。

7. 人为要素

不合理的开挖与堆载。

学习案例

一改造工程 K6+560～K7+100 段从一山体南侧通过。道路左侧为最高 13m 的高挖方路堑。场地由薄层坡积层、厚层残积层（砂质黏性土）及全风化岩土层组成。土性呈硬可塑～坚硬土状，砂质粘性土和全风化花岗岩土的承载力可分别满足 200kPa 和 300kPa 的要求。但砂质黏性土及全风化花岗岩土均具有遇水软化和强度降低的特征。挖方边坡坡顶不远处有学校的宿舍楼。山体为学校校园用地，受红线限制，设计采用占地少的挡土墙防护方式。因为高差较大，为了减少工程难度，减低造价，把人行道适当抬高，设置两级挡土墙。车行道与人行道之间设第一级衡重式挡墙，墙身高度为 0～5m（包含基础埋深），人行道与山体之间设第二级挡土墙，采用重力式挡墙，但参照衡重式挡土墙把上墙身部分减薄，以减少圬工量的使用。墙身高度为 8～11m（包含基础埋深）。两级挡墙之间设置一平台，用作人行道。

在过去相当长的时期里，浆砌片石砌体在衡重式和重力式挡墙中大量应用。而根据实际使用情况，各地发生的倒塌事故多为浆砌片石砌体。究其原因，部分是由于砌筑砂浆的缺陷所致。设计要求片石砌体的灰缝厚度宜为 20～30mm，砂浆应饱满，当石块间有较大的空隙时，应填塞砂浆后，再用碎石块嵌实，不得采用先摆碎石块，后塞砂浆或干填碎石块的方法。而根据，石砌块实地检查来看，砂浆不饱满，很多石块中竟没有砂浆，与设计要求相差甚远，甚至还有干砌石块的现象。同时，挡墙截面尺寸不够或墙身质量差也是浆砌片石砌体倒塌的主要原因之一。这说明浆砌片石砌筑挡土墙在质量控制上容易出现问题，为了保证安全，同时减少混凝土的用量，设计考虑在该路堑挡土墙采用片石混凝土结构。

想一想

1. 该挡土墙如何计算？

2. 在设计细节上应考虑哪些因素？

3. 该挡土墙有哪些施工要点？

案例分析

1. 挡土墙的计算

挡土墙按承载能力极限状态设计，挡土墙的验算包括基底合力的偏心距验算、基底应力的满足验算、抗滑动及抗倾覆稳定系数验算、墙身的强度验算等方面。挡土墙计算包括三部

119

分，计算采用理正岩土计算软件。

（1）通过验算，确定第一级挡土墙的能满足使用要求的合理构造尺寸。经过计算，确定墙顶宽度为0.6m，面坡坡率为1:0.05，上墙背坡为1:0.05，下墙背坡为1:-0.25。墙底倾斜坡率为1:0.2；上墙高度跟台阶宽度根据墙身高度不同通过计算取值。

（2）通过演算，确定第二级挡土墙能满足使用要求的合理构造尺寸。经过计算，确定墙顶宽度为0.92m，面坡坡率为1:0.25，上墙背坡为1:0.20，下墙背坡为1:-0.35；上墙高度跟台阶宽度根据墙身高度不同通过计算取值。其中对于墙身高11m的挡墙，上墙高度为4m，台阶宽度为0.7m。为了能满足地基承载力的要求，加设墙趾及防滑土榫。由于基础底位于砂质粘性土层，在基础底设70cm厚的碎石垫层。

（3）通过计算确定两级挡土墙之间的平台宽度，以确保第二级挡土墙后的土体压力不会作用在第一级挡土墙上。通过对土体的整体稳定计算和对第一级挡土墙土压力计算，确定平台宽度大于7m时，即可满足要求。设计采用7m的平台宽度。

2. 设计细节上的考虑

由于学校就位于山体上，学校里的雨、污水通过大小不一的水管、沟渠排放到排水系统里。由于产地土质怕水，因此修建挡土墙之前，必须要妥善解决这些水的排放问题，完善该区域的排水系统。首先，在第二级挡墙后面，对这些水管、沟渠进行截流。通过截水井、跌水井、排水沟构成一个排水系统，在挡土墙背后分别把雨、污水横向引排到市政道路的雨、污排水系统。然后，在第二级挡墙墙顶5m外设置一道截水沟，拦截山体雨水。截水沟东侧引入市政道路的雨水井，西侧排入K7+120处的涵洞。最后，在两级挡土墙之间的平台靠第二级挡土墙的墙角处设置盖板排水沟，平台设置一定的坡度倾向排水沟，以保证下雨时平台上的雨水及时排走而不往下渗透。

做好挡土墙的墙后排水，在挡墙前地面以上设置多排泄水孔。泄水孔采用ϕ5cmPVC排水管，孔眼间距2~3m，上下排泄水孔错开设置。泄水孔进水口应设置反滤材料。墙背设置厚度为30cm厚的沙砾连续排水层，并在最底下的泄水孔下设置50cm厚的粘土隔水层。

由于要考虑景观视觉的美观性，尽量避免成片的生硬混凝土表面。因此，该路段设计时，着重考虑视觉景观的设计，增加多处绿化。第一、挡土墙墙身表面设置装饰缝，避免墙面过于单调，装饰缝采用竖条的凹槽，增加墙面的凹凸感。第二，挡土墙墙顶均设置花槽，种植勒杜鹃，以便绿色植物下垂遮挡墙面，并在第二级挡土墙下面设置绿化带，种植小灌木及爬山虎。

3. 施工要点

施工前，首先要把学校山体的排水系统完善，做好旧水管、沟渠的截流排放，修建截水沟。修建挡土墙时，先降平台范围的土方，做第二级挡土墙。等第二级挡土墙稳定后，再对市政道路进行扩宽，修建第一级挡土墙。施工挡土墙要严格按有关规定规范进行，并做好垫层施工及挡土墙本身的排水设施。最后，修建花槽，进行绿化方面的施工并完善其他相关设施。

高路堑挡土墙在合适的条件下采用分级形式，可以节省造价，并降低工程施工难度。片石混凝土砌体是在混凝土中分层铺入片石，片石含量为砌体体积的50%~60%，石块净距为4~6cm。既可减少混凝土的使用量，也可以防止混凝土产生水化热。同时也克服了浆砌片石挡墙长时间使用因沙浆质量问题而容易松动倒塌的隐患。

 知识拓展

土方开挖边坡的处理方法

1. 刷坡处理

对于土坡一般应开出不小于1:（0.75~1.00）的坡度，将不稳定的土层挖掉；当有两种土层时，则应设台阶形边坡；同时在坡顶、坡脚设置截水沟和排水沟，以防地表雨水冲刷坡面。

对于一般难以风化的岩石，如花岗石、石灰岩、砂岩等，可按 1：（0.2～0.3）开坡，但应避免出现倒坡。

对于易风化的泥岩、页岩，一般宜开出 1：（0.3～0.75）的坡度，并在表面做护面处理。

2. 易风化岩石边坡护面处理

（1）抹石灰炉渣面层 [见图 5-23（a）]。砂浆配合比为：白灰：炉渣=1：（2～3）（质量比），并掺相当于石灰重 6%～7% 的纸筋、草筋或麻刀拌合。炉渣粒径不大于 5mm，石灰用淋透的石灰膏。拌好的砂浆用人工压抹在边坡表面，厚 20～30mm，一次抹成并压实、抹光、拍打紧密，最后在表面刷卤水并用卵石磨光，对怕水浸蚀的边坡，在表面干燥后刷（刮）热沥青胶一道罩面。

（2）抹水泥粉煤灰砂浆面层。砂浆配合比为：水泥：粉煤灰：砂=1：1：2（质量比），并掺入适量石灰膏，用喷射法施工，分两次喷涂，每次厚 10～15mm，总厚 20～30mm。

（3）砌卵石护墙 [见图 5-23（b）]。墙体用直径为 150mm 以上的大卵石及 M5 水泥石灰炉渣砂浆砌筑，砂浆配合比为：水泥：石灰：炉渣=1：（0.3～0.7）：（4～6.5）（质量比），护墙厚 40～60cm。

在护墙高度方向每隔 3～4m 设一道混凝土圈梁，配筋为 6φ16 或 6φ12，用锚筋与岩石连接。墙面每 2×2m 设一 φ50 泄水孔，水流较大的则在护墙上做一道垂直方向的水沟集中把水排出。每隔 10m 留一条竖向伸缩缝，中间填塞浸渍沥青的木板。

（4）采取上部抹石灰炉渣面层与下部砌卵石（块石）墙相结合的方法 [见图 5-23（c）]。

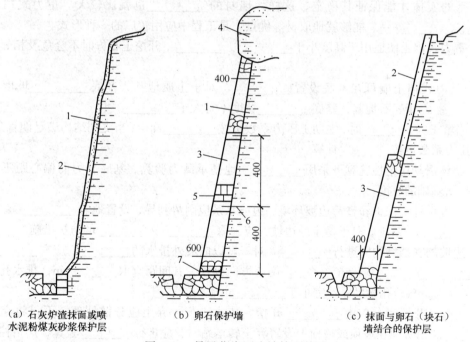

　（a）石灰炉渣抹面或喷　　　　（b）卵石保护墙　　　　　（c）抹面与卵石（块石）
　　水泥粉煤灰砂浆保护层　　　　　　　　　　　　　　　　　　墙结合的保护层

图 5-23　易风化岩石边坡护面处理

1—易风化泥岩；2—抹石灰炉渣厚 20～30mm 或喷水泥粉煤灰砂浆；3—砌大卵石保护墙；

4—危岩；5—钢筋混凝土圈梁；6—锚筋 25φ3000，锚入岩石 1.0～1.5m；7—泄水孔 50φ3000

本章小结

土压力是挡土结构物后的填土因自重或自重与外荷载共同作用对挡土结构产生的侧

向压力。挡土结构物的土压力与其发生位移有直接关系，土压力的确定直接关系到挡土结构物的设计，类似的计算广泛应用于基坑工程、地下结构、桥台，以及材料堆场等设施中。

学习本章内容需要依托土体极限平衡条件理论，进行土压力的分析和计算。在学习过程中，要把土压力理论和土体的极限平衡条件联合分析，通过多种情况下的土压力计算，掌握朗肯土压力的计算方法。并了解《建筑地基基础设计规范》（GB 50007—2011）推荐的土压力计算方法。结合重力式挡土墙的构造要求对重力式挡土墙设计有所了解。

学习检测

一、填空题

1. 摩阻力包括土粒之间的_____和_____而产生的咬合力。

2. 当墙后填土达到_____状态时，破裂面是一_____，在计算主动土压力时，只有当墙背的_____不大，墙背与填土间的_____较小时，破裂面才接近一_____。

3. 重力式挡土墙通常由_____或_____砌筑而成，因而墙体抗拉强度_____，作用于墙背的土压力所引起的_____全靠墙身自重产生的抗倾覆力矩来平衡，因此，墙身必须做成厚而重的实体才能保证其稳定，这样，墙身的_____也就比较大。重力式挡土墙具有_____、_____、能够就地取材等优点，是工程中应用较广的一种形式。

4. 重力式挡土墙适用于高度小于_____、_____、开挖土石方时不会危及相邻建筑物的地段。

5. 重力式挡土墙可在基底设置_____。对于土质地基，基底_____坡度不宜大于_____；对于岩石地基，基底_____坡度不宜大于_____。

6. 当填土为_____时，主动土压力系数可按_____确定；当支挡结构满足朗肯条件时，主动土压力系数可按_____计算。

7. 整体滑动稳定性验算可采用_____。地基承载力验算，基底合力的偏心距不应大于_____倍基础的宽度。

8. 边坡设计应保护和整治边坡环境，边坡水系应因势利导，设置地表_____系统，边坡工程应设_____系统。对于稳定的边坡，应采取_____及_____的防护措施。

9. 边坡的支挡结构应进行_____。对于可以向坡外排水的_____，应在_____上设置_____。_____应沿着_____两个方向设置，其间距宜取_____m，排水孔外斜坡度宜为_____%，孔眼尺寸不宜小于_____mm。

10. 边坡开挖时，应由_____开挖，依次进行。弃土应分散处理，不得将弃土堆置在_____。当必须在坡顶或坡面上设置弃土转运站时，应进行_____验算，严格控制堆栈的土方量。

二、选择题

1. 朗肯土压力理论是根据半空间的应力状态和土体的极限平衡条件建立的，在其理论推导中，首先做出的基本假定不包括（　　）。

　　A. 挡土墙是无限均质土体的一部分　　B. 墙背垂直光滑
　　C. 墙后填土面是水平的　　　　　　　D. 挡土墙是刚性的，墙后填土为无黏性土

2. 挡土墙土压力不是一个常量，其土压力的性质、大小及沿墙高的分布规律与很多因素有关，下列说法错误的是（ 　　 ）。

    A. 土压力与墙后填土的性质有关

    B. 土压力与挡土墙的形状、墙背的光滑程度和结构形式有关

    C. 土压力与挡土墙的位移方向和位移有关

    D. 土压力与挡土墙的施工工艺有关

3. 重力式挡土墙适用于高度小于（ 　　 ）m，开挖土石方时不会危及相邻建筑物安全的地段。

    A. 3　　　　　　　　B. 5　　　　　　　　C. 6　　　　　　　　D. 8

4. 混凝土挡土墙的墙顶宽度不宜小于（ 　　 ）mm。

    A. 100　　　　　　　B. 200　　　　　　　C. 300　　　　　　　D. 500

5. 边坡稳定性分析时应根据边坡类型和可能的破坏形式确定，下列说法错误的是（ 　　 ）。

    A. 土质边坡和较大规模的碎裂结构岩质边坡宜采用圆弧滑动法计算

    B. 对可能产生平面滑动的边坡宜采用平面滑动法进行计算

    C. 对可能产生折线滑动的边坡宜采用折线滑动法进行计算

    D. 当边坡破坏机制复杂时，宜采用平面滑动法或折线滑动法进行计算

三、判断题

1. 地下室外墙、地下水池侧壁、涵洞的侧壁及其他不产生位移的挡土构筑物均可按朗肯土压力计算。（ 　 ）

2. 朗肯土压力理论是根据半空间的剪力状态和土体的极限平衡条件建立的。（ 　 ）

3. 无黏性土的被动土压力强度呈三角形分布；黏性土的被动土压力强度则呈梯形分布。（ 　 ）

4. 当挡土墙背填土由不同性质土层组成时，可按各层土质情况分别确定作用于墙背上的土压力。（ 　 ）

5. 在一般的工程中，可不计地下水对土体抗剪强度的影响。（ 　 ）

6. 库仑土压力理论是根据墙后滑动楔体的静力平衡条件建立的。（ 　 ）

7. 土的抗剪强度是指土体对外荷载所产生的剪应力的极限抵抗能力。（ 　 ）

8. 当墙后填土比较高时，为了增强悬臂式挡土墙中立壁的抗弯性能，常沿墙的纵向每隔一定距离设一道扶壁。（ 　 ）

四、名词解释

1. 土压力

2. 挡土墙

五、问答题

1. 土压力有哪几种？各类土压力产生的条件是什么？

2. 朗肯土压力理论与库仑土压力理论的基本假定和适用条件有哪些异同？

3. 挡土墙按结构形式分为哪些主要类型？

4. 挡土墙的验算包括哪些内容？

5. 重力式挡土墙截面尺寸怎样确定？验算内容有哪些？

学习情境六

勘察建筑场地的工程地质

某建筑工程，根据岩石深度在基底 5m 以下的资料，采用了 5m 长的爆扩桩基础。建成后，中部产生较大的沉降，墙体开裂，经补充勘察，发现中部基岩面深达 10m。

案例导航

各类房屋和构筑物都建在地面，地面以下土层的分布、土的松密程度、压缩性的高低、强度的大小、地下水的深度与水质情况以及附近是否存在不良地质现象等，都关系着建筑物的安危。因此，为了正确设计建筑物及其地基基础，必须以建筑场地的工程地质资料为依据。只有对当地自然条件的原始资料全面、深入、准确地掌握，才能做出好的设计方案。

本案例中，由于勘察报告不详细、不准确导致引起基础设计方案出错。因此，在勘察工作中应认真仔细，勘察资料应全面准确地反映地基的实际情况。

如何采用不同的地质勘探方法进行工程地质勘察？应重点掌握如下要点：

1. 工程地质勘察的内容；
2. 工程地质勘探的方法；
3. 工程地质勘察报告；
4. 基槽检验与地基局部处理。

学习单元 1 　了解工程地质勘察

知识目标

1. 熟悉工程地质勘察的目的与任务。
2. 掌握工程勘察等级的划分及技术要点。
3. 掌握工程勘察的内容。

技能目标

1. 熟悉工程地质勘察的目的与任务，并能对岩工程进行分析评价。
2. 掌握工程勘察等级的划分及其特征条件与划分标准。
3. 通过所学内容，可根据实际情况，直接进行详细工程地质勘察。

基础知识

工程地质勘察是运用工程地质理论和各种勘察测试技术手段和方法（包括坑探、钻探、室内和现场试验、现场监测），了解和探明建筑场地和地基的工程地质条件，为建筑物选址、设计和施工提供所需的基本资料，并提出地基和基础设计方案建议。

在工程实践中，地基基础事故较其他事故多见。不少地区有不经勘察而盲目进行地基基础设计和施工造成工程事故的实例，但是更常见的是贪快图省、勘察不详，结果反而延误建设进度，浪费大量资金，甚至遗留后患。当前，高层建筑日益增多，从事建筑物设计和施工的人员，务必重现场地和地基的勘察工作，对勘察内容和方法有所了解，以便正确地向勘察部门提出勘察任务和要求，并学会分析和使用工程地质勘察报告。

一、工程地质勘察的目的与任务

（一）工程地质勘察的目的

工程勘察的目的或任务就是根据工程的规划、设计、施工和运营管理的技术要求，查明、分析、评价场地的岩土性质和工程地质条件，提供场地与周围相关地区内的工程地质资料和设计参数，预测或查明有关的工程地质问题，以便使工程建设与工程地质环境相互适应。这样既保证建设工程的安全稳定、经济合理、运营正常，又尽可能地避免因兴建工程而恶化工程地质环境、引起地质灾害，达到合理利用和保护工程地质环境的目的。

（二）工程地质勘察的任务

工程勘察的任务可归纳为以下六个方面。

（1）研究建设场地与相关地区的工程地质条件，指出有利因素和不利因素。阐明工程地质条件特征及其变化规律。

（2）分析存在的工程地质问题，作出定性分析，并在此基础上进行定量分析，为建筑物的设计和施工提供可靠依据。

（3）正确选定建设地点，是工程规划设计中的一项战略性工作，也是一项最根本的工作。地点选择合适可以取得最大的效益，如能做到一项工程所包括的各项建筑物配置得当、场地适宜、不需要复杂的地基处理即能保证安全使用，那是勘察工作所追求的目标。因此工程勘察的重要性在场地选择方面表现得最为明显。

（4）对选定的场地进一步勘察后，根据上述分析研究，做出建设场地的工程地质评价，按照场地条件和建筑适宜性对场地进行划分，提出各区段适合的建筑物类型、结构、规模及施工方法的合理建议，以及保证建筑物安全和正常使用所应注意的技术要求，供设计、施工和管理人员使用。

（5）预测工程兴建后对工程地质环境造成的影响，可能引起的地质灾害的类型和严重性。许多行业勘察规范已列入研究论证环境工程地质问题的内容和要求。

（6）改善工程地质条件，进行工程治理。针对不良条件的性质、工程地质问题的严重程度以及环境工程地质问题的特征等，采取措施加以防治。这是工程地质内由工程勘察向岩土工程治理、勘察以及设计、监测的延伸，也是工程地质学科领域的扩展，并由此演化出土木工程学科一个新的分支——岩土工程。

以上六项任务是相辅相成、互相联系，密不可分的。其中，工程地质条件的调查研究是最基本的工作，明确工程地质条件能否满足建筑物的需要、存在哪些缺欠，预测对工程地质环境的相互作用与影响、可能引起的环境工程地质问题等。

> ☼ **小提示**
>
> 岩土工程分析评价包括下列工作：
> （1）整编测绘、勘探、测试和搜集到的各种资料，绘制各种图件；
> （2）统计和选定岩土计算参数；
> （3）进行咨询性的岩土工程设计；
> （4）预测或研究岩土工程施工和运营中可能发生或已经发生的问题，提出预防或处理方案；
> （5）编制岩土工程勘察报告书。

二、工程勘察等级划分

（一）场地等级划分

场地等级划分见表6-1。

表 6-1   场地等级划分

场 地 等 级	特 征 条 件	条件满足方式
一级场地 （复杂场地）	对建筑抗震有危险的地段	满足其中一条 及以上者
	不良地质作用强烈发育	
	地质环境已经或可能受到强烈破坏	
	地形地貌复杂	
	有影响工程的多层地下水、岩溶裂隙水或其他复杂的水文地质条件，需专门研究的场地	
二级场地 （中等复杂场地）	对建筑抗震不利的地段	
	不良地质作用一般发育	
	地质环境已经或可能受到一般破坏	
	地形地貌较复杂	
	基础位于地下水位以下的场地	
三级场地 （简单场地）	抗震设防烈度等于或小于6度，或对建筑抗震有利的地段	满足全部条件
	不良地质作用不发育	
	地质环境基本未受破坏	
	地形地貌简单	
	地下水对工程无影响	

注：1. 从一级开始，向二级、三级推定，以最先满足的为准。

2. 对建筑抗震有利、不利和危险地段的划分，应按现行国家标准《建筑抗震设计规范》（GB 50011—2010）的规定确定。

（二）根据岩土种类划分的地基等级

根据岩土种类划分的地基等级见表6-2。

表 6-2　　　　　　　　　　　　　根据岩土种类划分的地基等级

地 基 等 级	特 征 条 件	条件满足方式
一级地基 （复杂地基）	岩土种类多，很不均匀，性质变化大，需特殊处理	满足其中一条 及以上者
	多年冻土，严重湿陷、膨胀、盐渍、污染的特殊性岩土，以及其他情况复杂、需作专门处理的岩土	
二级地基 （中等复杂地基）	岩土种类较多，不均匀，性质变化较大	
	除一级地基中规定的其他特殊性岩土	
三级地基 （简单地基）	岩土种类单一、均匀，性质变化不大	满足全部条件
	无特殊性岩土	

（三）岩土工程勘察等级划分

岩土工程勘察等级划分见表 6-3。

表 6-3　　　　　　　　　　　　　岩土工程勘察等级划分

岩土工程勘察等级	划 分 标 准
甲级	在工程重要性、场地复杂程度和地基复杂程度等级中，有一项或多项为一级
乙级	除勘察等级为甲级和丙级以外的勘察项目
丙级	工程重要性、场地复杂程度和地基复杂程度等级均为三级

注：建筑在岩质地基上的一级工程，当场地复杂程度及地基复杂程度均为三级时，岩土工程勘察等级可定为乙级。

三、工程勘察的内容

　　房屋建筑和构筑物工程的设计分为可行性研究、初步设计和施工图设计三个阶段，所以工程地质勘察相应地也分为：可行性勘察（选址勘察）、初步勘察（初勘）和详细勘察（详勘）三个阶段。对于工程地质条件复杂或有特殊施工要求的高层重大建筑物地基，尚应进行施工勘察。而对场地较小，工程地质条件简单且无特殊要求的工程可合并勘察阶段。当建筑物平面位置已经确定，且场地或其附近已有岩土工程资料时，可根据实际情况，直接进行详细勘察。不同的勘察阶段，其勘察任务和内容不同。总地说来，勘察工作的基本程序是：

　　（1）在开始勘察工作以前，由设计单位和兴建单位按工程要求向勘察单位提出《工程地质勘察任务（委托）书》，以便制订勘察工作计划；

　　（2）对地质条件复杂和范围较大的建筑场地，在选址或初勘阶段，应先到现场踏勘观察。并以地质学方法进行工程地质测绘（用罗盘仪确定勘察点的位置，以文字描述、素描图和照片来说明该处的地质构造和地质现象）；

　　（3）布置勘探点以及相邻勘探点组成的勘探线，采用坑探、钻探、触探、地球物理勘探等手段，探明地下的地质情况，取得岩、土及地下水等试样；

　　（4）在室内或现场原位进行土的物理力学性质测试和水质分析试验；

　　（5）整理分析所取得的勘察成果，对场地的工程地质条件作出评价，并以文字和图表等形式编制成"工程地质勘察报告书"。

> ☼**小提示**
>
> 工程勘察的内容应符合下列规定：
>
> （1）查明场地和地基的稳定性、地层结构、持力层和下卧层的工程特性、土的应力历史和地下水条件及不良地质作用等；
>
> （2）提供满足设计、施工所需的岩土参数，确定地基承载力，预测地基变形性状；
>
> （3）提出地基基础、基坑支护、工程降水和地基处理设计与施工方案的建议；
>
> （4）提出对建筑物有影响的不良地质作用的防治方案建议；
>
> （5）对于抗震设防烈度等于或大于 6 度的场地，进行场地与地基的地震效应评价。

（一）可行性研究勘察

在可行性研究阶段，勘察的主要任务是取得几个场址方案的主要工程地质资料，作为比较和选择场址的依照。因此，本阶段应对各个场址的稳定性和建筑的适宜性作出正确的评价。

可行性研究阶段的勘察工作主要侧重于搜集和分析区域地质、地形地貌、地震、矿产和附近地区的工程地质资料及当地的建筑经验，并在搜集和分析已有资料的基础上，抓住主要问题。通过踏勘，了解场地的地层岩性、地质构造、岩石和土的性质、水文地质条件以及不良地质现象等工程地质条件。对于工程地质条件复杂而现有资料尚未能满足要求，但已具备基本条件且可供选取的场地，仍应根据具体情况，进行工程地质测绘并继续完成其他必要的勘探工作。

（二）初步勘察

本阶段设计工作要确定主要建筑物的具体位置、结构形式和具体规模，及其与各相关建筑物的布置方式等。勘察工作必须为此提供工程地质资料，所以各种必要的勘察手段都要使用。由于前一个阶段已将场址选定，勘察工作的范围就大大缩小了，一般仅限于工程所在地段，因而勘察工作比较集中，以便全面详尽地了解场地工程地质条件，深入地分析各种工程地质问题。勘察方法以勘探和实验为主，测绘工作只在地质较复杂、工程较重要的地段进行，比例尺较大，精度要求较高。勘探工作量是主要的，能供直接观察的勘探工程可作为主要手段之一，以便取得详尽的岩土资料。岩土力学及水文地质试验工作量也较大，常进行原位试验及大型现场试验，以取得较为准确可靠的计算参数。物探工作常用于测井和获得岩土物理力学参数，探测地层结构、地下溶洞等，随着新技术新方法的涌现，物探工作的使用范围越来越广泛。天然建筑材料在可行性研究勘察阶段就已经进行普查，本阶段则应进行详查，对其质量和数量作出详细评价。同时还应开展地下水动态观测和岩土体位移监测。

（三）详细勘察

经过可行性研究和初步勘察之后，场地工程地质条件已基本查明，详勘任务就在于针对具体建筑物地基或具体的地质问题，为施工图设计和施工提供设计计算参数和可靠的依据。对于单项工程或现有项目扩建工程，勘察工作一开始便应按详勘阶段进行。

详勘的工作主要以勘探、原位测试和室内土工试验为主。详勘勘探点宜按建筑物的主要轴线布置，或沿建筑物周边及角点布置。对地基基础设计等级为丙级的建筑物可按建筑物或建筑群的范围布置勘探点。勘探点的间距，视场地条件、地基土质条件按《岩土工程勘察规范》确定。

详勘勘探孔的深度以能控制地基主要受力层为原则。当基础的宽度不大于 5m 时，勘探孔的深度对条形基础不应小于 3.0b（b 为基础宽度），对单独柱基不应小于 1.5b，但不应少于 5m（两层以下的民用建筑不在此限）。对高层建筑和需进行变形验算的地基，部分勘探孔（控制性勘探孔）深度应超过地基沉降计算深度（应考虑相邻基础的影响）。

取试样和进行原位测试的井、孔数量，应按地基土层条件、建筑物的重要性及场地面积决定，一般占勘探孔总数的 1/2 ~ 2/3，对地基基础设计等级为甲级的建筑物，每幢不得少于 3 个。取试样或进行原位测试部位的竖向间距，应考虑设计要求和地基土的均匀性和代表性，一般在地基主要受力层内每隔 1 ~ 2m 采取试样一件或取得一个原位测试数据。为了合理进行统计，每一场地每一主要土层的试样数量不应少于 6 个。同一土层的孔内原位测试数据不应少于 6 组。在地基主要受力层内，对厚度大于 0.5m 的夹层或透镜体应取试样或进行孔内原位测试。

勘察阶段的划分使勘察工作井然有序、步步深入，经济有效。研究的场地范围由大到小，认识的程度由粗略到精细，由地表渐及地下，由定性评价渐至定量评价。大范围的概略了解有利于选择较好的建筑地段，认识建筑场地的地质背景。场地选定后，勘察范围大大缩小，便于集中投入适量的勘探试验工作，深入地了解工程地质条件，取得详细的工程地质资料和可靠的计算参数。这一勘察程序符合认识规律，有助于提高勘察质量，应当遵循。当然如果工程较小、区域已有资料很多、对场地相关地区的工程（岩土工程）地质情况较熟悉，勘察阶段可以简化。

学习单元 2　勘探工程地质的方法

知识目标

1. 掌握坑探的方法及其优缺点。
2. 掌握钻探的方法及其适用范围。
3. 掌握触探的方法。

技能目标

1. 能够根据坑探这种勘探方法进行简单的挖掘深井（槽）勘探工作。
2. 能够用所学钻探的内容确定土的物理、力学性质指标，并能在地基勘察过程中根据地质情况选择钻探的方式。
3. 根据所学触探的内容，能够通过贯入阻力或锤击数来间接判别土层及其性质。

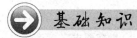 基础知识

勘探是工程地质勘察过程中查明地下地质情况的一种必要手段。它是在地面工程地质测绘和调查所取得的各项定性资料的基础上，进一步对场地的工程地质条件进行定量评价。以下简要介绍工程中常用的几种勘探方法。

一、坑探

勘探中常用的坑探工程有：探槽、探坑、浅井、竖井和平硐。

其中前三种为轻型坑探工程，后两种为重型坑探工程。轻型坑探工程往往是配合工程地质测绘而布置的，剥除地表覆土以揭露基层地质结构，也经常用来作载荷试验和采取原状土试样。重型坑探工程在水利水电工程中用得较多，一般都是在可行性研究勘察和初步设计勘察阶段在枢纽地段为某一专门目的而布置的。重型坑探工程中最广泛使用的是平硐。

坑探是一种挖掘探井（槽）的简单勘探方法。探井的平面形状一般采用 1.5m×1.0m 的矩形或直径为 3.8~1.0m 的圆形，深度可根据地层的土质和地下水埋藏深度等条件决定，探坑较深时需进行基坑支护。探井中取样的步骤为先在井底或井壁的指定深度处挖一土柱，土柱的直径应稍大于取土筒的直径。将土柱顶面削平，放上两端开口的金属筒并削去筒外多余的土，一面削土一面将筒压入，直到筒已完全套入土柱后切断土柱。削平筒两端的土体，盖上桶盖，用熔蜡密封后贴上标签，注明土样的上、下方向，如图 6-1 所示。

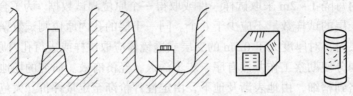

(a) 在探井中取原状土样　　　　　　　(b) 原状土样

图 6-1　坑探示意图

坑探工程的特点是：人员能直接进入其中观察地质结构的细节；可不受限制地从中采取原状结构试样，或进行现场试验；较确切地研究软弱夹层和破碎带等复杂地质体的空间展布及其工程性质；可进行治理效果检查和某些地质现象的监测等。但是，坑探工程成本高、周期长，所以在勘探中的比重较之钻探工程要低得多，尤其不轻易使用重型坑探工程。

二、钻探

（一）钻探方法的适用范围

在工种勘察中，钻探是被最广泛采用的一种勘探手段。由于它较之其他勘探手段有突出的优点，因此不同类型和结构的建筑物，在不同的勘察阶段，不同环境和工程地质条件下，凡是布置勘探工作的地段，一般均需采用此种勘察技术。

钻探是指用钻机在地层中钻孔，以鉴别和划分地层，观测地下水位，并取得原状土样以供室内试验，确定土的物理、力学性质指标。钻探是地基勘察过程中查明地质情况的一种必要手段，根据钻进方式不同，钻探可分为回转式、冲击式、振动式、冲洗式四种。各种钻进方式具有各自特点和适用的地层。根据《岩土工程勘察规范（2009 年版）》（GB 50021—2001）的规定，选择钻探方法时可参照表 6-4 的规定进行选择。

表 6-4　　　　　　　　　　　钻探方法的适用范围

钻探方法		钻进地层					勘察要求	
		黏性土	粉土	砂土	碎石土	岩土	直观鉴别、采取不扰动试样	直观鉴别、采取扰动试样
回转	螺旋钻探	++	+	+	–	–	++	++
	无岩芯钻探	++	++	++	+	++	–	–
	岩芯钻探	++	++	++	++	++	++	++
冲击	冲击钻探	–	+	++	++	–	–	–
	锤击钻探	++	++	++	+	–	++	++
振动钻探		++	++	++	+	–	–	++
冲洗钻探		+	++	++	–	–	–	–

注："++"为适用；"+"为部分适用；"–"为不适用。

回转式钻机是利用钻机的回转器带动钻具旋转，磨削孔底地层而钻进；冲击式钻机则利用卷扬机钢丝绳带动钻具，利用钻具的重力上下反复冲击，使钻头冲击孔底，破碎地层形成钻孔。

> ☆**小提示**
>
> 对于地质条件简单（三级岩土工程）和小型工程（安全等级为三级），勘探浅部土层的简易勘探，可采用的钻进方法有小口径麻花钻（或提土钻）钻进、小口径勺形钻钻进、洛阳铲钻进等。

（二）钻探的一般规定

在地基勘探中，一般应按如下规定进行：

（1）钻井深度和岩土分层深度的量测精度，不应低于±5cm；

（2）应严格控制非连续取芯钻进的回次进尺，使分层精度符合要求；

（3）对鉴别地层天然湿度的钻孔，在地下水位以上应采用干钻的方式；

（4）岩层钻探的岩芯采取率，对完整和较完整岩体不应低于80%，较破碎和破碎岩体不应低于65%；对需要重点查明的部位（滑动带、软弱夹层等），应采用双层岩心管连续取芯；

（5）当需要确定岩石质量指标时，应采用75mm口径双层岩心管和金刚石钻头；

（6）定向钻进的钻孔应分段进行孔斜测量，倾角和方位的量测精度应分别为±0.1°和±3°。

（三）钻探的特点

钻探的特点如下：

（1）钻探工作的布置，不仅要考虑自然地质条件，还需结合工程类型及其结构特点；

（2）除了深埋隧道、大型水利工程以及为了解专门工程地质问题而进行的钻探外，孔深一般不大；

（3）钻孔多具综合目的，除了查明地质条件外，还要取试样、试验、作长期观测（监测）以及加固处理等；

（4）在钻进方法、钻孔结构、钻进过程中的观测编录等方面，均有特殊的要求，如岩芯采取率要求、分层止水、地下水观测、采取原状土试样和软弱夹层、破碎带样品等。

三、触探

触探是用静力或动力将探测器的探头贯入土层一定深度，根据土对探头的贯入阻力或锤击数来间接判别土层及其性质。

（一）静力触探

静力触探的基本原理是用准静力将一个内部装有传感器的触探头以均速压入土中，由于地层中各种土的软硬不同，探头所受的阻力也不同，传感器将这种大小不同的贯入阻力通过电信号输入到记录仪表记录下来，再通过贯入阻力与土的工程地质特征之间的定性关系和统计关系，实现换算获得土层剖面、提供地基承载力、选择桩间持力层和预估单桩承载力等工程勘察目的。

静力触探仪主要由贯入装置（包括反力装置）、传动系统和量测系统三部分组成。贯入系统的基本功能是可控制等速贯入，传动系统通常使用液压和机械传动两种，量测系统包括探头、电缆和电阻应变仪（或电位差自动记录仪）。根据传动系统的不同，静力触探仪可分为电动机械静力触探仪和液压式静力触探仪两种。

常用的静力触探探头分为单桥探头、双桥探头和孔压探头。根据实际工程所需要测定的参数选用探头形式，探头圆锥横截面面积分别为 $10cm^2$ 或 $15cm^2$，单桥探头侧壁高度应分别采用 57mm 或 70mm，如图 6-2 所示。双桥探头侧壁面积采用 150～300cm²，锥尖锥角应为 60°。

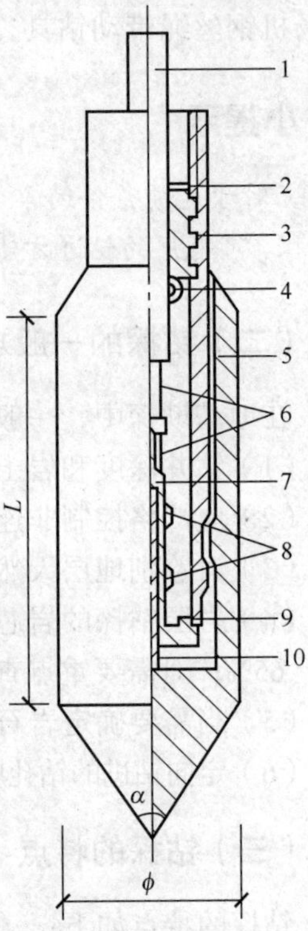

单桥探头所测到的是包括锥尖阻力和侧壁摩阻力在内的总贯入阻力 P（kN），通常用比贯入阻力 P_s（kPa）表示，计算公式如下：

$$p_s = \frac{p}{A} \tag{6-1}$$

式中，A——探头截面面积（m^2）。

利用双桥探头可以同时测得锥尖阻力和侧壁摩阻力，双桥探头结构比单桥探头复杂。双桥探头可测得锥尖总阻力 Q_c（kN）和侧壁摩阻力 P_f（kN）。锥尖阻力和侧壁摩擦阻力计算公式如下：

$$q_c = \frac{Q_c}{A} \tag{6-2}$$

$$f_s = \frac{p_f}{F_s} \tag{6-3}$$

式中，F_s——外套筒的总表面积（m^2）。

根据锥尖阻力和侧壁摩阻力可计算同一深度处的摩阻比：

$$R_f = \frac{f_s}{q_c} \tag{6-4}$$

图 6-2　单桥探头结构示意图

1—四芯电缆；2—密封圈；
3—探头管；4—防水塞；
5—外套管；6—导线；
7—空心柱；8—电阻片；
9—防水盘根；10—顶柱；
ϕ—探头锥底直径；L—有效侧壁长度；α—探头锥角

根据目前的研究与经验，静力触探试验成果的应用主要有下列几个方面。

（1）划分土层界线。在建筑物的基础设计中，结合地质成因，对地基土按土的类型及其物理力学性质进行分层是很重要的。特别是在桩基设计中，桩尖持力层的标高及其起伏程度和厚度变化，是确定桩长的重要设计依据。

根据静力触探曲线对地基土进行力学分层，或参照钻孔分层结合静力探触中 P_s 或 Q_c 及 f_s 值的大小和曲线形态特征进行地基土的力学分层，并确定分层界线。

用静力触探曲线划分土层界线的方法如下：

① 上下层贯入阻力相差不大时，取超前深度和滞后深度的中心或中点偏向小阻力土层 5～10cm 处作为分层界线；

② 上下层贯入阻力相差一倍以上时，当由软层进入硬层或由硬层进入软层时，取软层最后一个（或第一个）贯入阻力小值偏向硬层 10cm 处作为分层界线；

③ 上下层贯入阻力无变化时，可结合 f_s 或 R_f 的变化确定分层界线。

（2）评定地基承载力。关于用静力触探的贯入阻力确定地基承载力基本值 f_0 的方法，我国已有大量的研究工作，取得了一批可靠、合理的成果，建立了很多地区性的地基承载力的经验公式。但是，由于土的区域性分布特点，不可能形成一个统一的公式来确定各地区的地基承载力。实际工作中可根据所在地区不同查阅相关经验公式。

（3）评定地基土的强度参数。由于静力触探试验的贯入速率较快，因此对量测黏性土的不排水抗剪强度是一种可行的方法。经过大量的试验和研究，探头锥尖阻力基本上与黏性土的不排水抗剪强度成某种确定的函数关系，而且将大量的测试数据经数理统计分析，其相关性都很理想。

除上述三个方面的应用外，静力触探试验成果还可应用于评定土的变性指标和估算单桩承载力等。

（二）动力触探

用一定重量的落锤，以一定落距自由落下，将一定形状、尺寸的圆锥探头贯入土层中，记录贯入一定厚度土层所需锤击数的一种原位测试方法，称为动力触探。动力触探可分为轻型、重型和超重型三类，它们各自的适用范围见表 6-5。

表 6-5　　　　　　　　　　　　　　　动力触探类型

类　型		轻　型	重　型	超　重　型
落锤	锤的质量/kg	10	63.5	120
	落距/cm	50	76	100
探头	直径/mm	40	74	74
	锥角/°	60	60	60
探杆直径/mm		25	42	50 ~ 60
指标		贯入 30cm 的读数 N_{10}	贯入 10cm 的读数 $N_{63.5}$	贯入 10cm 的读数 N_{120}
主要适用岩土		浅部的填土、砂土、粉土、黏性土	砂土、中密以下的碎石土、极软土	密实和根密实的碎石土、软岩、极软岩

标准贯入试验是动力触探的一种，是在现场测定砂或黏性土的地基承载力的一种方法。标准贯入试验应与钻探工作配合，它仅适用于砂土、粉土和一般黏性土，不适用于软塑至流塑软土。在国外也有用实心圆锥头替换贯入器下端的管靴，使标准贯入试验适用于碎石土、残积土和裂隙性硬黏性土以及软岩的方法，但国内尚无这方面的经验。

标准贯入试验设备主要由贯入器、触探杆和穿心锤三部分组成。触探杆一般采用直径 42mm 的钻杆，63.5kg 的穿心锤，标准贯入试验设备如图 6-3 所示。

在标准贯入试验的第一阶段先用钻具钻至试验土层标高以上 150mm，然后在穿心锤自由落距 760mm 的条件下，打入试验土层中 150mm（此时不计锤击当数）后，开始记录每打入 10cm 的锤击数，累计打入 30cm 的锤击数为标准贯入试验锤击数 N。当锤击数已达 50 击，而贯入深度未达 30cm 时，可记录 50 击的实际贯入深度，按式（6-5）换算成相当于 30cm 的标准贯入试验锤击数 N，并终止试验。

$$N = \frac{30 \times 50}{\Delta S} \qquad (6\text{-}5)$$

式中，ΔS ——50 击时的贯入度（cm）。

试验后拔出贯入器，取出其中的土样进行鉴别描述，

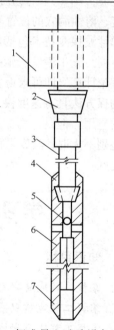

图 6-3　标准贯入试验设备示意图
1—穿心锤；2—锤垫；3—钻杆；
4—贯入器头；5—出水孔；6—由两个半圆形管合并而成的贯入器身；7—贯入器靴

由标准贯入试验测得的锤击数 N，可用于确定土的承载力、估计土的抗剪强度和黏性土的变形指标、判别黏性土的稠度和密实度及砂土的密实度，估计砂土在地震时发生液化的可能性。

> ☼**小提示**
>
> 触探可以看作是一种勘探方法，它又是一种原位测试技术。作为勘探方法，触探可以用来划分土层，了解土层的均匀性；作为原位测试技术，则可用来估计土的某些特性指标和估计地基承载力。

四、物探

物探是地球物理勘探的简称。物探是根据岩土密度、磁性、弹性、导电性和放射性等物理性质的差异，用不同的物理方法和仪器测量天然或人工地球物理场的变化，以探查地下地质情况的一种勘探方法。组成地壳的岩层和各种地质体如基岩、喀斯特、含水层、覆盖层、风化层等，其导电率、弹性波传播速度、磁性等物理性质是有差异的。可以利用专门的仪器设备来探测不同地质体的位置、分布、成分和构造。

地球物理勘探有电法、地震、声波、重力、磁力和放射性等多种方法。在工程地质勘察中多采用电法勘探中的电阻率法。由于自然界中各种岩石的矿物成分、结构和含水量等不同，故其有不同电阻率。电阻率法是通过人工向地下所查的岩体中放电，以形成人工电场，再通过仪器测定地下岩体的电阻率大小及变化规律，最后经过分析解释，便可判断所查地质体的分布范围和性质，例如判断覆盖层厚度、基岩和地下水的埋深、滑坡体的厚度与边界、冻土层的分布及厚度、溶蚀洞穴的位置及探测产状平缓的地层剖面等都可采用电阻率法。

弹性波探测技术包括地震勘探、声波及超声波探测。根据弹性波在不同的岩土体中传播的速度不同，人工激发产生弹性波，并使用仪器测量弹性波在岩体中的传播速度、波幅规律。按弹性理论计算，即可求得岩体的弹性模量、泊松比、弹性抗力系数等计算参数。

物探方法具有速度快、成本低的优点，它可以减少山地工作和钻探的工作量，所以得到了广泛的应用。但是，物探是一种间接测试方法，具有条件性、多解性，特别是当地质体的物理性质差别不大时，其成果往往较粗略。所以，物探应与其他勘探手段配合使用，才能提高效率，效果更好。

学习单元 3　编制工程地质勘察报告

📝知识目标

1. 掌握工程地质勘察报告的编制要求。
2. 掌握工程地质勘察报告的编制内容。
3. 掌握工程地质勘察报告应附的图件。

📝技能目标

1. 勘察工作结束后，能够将各种直接资料和间接资料进行分析整理并以简要、明确的文字和图表编成报告书。

2. 根据所学内容，能够看懂详细的勘察报告。

 基础知识

在建筑场地勘察工作结束以后，由直接和间接得到的各种工程地质资料，经分析整理、检查校对、归纳总结确认无误后，便可用简明的文字和图表编成勘察报告。

一、工程地质勘察报告的编制要求

（1）地基勘察的最终成果是以报告书的形式提出的。勘察工作结束后，将取得的野外工作和室内试验的记录和数据以及搜集到的各种直接和间接资料进行分析整理、检查校对、归纳总结后，做出建筑场地的工程地质评价。这些内容，最后以简要、明确的文字和图表编成报告书。

（2）岩土工程勘察报告应资料完整、真实准确、数据无误、图表清晰、结论有据、建议合理、便于使用和适宜长期保存，并应因地制宜，重点突出，有明确的工程针对性。

（3）岩土工程勘察报告应根据任务要求、勘察阶段、工程特点和地质条件等具体情况编写。

（4）岩土工程勘察报告应对岩土利用、整治和改造的方案进行分析论证，提出建议；对工程施工和使用期间可能发生的岩土问题进行预测，提出监控和预防措施的建议。

二、工程地质勘察报告的编制内容

勘察报告书的内容应根据勘察阶段、任务要求和工程地质条件编制报告，一般包括如下部分：

（1）勘察目的、任务和依据的技术标准；

（2）拟建工程概况；

（3）勘察方法和勘察工作布置；

（4）场地地形、地貌、地层、地质构造、岩土性质及其均匀性；

（5）各项岩土性质指标，岩土的强度参数、变形参数、地基承载力的建议值；

（6）地下水埋藏情况、类型、水位及其变化；

（7）土和水对建筑材料的腐蚀性；

（8）可能影响工程稳定的不良地质作用的描述和对工程危害程度的评价；

（9）场地稳定性和适宜性的评价。

报告所附的图表，常见的有：勘察点平面布置图、钻孔柱状图、工程地质剖面图，土工试验成果总表和其他原位测试成果图表（如现场载荷试验、标准贯入试验、静力触探试验等）。

上述内容并不是每一份勘察报告都必须全部具备的，而应视具体要求和实际情况有所侧重，并以说明问题为准。对于地质条件简单和勘察工作量小且无特殊要求的工程，勘察报告可以酌情简化。

三、工程地质勘察报告应附的图表

1. 勘探点平面布置图

在建筑场地地形图上，把建筑物的位置，各类勘探、测试点的编号、位置用不同图例表示出来，并注明年各勘探、测试点的标高和深度、剖面连线及其编号等。

2. 工程地质柱状图

钻孔柱状图是根据钻孔的现场记录整理出来的。记录中除了注明钻进所用的工具、方法和具体事项外，其主要内容是关于地层的分布（层面的深度、厚度）和地层特征的描述。绘制柱状图之前，应根据土工试验成果及保存在钻孔岩芯的试样，对其分层情况和野外鉴别记录进行认真校核，并做好分层和并层工作。当现场测试和室内试验成果与野外鉴别不一致时，一般应以测试试验成果为主，只有当样本太少且缺乏代表性时才以野外鉴别为准。绘制柱状图时，应自上而下对地层进行编号和描述，并按一定的比例、图例和符号绘制。这些图例和符号应符合有关勘察规范的规定。在柱状图中还应同时标出取土深度、标准贯入试验位置、地下水位等资料。

3. 工程地质剖面图

柱状图只反映场地某一勘探点地层的竖向分布情况，剖面团则反映某一勘探线上地层沿竖向和水平向的分布情况。由于勘探线的布置常与主要地貌单元或地质构造轴线相垂直或与建筑物的轴线相一致，故工程地质剖面是勘察报告的最基本的图件。

4. 土工试验成果总表

土的物理力学性质指标是地基基础设计的重要数据，应该将土工试验和原位测试所得的成果汇总列表表示。由于土层固有的不均匀性、取样及运送过程的扰动、试验仪器及操作方法上的差异等原因，同一土层测得的任一指标，其数值可能比较分散，因此试验资料应该按地段及层次分别进行统计整理，以便求得具有代表性的指标。统计整理应在合理分层的基础上进行，对物理力学性质指标、标准贯入实验、轻便触探锤击数，每项参加统计的数据不宜少于 6 个。

📖 课堂案例

××篮球馆工程的岩土工程详细勘察报告

1. 工程概况

（1）工程简况：受××委托，由××公司承担并完成了××篮球馆工程的岩土工程详细勘察工作。该工程位于某市某路以南，交通便利。拟建工程为 1 栋 1 层的篮球馆，荷载按每层 15kPa 计，基础埋深约 1.5m。本工程具有以下特征：

① 根据由岩土工程问题造成工程破坏或影响正常使用的后果，该工程为一般工程，工程重要性等级为二级工程；

② 该场地抗震设防烈度为 7 度，场地等级为二级场地（中等复杂场地）；

③ 根据附近地质资料：场地岩土种类较多，不均匀，性质变化较大；地基等级为二级地基（中等复杂地基）。

根据工程重要性等级、场地复杂程度等级和地基复杂程度等级，按《岩土工程勘察规范〔2009 年版〕》（GB 50021—2001）的规定，该工程岩土工程勘察等级为乙级。

（2）任务要求。本次勘察的主要目的是为设计、施工提供详细可靠的岩土工程勘察资料及有关参数。依据委托书，结合现行规范有关规定，确定本次岩土工程勘察的主要任务及要求如下：

① 查明场地范围内土层的类型、深度、分布及工程特性，分析和评价地基的稳定性、均匀性和承载力；

② 提供各层土的物理力学性质指标、地基土的承载力特征值；

③ 查明不良地质作用的类型、成因、分布范围及危害程度，并提出整治方案建议；

④ 查明地下水的埋藏条件，提供地下水位及变化幅度，判定地下水对建筑材料的腐蚀性；

⑤ 进行场地和地基的地震效应评价；

⑥ 根据岩土工程条件，结合拟建建筑物特点，对地基基础方案作出评价。

为完成上述勘察任务及要求，主要依据以下指标：地基土的密度、含水量、重度、孔隙比、饱和度、液限、塑限、塑性指数、液性指数、压缩系数、压缩模量、黏聚力、内摩擦角、标准贯入试验锤击数及静力触探试验指标、承载力特征值、桩极限侧阻力和端阻力标准值等。

（3）勘察执行的规范、标准。本次勘察根据《岩土工程勘察委托书》的要求，主要执行下列规范和标准：

《岩土工程勘察规范（2009 年版）》（GB 50021—2001）及局部修订条文；

《建筑地基基础设计规范》（GB 50007—2011）；

《建筑抗震设计规范》（GB 50011—2010）；

《土工试验方法标准（2007 年版）》（GB/T 50123—1999）；

《建筑桩基技术规范》（JGJ 94—2008）。

（4）勘察工作方法及完成工作量。根据现行规范规定，结合本次勘察工作的具体任务及要求，在收集附近已有工程地质资料的基础上，采用钻探、取土、标准贯入试验、静力触探测试及室内土工试验相结合的方式进行岩土工程勘察工作，勘探孔按建筑物周边布置，共布置 5 排勘探孔，孔间距控制在 20m 以内，共布置 9 个勘探孔，其中静力触探孔 4 个，钻探、静探对比孔 1 个，取土、标贯孔 4 个，孔深为 20～25m。

本次勘察钻探采用 DPP-100-5F 型钻机，采用单筒岩芯管钻进，泥浆护壁，取土采用敞口厚壁取土器，静力压入法取土，对于粉土、砂土做标准贯入试验。静力触探测试（双桥）采用液压贯入，并用 JTY-3 型数字静探仪采集处理数据。室内土工试验由我公司土工试验室完成，具体完成工作量为总进尺 190.00m。

其中，静力触探孔进尺 80.00m，钻探、静探对比孔进尺 25.00m，取土、标贯孔进尺 85.00m，取原状样 45 件，取扰动样 21 件，标贯试验 21 次。

2. 场地岩土工程条件

（1）地形、地貌及周围环境。勘察场地地面不太平整，局部堆有建筑垃圾。场地地貌单元单一，为黄河三角洲冲积平原。勘探孔孔口标高为相对高程，假定以广告牌基础的西北角铁坐落相对高程为 0.00，勘探孔孔口高程介于 -2.108～-1.038m。

（2）地层分布及岩土性质。根据野外钻探资料，结合原位测试和室内土工试验结果，场地地基土在勘探深度内可划分为四大层，各地层分述如下：

① 第一层为素填土。黄褐色，堆填时间短，上部 80cm 左右为杂填土，主要夹有砖块等建筑垃圾，60～100cm 夹有三合土，素填土以粉土为主，夹少量黏土团块。场区普遍分布，厚度 1.40～2.50m，平均 1.81m；层底标高 -2.55～-1.46m，平均 -1.84m；层底埋深 1.40～2.50m，平均 1.81m。

② 第二层为粉土。黄褐色，稍湿，稍密，摇振反应迅速，无光泽反应，干强度低，韧性低，土质均匀，含有云母片及氧化铁斑。场区普遍分布，厚度 1.30～2.70m，平均 1.99m；层底标高 -4.53～-3.25m，平均 -3.83m；层底埋深 3.20～4.50m，平均 3.80m。

③ 第三层为粉质黏土。黄褐色～浅灰色，软塑，稍有光泽反应，干强度中等，韧性中等，土质较均匀，含有有机质及夹有贝壳碎片。场区普遍分布，厚度 4.30～5.40m，平均 4.64m；层底标高 -9.04～-7.70m，平均 -8.48m；层底埋深 7.70～9.00m，平均 8.44m。

④ 第四层为粉砂。灰褐色～浅灰色，密实，湿润，摇振反应快，无光泽反应，干强度低，韧性低，土质均匀，含有云母片，成分以石英、长石为主，局部夹有粉质黏土薄层。场区普遍分布，厚度 6.80～7.90m，平均 7.44m；层底标高 -17.24～-16.55m，平均 -16.75m；层底埋深 16.50～17.20m，平均 16.73m。

3. 地震效应

（1）抗震设防烈度、抗震设防类别。根据《建筑抗震设计规范》（GB 50011—2010）和《建筑工程抗震设防分类标准》（GB 50223—2008）的有关规定，勘察场地的抗震设防烈度为7度，设计地震分组为第二组，设计基本地震加速度值为0.10g，抗震设防类别为标准设防类。

（2）建筑场地类别。按《建筑抗震设计规范》（GB 50011—2010）第4.1.3条的规定，判定土的类型为软弱土～岩石，以6号孔计算土层的等效剪切波速 v_{se}，各土层剪切波速 v_s 取值见表6-6。

表6-6 6号剪切波速

层　　次	岩　　性	深度/m	剪切波速 v_s/（m·s^{-1}）
1	素填土	2.5	130
2	粉土	1.3	155
3	粉质黏土	4.7	142
4	粉砂	7.2	175

计算结果 v_{se}=153.3m/s，场地土层的等效剪切波速 $250 \geq v_{se} > 140$m/s。由于场地覆盖层厚度远大于50m，故建筑场地类别为Ⅲ类，特征周期值为0.55s，属于建筑抗震不利地段。

（3）场地、地基与基础应采取的抗震措施。拟建建筑物的抗震设防类别为丙类（标准设防类），建筑的场地类别为Ⅲ类，设计基本地震加速度值为0.10g，地震作用和抗震措施均应符合本地区抗震设防烈度的要求。

4. 岩土工程分析与评价

（1）场地稳定性评价。拟建场地地震烈度为7度，属于建筑抗震不利地段。据有关资料，黄河三角洲区域内只有小地震活动，无强地震记录，不具备中强地震发震构造条件，因此拟建场地的稳定性较好。拟建场地地形平坦，地貌单元单一，地层成因简单，成层规律明显，无不良地质作用，适宜建筑。

（2）土层工程性质评价。

1层素填土：堆填时间短，结构松散，不能作基础持力层。

2层粉土：$\alpha_{1-2} = 0.12$MPa^{-1}，属中等压缩性土，工程性能较好。

3层粉质黏土：$\alpha_{1-2} = 0.32$MPa^{-1}，属中压缩性土，工程性能较差。

4层粉砂：$\alpha_{1-2} = 0.09$MPa^{-1}，属低压缩性土，工程性能好。

（3）基础类型的选择。该场地由于素填土分布不均，厚度在1.40～2.50m，平均在1.80m左右。若采用天然地基，不进行地基处理不能作为天然地基持力层，施工前应进行压实处理。根据当地经验，采用水泥土搅拌桩复合地基较为经济合理。处理至4层粉砂，深度以9.5m为宜。

水泥土搅拌桩复合地基承载力特征值估算：

根据《建筑地基处理技术规范》（JGJ 79—2012）中的有关规定，估算水泥土搅拌桩（干法）单桩竖向基承载力特征值计算考虑桩周土提供的阻力和桩体能承受的压力，两者取小值，计算如下：

按桩体承受压力计算（假设桩径为0.5m）：

$$R_a = \eta f_{cu} A_p$$

式中，f_{cu}——与水泥土搅拌桩桩身加固土配比相同的室内加固试块无侧限抗压强度平均值。

若水泥掺入比为 12%～15%，本工程取 2.2 MPa；

　　η——强度折减系数，一般为 0.25～0.33，取 0.3。

　　经计算 $R_a = 0.3 \times 2\,200 \times 3.14 \times (0.5/2)^2 = 129.5$（kN）

　　按桩周土阻力计算：

$$R_a = u_p \sum_{i=1}^{n} q_{si} l_i + \alpha q_p A_p$$

式中，R_a——水泥土搅拌桩单桩竖向承载力特征值（kN）；

　　　q_{si}——桩周土的第 1 层土的侧阻力特征值（kPa）；

　　　u_p——水泥土搅拌桩的桩周长（m）；

　　　l_i——桩长范围内第 1 层土的厚度（m）；

　　　α——桩端天然地基土的承载力折减系数，一般可取 0.4～0.6，本工程取 0.4；

　　　A_p——水泥土搅拌桩的截面面积（m²）；

　　　q_p——桩端地基土未经修正的承载力特征值，本工程取 130kPa。

　　以 6 号孔为例，基础埋深按 1.5m 计，桩端进入第 4 层粉砂，假设桩径为 0.5m、有效桩长按 8.0m 进行计算，单桩竖向承载力特征值可达 138.4kN，各层土的侧阻力特征值可按表 6-7 取值。

表 6-7　　　　　　　　　　　　各层土的侧阻力特征值

层号	侧摩阻力特征值 /kPa
1	6
2	12
3	10
4	13

　　根据以上估算，两者取低值。

　　水泥土搅拌桩（干法）复合地基承载力特征值可按下式估算：

$$f_{spk} = m(R_a/A_p) + \beta(1-m) f_{sk}$$

式中，f_{spk}——水泥土搅拌桩复合地基承载力特征值（kPa）；

　　　m——水泥土搅拌桩的面积置换率（%）；

　　　f_{sk}——桩间天然地基土承载力特征值（kPa），取 0 kPa；

　　　β——桩间土承载力折减系数，取 0.20。

　　对复合地基承载力特征值的估算，当假设条件改变时应重新进行估算，且复合地基承载力特征值最终应通过现场复合地基荷载试验确定。施工方应当严格按照《建筑地基处理技术规范》（JGJ 79—2012）进行施工。

　　5．建议和结论

　　（1）勘察场地地貌单一，根据钻探及静力触探揭露，地层除一层素填土外，其下均由黄河三角洲第四纪新近沉积的黏性土、粉土构成。

　　（2）拟建场地属于建筑抗震不利地段，建筑场地类别为Ⅲ类，抗震设防烈度 7 度，设计基本地震加速度值为 0.10g，特征周期 0.55s，建筑物的抗震设防类别为标准设防类。

　　（3）场地地层分布稳定，成层规律明显。一层素填土为新近填土，土质不均，以粉土和粉质黏土为主，局部含有建筑垃圾，工程特性不均匀，厚度变化较大，不经处理不能作为天然地基持力层，施工前应进行压实（压实系数 λ_c 取 0.95）。根据地区经验，建设采用水泥土搅拌桩复合地基（干法）进行处理。因地下水具有腐蚀性，建议通过现场试验确定其适用性，试验成功方可进行施工。

（4）在抗震设防烈度 7 度条件下，设计基本地震加速度值为 0.10g 时，综合评价该场地不发生液化。

（5）受环境类型（Ⅱ类）影响，该场地地下水对混凝土结构具有弱腐蚀性；受地层渗透性影响，该场地地下水对混凝土结构具有微腐蚀性。综合评价该场地地下水对混凝土结构具有弱腐蚀性；对钢筋混凝土结构中的钢筋，在长期浸水环境下具有微腐蚀性，在干湿交替环境下具有中腐蚀性。

（6）场地标准冻结深度为 0.60m，地下水常年最高水位为 0.50m。

（7）基槽开挖后应进行验槽，确保达到设计要求，若出现与本报告不相符或异常的情况，应通知勘察单位协同处理。

学习单元 4　检验基槽与局部处理地基

知识目标

1. 理解基槽检验的概念。
2. 掌握基槽检验的内容。
3. 掌握验槽的注意事项。
4. 掌握地基的局部处理方法。

技能目标

1. 在基槽开挖时，能够根据施工揭露的地层情况，对地质勘察成果与评价建议等进行现场检查，校核施工所揭露的土层是否与勘察成果相符，结论和建议是否符合实际情况。
2. 能够利用钎探、夯击等手段进行基槽检验。
3. 掌握现场验槽的注意事项，保证工程质量。
4. 掌握地基局部处理的方法与要求。

基础知识

一、基槽检验

在基槽挖至接近槽底时，应由设计、施工和勘察人员对槽底土层进行检查，就是通常所说的"验槽"。对没有地基勘察资料的轻型建筑物，检验人员只能凭经验了解地基浅层情况。有地基勘察报告的工程，验槽的任务主要是核实勘察资料是否符合实际。通过验槽，可以判别持力层的承载力、地基的均匀程度是否满足设计要求，以防止产生过量的不均匀沉降。

二、基槽检验的内容

验槽的内容主要是核对基槽开挖平面位置与槽底标高是否与勘察、设计要求相符，检验槽底持力层土质与勘探报告确定的地基土是否一致。

（1）浅基础的验槽。一般情况下，填土不宜作持力层使用，也不允许新近沉积土和一般黏性土共同作持力层使用。因此浅基础的验槽应着重注意以下几种情况：场地内是否有填土和新近沉积土；槽壁、槽底岩土的颜色与周围土质颜色不同或有深浅变化；局部含水量与其他部位的差异；场地内是否有条带状、圆形、弧形（槽壁）异常带；是否因雨、雪、天寒等情况使基底岩土的性质发生了变化。

（2）深基础的验槽。当采用深基础时，一般情况下出现填土的可能性不大，此时应着重查明下列情况：基槽开挖后，地质情况与原先提供地质报告是否相符；场地内是否有新近沉积土；是否有因雨、雪、天寒等情况使基底岩土的性质发生了变化；边坡是否稳定；场地内是否有被扰动的岩土；地基基础应尽量避免在雨季施工。无法避开时，应采取必要的措施防止地面水和雨水进入槽内，槽内水应及时排出，使基槽保持无水状态，水浸部分应全部清除；严禁局部超挖后用虚土回填。

（3）合地基（人工地基）的验槽。复合地基的验槽，应在地基处理之前或之间、之后进行，主要有以下几种情况：对换土垫层，应在进行垫层施工之前进行，根据基坑深度的不同，分别按深、浅基础的验槽进行。经检验符合有关要求后，才能进行下一步施工；对各种复合桩基，应在施工之中进行，主要为查明桩端是否达到预定的地层；对各种采用预压法、压密、挤密、振密的复合地基，主要是用试验方法（室内土工试验、现场原位测试）来确定是否达到设计要求。

对于比较重要的建筑物，如通过验槽还存在疑问，或者发现勘察资料误差过大，宜进行施工期间的补充勘察。

三、验槽的注意事项

基槽应由勘察、设计、施工和使用单位四方技术代表共同到现场验槽，保证工程质量，防止工程事故应注意以下事项：

（1）清除虚土，验看新鲜土面；

（2）槽底在地下水位以下不深时，可在施工挖槽至水面验槽，验完槽再挖至设计标高；

（3）基槽挖好立即组织验槽，避免下雨泡槽、冬季冰冻等因素影响验槽质量；

（4）验槽前一般需做槽底打钎工作，现场经鉴别土质及地质状况，记录分析，提供给验槽时参考。

四、地基的局部处理

通过观察验槽和钎探后，如不满足要求，应根据具体情况更改设计或进行地基处理。

（1）基槽内有小面积且深度不大的填土时，可用灰土或素土进行处理。当填土面积、厚度较大时，宜用砂石、碎石垫层等柔性垫层或素填土进行处理；或在局部用灰土处理后，再全部作 300~500mm 厚的相同材料的垫层进行处理。对于局部松软土，一般应挖除至原土，如果挖深较大，则应加大基槽宽度，同时基槽两侧按 1:1 放坡或分级。对于废井、墓坑，一般应将井圈和坑壁挖除至槽底以下 1m（或更多些）。

当上述挖、填方法由于施工困难等缘故而不宜采用时，可考虑采用钢筋混凝土梁板基础，以跨越局部松软土，或采用增大基础埋深、扩大基础面积、布置联合基础、加设挤密桩或局部设置桩基等方法加以解决。

（2）当基槽内有水井或地下管线（无法迁走）时，可局部加大基础面积或改变基础形式，并用梁跨过。

（3）当机械施工时，对硬塑——坚硬状松散黏性土和粗粒土，应预留 300mm 左右，用人工开挖；对含水量较高（可塑以下）的黏性土和粉土，应最少预留500mm，用人工开挖，严禁基槽土被扰动。

（4）冬季施工，当基槽施工完毕后当天不能进行下一步施工时，本地区应虚铺200～400mm厚的黏性土以防被冻。若出现基槽岩土被冻的情况，应全部清除所有冻土，做换填处理。

（5）当柱基或部分基槽下方存在过于坚硬的旧基础、树根和岩石等障碍物时，均应尽可能挖除，以防建筑物产生不均匀沉降或升裂。

（6）如遇人防通道，一般均不应将拟建建筑物设在人防工程或人防通道上。若必需跨越人防通道，基础部分可采取跨越措施。如在地基中遇有文物、古墓、战争遗弃物，应及时与有关部门联系，采取适当保护或处理措施。如在地基中发现事先未标明的电缆、管道，不应自行处理，应与主管部门共同协商解决办法。

学习案例

某厂房加工车间扩建工程，其边柱截面尺寸为400mm×600mm。基础施工时，柱基坑分段开挖，在挖完5个基坑后即浇垫层、绑扎钢筋、支模板、浇混凝土。施工放线时，误把柱截面中心线作厂房边柱的轴线，因而错位300mm，即厂房跨度大了300mm。基础完成后，检查发现5个基础都错位300mm。

想一想

1. 为什么会出现厂房跨度大了300mm的情况？

2. 出现案例所述现象，应该如何处理？

案例分析

根据现场当时的设备条件，采用局部拆除处理后，扩大基础的方法进行处理。

（1）将基础杯口一侧短边混凝土凿除。

（2）凿除部分基础混凝土，露出底板钢筋。

（3）将基础与扩大部分连接面全部凿毛。

（4）扩大基础混凝土垫层，接长底板钢筋。

（5）对原有基础连接面清洗并充分湿润后，浇筑扩大部分的混凝土。

知识拓展

地基验槽的方法

验槽以细致的观察为主，辅以轻便简易的勘探方法．如轻便触探和夯击听音等。

1. 观察验槽

验槽的重点应选择在柱下、承重墙下、墙角和其他受力较大的部位。首先由施工人员介绍开挖的难易程度和槽底标高，然后直接对槽底和槽壁进行观察，就地取土鉴定。从槽壁槽底的土层分类、厚度变化、组成、孔隙、颜色和状态，判别槽底是否都属达到要求的原状土，土质是否均习，有无局部异常现象。如有局部软弱、太湿、太硬或未到达原状土层时，应对具体范围了解清楚。在一些以前是斜坡后来在斜坡上部挖方、下部填方的平地，要注意分清原状土与素土回填的界限，查明回填土的厚度和密实程度，防止把同一幢建筑物的各个基础分别埋置在原土和未处理好的填土上。例如某地一幢部分四层、部分二层的办公楼，就是因为部分基础支撑在填土上，发生不均匀沉降而引起开裂的。

2. 主要验槽方法

（1）表面检查验槽法。

① 根据槽壁土层分布情况及走向，初步判明全部基底是否已挖至设计所要求的土层。

② 检查槽底是否已挖至原（老）土，是否需继续下挖或进行处理。

③ 检查整个槽底土的颜色是否均匀一致；土的坚硬程度是否一样，有无局部过松软或过坚硬的部位；有无局部含水量异常现象，走上去有没有颤动的感觉等。如有异常部位，要会同设计等有关单位进行处理。

（2）轻便触探或钎探。

① 轻便触探或钎探可以了解槽底以下土层的情况。采用钢钎进行钎探更简便。钢钎由直径为 $\phi22 \sim \phi25mm$ 的钢筋制成。钎尖呈 60° 圆锥形，长度以 2m 或稍长一些为宜。钎探时，用一质量为 4～5kg 的锤，按 500～700mm 的落距将钢钎打进槽底下面的土中，记录每打入 300mm 的锤击数，由锤击数判别浅部有无坑、穴、井等情况。如当地已积累了实测资料，也可大致估算地基承载力。

钎孔的布置应根据槽宽和地质情况确定。土质均匀时，孔距可取 1～2m。柱基处可布置在基坑的四角和中点，墙基处可按 1～3 排排列，钎探点依次编号。在整幢建筑物钎探完成后，再对锤击数过少的钎孔附近进行重点检查。详细布置可参考一般可参考表 6-8。

表 6-8　　　　　　　　　　　　　钎孔布置表

槽宽/cm	排列方式及图示		间距/m	钎探深度/m
小于 80	中心一排	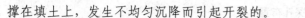	1～2	1.2
80～200	两排错开		1～2	1.5
大于 200	梅花形		1～2	2.0
柱基	梅花形		1～2	≥1.5m，并不浅于短边宽度

② 钎探记录和结果分析。先绘制基槽平面图，在图上根据要求确定钎探点的平面位置，并依次编号制成钎探平面图。钎探时按钎探平面图标定的钎探点顺序进行，最后整理成钎探记录表。

③ 全部钎探完后，逐层分析研究钎探记录，然后逐点进行比较，将锤击数显著过多或过少的钎孔在钎探平面图上做上记号，然后再在该部位进行重点检查，如有异常情况，要认真进行处理。

（3）洛阳铲钎探验槽法。

在黄土地区，基坑挖好后或大面积基坑挖土前，根据建筑物所在地区的具体情况或设计要求，对基坑底以下的土质、古墓、洞穴用专用洛阳铲进行钎探检查。

① 探孔的布置。探孔布置见表 6-9。

表 6-9　　　　　　　　　　　　　　探孔布置

基槽宽/cm	排列方式及图示	间距 L/m	钎探深度/m
小于 200		1.4 ~ 2.0	3.0
大于 200		1.4 ~ 2.0	3.0
柱基		1.5 ~ 2.0	3.0（荷重较大时为 4.0 ~ 5.0）
加孔		<2.0（如基础过宽时中间再加孔）	3.0

② 探查记录和成果分析。先绘制基础平面图，在图上根据要求确定探孔的平面位置，并依次编号，再按编号顺序进行探孔。探查过程中，一般每 3 ~ 5 铲看一下土，查看土质变化和含有物的情况。遇有土质变化或含有杂物情况，应测量深度并用文字记录清楚。遇有墓穴、地道、地窖、废井等时，应在此部位缩小探孔距离（一般为 1m 左右），沿其周围仔细探查清楚其大小、深浅、平面形状，并在探孔平面图中标注出来，全部探查完后，绘制探孔平面图和各探孔不同深度的土质情况表，为地基处理提供完整的资料。探完以后，尽快用素土或灰土将探孔回填。

（4）轻型动力触探法验槽。

① 遇到下列情况之一时，应在基坑底普遍进行轻型动力触探。

a. 持力层明显不均匀。

b. 浅部有软弱下卧层。

c. 有浅埋的坑穴、古墓、古井等，直接观察难以发现。

d. 勘察报告或设计文件规定应进行轻型动力触探。

② 采用轻型动力触控进行基槽检验时，检验深度及间距按表 6-10 执行。

表 6-10　　　　　　　　　　　轻型动力触探检验深度及间距表

排列方式	基槽宽度	检验深度	检验间距
中心一排	<0.8	1.2	1.0 ~ 1.5 视地层复杂情况定
两排错开	0.8 ~ 2.0	1.2	
梅花形	>2.0	2.1	

本章小结

岩土地基的工程特性直接影响建筑物的安全。在进行工程设计前，必须了解建设场地的自然环境及工程地质条件，通过各种勘察手段和测试方法，对拟建场地进行岩土工程地质勘察，为设计提供翔实可靠的工程地质资料。

在学习中应结合具体工程实例对岩土工程地质勘察的主要内容及技术要点，以及各种地基勘察方法有所了解，并且根据实际工程的工程地质勘察报告对其内容进行学习。

学习检测

一、填空题

1. 工程地质勘察的目的在于查明并评价工程场地岩土技术条件和它们与工程之间相互作用的关系。其内容包括工程地质_____、_____、_____与原位测试、检验与监测、分析与评价、_____等多项工作，以保证工程的稳定性、经济性和正常使用。

2. 对于重要工程或复杂岩土工程问题，在_____或_____需进行现场检验或监测。必要时，根据监测资料对_____、_____方案作出适当调整或采取_____，以保证工程质量、工程安全并总结经验。

3. 建筑场地的岩土工程勘察，应在搜集建筑物或构筑物_____、_____、_____、_____、和变形限制等方面资料的基础上进行。

4. 初步勘察应满足_____或_____的要求，应对场地内建筑地段的稳定性作出进一步评价，并为确定建筑_____、选择主要建筑物地基基础设计方案和不良地质现象的防治进行初步论证。

5. 采取土试样的数量和孔内原位测试的_____间距，应按地层特点和土的均匀程度确定；每层土均应采取土试样或进行原位测试，其数量不宜少于_____个。

6. 勘探孔深度应能控制地基主要受力层，当基础底面宽度不大于_____m 时，勘探孔的深度对条形基础不应小于基础底面宽度的 3 倍，对单独柱基不应小于_____倍，且不应小于_____m。

7. 坑探是一种挖掘探井（槽）的简单勘探方法。探井的平面形状一般采用_____的矩形或直径为_____m 的圆形，深度可根据地层的土质和地下水埋藏深度等条件决定，探坑较深时需进行基坑支护。

8. 根据钻进方式不同，钻探可分为_____、_____、_____、_____四种。各种钻进方式具有各自特点和适用的地层。

9. 基槽检验主要以细致的_____为主，并配以_____、_____等手段。

10. 基槽应由_____、_____、_____和_____单位四方技术代表共同到现场验槽。

11. 坑井范围较大，全部挖除有困难时，则应将坑槽适当放坡。用砂石或黏性土回填时，坡度为_____；用灰土回填时，坡度为_____；如用_____灰土回填而基础刚度较大时，可不放坡。

二、选择题

1. 在地基勘探中，钻井深度和岩土分层深度的量测精度，不应低于（　　）cm。
   A. ±5　　　　　　　B. ±3　　　　　　　C. ±10　　　　　　　D. ±1

2. 采取土试样的数量和孔内原位测试的竖向间距，应按地层特点和土的均匀程度确定；每层土均应采取土试样或进行原位测试，其数量不宜少于（　　）个。
   A. 2　　　　　　　　B. 3　　　　　　　　C. 5　　　　　　　　D. 6

3. 详细勘察的勘探点布置时，重大设备基础应单独布置勘探点；重大的动力机器基础和高耸构筑物,勘探点不宜少于( )个。

    A. 2   B. 3   C. 5   D. 6

4. 当初勘时遇特殊情况应适当增减孔深。下列说法错误的是( )。

    A. 当勘探点的地面标高与预计整平地面标高相差较大时,应按两者差值调整孔深

    B. 在预计基础埋深以下有厚度较大且分布均匀的坚实土层时,一般孔深度可适当增加

    C. 当预定深度内有软弱土层时,钻孔深度应适当增加

    D. 对重型工业建筑应根据结构特点和荷载条件适当增加孔深

5. 在一级场地中的详细勘察勘探点间距应为( )m。

    A. 10~15   B. 15~30   C. 30~50   D. 50~100

三、判断题

1. 场地条件复杂或有特殊要求的工程,宜进行设计勘察。   ( )

2. 土方开挖应遵循"开槽支撑,先撑后挖,分级开挖,在安全标准下可以超挖"的原则。   ( )

3. 在选定场址时,宜避开场地等级或地基等级为一级的地区或地段,同时应避开地下有未开采的有价值矿藏的地区。   ( )

4. 当勘探点的地面标高与预计整平地面标高相差较大时,应按两者差值调整孔深。   ( )

5. 当预定深度内有软弱土层时,钻孔深度应适当增加,部分控制孔应穿透软弱土层或达到预计控制深度。   ( )

6. 当需绘制地下水等水位线图时,应根据地下水的埋藏条件和层位,统一量测地下水位。   ( )

7. 当地下水可能浸湿基础时,应采取水试样进行腐蚀性评价。   ( )

8. 详细勘察勘探点布置和勘探孔深度,应根据建筑物特性和岩土工程条件确定。   ( )

9. 动力触探一般是将一定质量的穿心锤以一定的高度自由落下,将触头贯入土中,然后记录贯入一定深度所需的锤击数,以判断土的性质的测试方法。   ( )

10. 地基勘察的最终成果是以报告书的形式提出的。   ( )

四、名词解释

1. 坑探

2. 钻探

3. 触探

4. 基槽检验

五、问答题

1. 工程地质勘察可分为几个阶段?各阶段的主要任务有哪些?

2. 工程地质勘探的常用方法有哪些?各自的勘探方法、适用范围和主要任务是什么?

3. 详细勘察阶段勘探点的布置原则是什么?

4. 详细勘察阶段勘探孔的深度控制原则是什么?

5. 地质勘察报告包括哪些主要构成内容?

6. 地基局部处理主要有哪些方法?

学习情境七
设计天然地基上的浅基础

 案例引入

某市某商住楼位于市区解放南路，建筑物长 64.24m，宽 11.94m，层数为六层（局部七层）。房屋总高度 22m，底层为商店，二层以上为住宅，共四个单元，总建筑面积 4 395m²。主体为砖混结构，底层局部为框架结构。基础形式根据荷载不同，分为钢筋混凝土独立基础和刚性条形基础，刚性条形基础处设地圈梁。基础埋深 3.8m。

工程验收时，发现第三单元楼梯外墙有一条垂直的细小裂缝，有关部门要求对该裂缝加强观察。半年中裂缝未出现明显的扩展，但一段时间以后裂缝相继扩展到地圈梁、墙体、楼面、屋顶、女儿墙等多个部位。经察看现场，进行技术鉴定，该楼的裂缝和沉降为：

（1）地圈梁和底层连系梁多处裂缝，裂缝形式以垂直为主，部分区段有斜裂缝。地圈梁裂缝宽度在 0.5~10mm。大部分贯穿地圈梁截面。连系梁裂缝宽在 0.15~10mm，多数已伸到梁高的 2/3 以上。

（2）内外墙裂缝较为普遍，呈倒"八"字形，垂直、斜向裂缝均有，宽度在 0.5~10mm。楼面面层起壳、楼板缝间开裂现象普遍。

（3）因该楼室外回填土厚达 3m 多，同时楼房竣工后解放南路改造，沉降观察点多次重新设置，观测数据为阶段性的非系统数据，监测数据仅供参考。对不同阶段的监测数据进行汇总分析，房屋两边的沉降量较大，最大沉降量为 24mm，中间沉降量小，南端沉降量较大点与中间沉降量较小点之间沉降量差值达 200mm 左右。

 案例导航

本案例中，主要存在以下四个问题：

（1）地基勘察问题。该楼地基平面上分布有三个溶洞，洞中软黏土分布不均，最厚达 20m。在灰岩地区（岩溶地区）的工程地质勘察工作，必须查明溶洞的深度、分布范围，并查清洞内土质的物理化学指标和地下水情况，而在该楼房的地基压缩层内，上述勘察要求没有达到。在已有的资料中表明，较稳定的②~④层地基上覆盖层仅 2.5~4.8m，下卧层为高压缩性软黏土，厚度不均，且局部缺失，勘察未明确溶洞准确边界线以及软黏土的各项物理力学指标，给设计取值造成了一定的困难，厚薄不均的软黏土的压缩沉降是该建筑物产生不均匀沉降的主要原因。

（2）设计错误。设计中因勘察资料分析不足，对建筑物地基下存在的软弱下卧层变形验算不够精确。建筑物结构选型不够合理。上部结构刚度差，构造柱等设置数量少，部分位置不合理，使建筑物对不均匀沉降敏感。建筑物长为 62.24m，采用素混凝土基础及钢筋混凝土基础，建筑物纵向刚度差，另外，在地基不均匀的情况下未充分考虑解决不均匀沉降问题。

（3）施工问题。在砖墙砌筑中，墙体的质量没有严格按照工艺和验收规范的要求施工，特别是构造柱与墙体的连接不符合构造要求，影响了墙体的整体性和刚度。在基础开挖中，由于遇到较长时间的降雨，使地基浸泡在水中一段时间，施工中扰动、破坏了地基的土壤结构，使其抗剪强度降低。在基础回填土中，从一侧回填，增加了基础的施工水平力，导致基础倾斜和变形。

（4）环境问题。在该工程竣工半年后，在其南侧改造开挖了一条截面为 5.5m×7m 的小河，该河床底标高低于基础底标高 1.5m 左右，河水位低于基础地下水位。平时有浑水从小河的砌石护坡上的排水管中流出，出现地基中细小颗粒被水带走现象，加速了地基的变形，致使该楼在河道改建后，不均匀沉降现象迅速加剧。另外，在半年后修路过程中，在房屋四周回填了约3m 高的回填土，增加了基础的附加应力，也加剧了地基的变形。

如何在实践工程中设计天然浅基础？需要掌握如下要点：

1. 浅基础的设计程序；
2. 基础埋置深度的确定；
3. 基础底面积的确定；
4. 无筋扩展基础的设计；
5. 扩展基础的设计；
6. 柱下条形基础的设计。

学习单元 1　设计浅基础的程序

知识目标

1. 熟悉浅基础的分类。
2. 掌握浅基础设计的一般要求与基本原则。
3. 掌握浅基础的设计步骤。

技能目标

1. 理解并熟悉浅基础的分类方法。
2. 在保证建筑物的安全与正常使用情况下，掌握浅基础设计的一般要求与基本原则。
3. 掌握浅基础设计步骤，并能根据所学内容掌握简单浅基础的设计方法。

基础知识

建筑物地基可分为天然地基和人工地基，基础可分为浅基础和深基础。浅基础不同于深基础：从施工的角度来看，开挖基坑过程中降低地下水位（当地下水位较高时）和维护坑壁（或边坡）稳走的问题比较容易解决，只是在少数开挖深度较大时才比较复杂；从设计的角度来看，浅基础埋置深度的大小一般接近或小于基础底面宽度，因此只考虑基础底面以下土层的承载能力，而忽略基础侧面土的竖向承载能力。

工程设计都是从选择方案开始的。地基基础方案有：天然地基或人工地基上的浅基础；深基础（采用深基础而又对天然土层进行处理者较少采用）；深浅结合的基础（如桩—筏基础、桩—箱基础和地下连续墙—箱形基础等）。上述每种方案中各有多种基础类型和做法，可根据实际情况加以选择。

　　地基基础设计是建筑物结构设计的重要组成部分。基础的形式和布置要合理地配合上部结构的设计，满足建筑物整体的要求，同时要做到便于施工、降低造价。天然地基上结构较简单的浅基础最为经济，如能满足要求，应优先使用。

一、浅基础的设计内容

　　天然地基上浅基础的设计，包括下述各项内容：
　　（1）选择基础的材料、类型，进行基础平面布置；
　　（2）选择基础的埋置深度；
　　（3）确定地基承载力特征值；
　　（4）确定基础的底面尺寸；
　　（5）必要时进行地基变形与稳定性验算；
　　（6）进行基础结构设计（按基础布置进行内力分析、截面计算和满足构造要求）；
　　（7）绘制基础施工图，提出施工说明。

　　基础施工图应清楚表明基础的位置、各部分的平面和剖面尺寸，注明设计地面（或基础底面）的标高。如果基础的中线与建筑物的轴线不一致，应加以标明。如建筑物在地下有暖气沟等设施，也应标清楚。至于所用材料及其强度等级等方面的要求和规定，应在施工说明中提出。

　　上述浅基础设计的各项内容是互相关联的。设计时可按上述顺序，首先选择基础材料、类型和埋深，然后逐项进行计算。如发现前面的选择不妥，则须修改设计，直至各项计算均符合要求且各数据前后一致。

　　如果地基软弱，为了减轻不均匀沉降的危害，在进行基础设计的同时，尚需从整体上对建筑设计和结构设计采取相应的措施。并对施工提出具体（或特殊）要求。

二、浅基础的设计方法

　　基础的上方为上部结构的墙、柱，而基础底面以下则为地基土体。基础承受上部结构的作用并对地基表面施加压力，同时地基表面对基础产生反力，两者大小相等，方向相反。基础所承受的上部荷载和地基反力应满足平衡条件。地基土体在基地压力作用下产生附加应力和变形，而基础在上部结构和地基的作用下则产生内力和位移，地基与基础相互影响，相互制约。进一步说，地基和基础两者之间，除了荷载的作用外，还与它们抵抗变形和位移的能力有密切的关系。而且，基础及地基也与上部结构的荷载和刚度有关。即地基、基础和上部结构都是相互影响，相互制约的。它们原来互相连接或接触的部位，在各部分荷载、位移和刚度的综合影响下，一般仍保持连接和接触。墙、柱底端的位移、该处基础的变形和地基表面的沉降相一致，满足变形协调条件。上述概念，可称为地基—基础—上部结构的相互作用。

　　为了简化，在工程设计中，通常把上述结构、基础和地基三者分离开来，分别对三者进行计算：视上部结构底端为固定支座或固定铰支座，不考虑荷载作用下各墙柱端部的相对位移，并按此进行内力分析；而对于基础与地基，则假定地基反力与基底压力呈直线分布，分别计算基础的内力与地基的沉降。这种传统的分析与设计方法，可称为常规设计法。这种设计方法，对于良好均值地基上刚度大的基础和墙柱布置均匀、作用荷载对称且大小相近的上部结构相互作用分析的差别不大，可满足结构设计可靠度的要求，并已经过大量工程实践的检验。一般的浅基础设计就是采用这种简便实用的设计方法。

149

三、浅基础的分类

（一）按材料分类

基础应具有承受荷载、抵抗变形和适应环境影响（如地下水侵蚀和低温冻胀等）的能力，即要求基础具有足够的强度、刚度和耐久性。选择基础材料，首先要满足这些技术要求，并与上部结构相适应。

如按材料分类，浅基础可以分为砖基础、灰土基础、三合土基础、毛石基础、混凝土及毛石混凝土基础及钢筋混凝土基础等，见表 7-1。

表 7-1   浅基础按材料的分类

类　型	内　容
砖基础	具有就地取材、价格较低、施工简便等特点，在干燥与温暖地区应用广泛，但强度与抗冻性差。砖与砂浆的强度等级见《砌体结构设计规范》（GB 50003—2011）
灰土基础	由石灰与黏性土混合而成，适用于地下水位低、五层及五层以下的混合结构房屋和墙承重的轻型工业厂房
三合土基础	我国南方常用三合土基础，体积比为 1∶2∶4 或 1∶3∶6（石灰∶砂∶集料），一般多用于水位较低的四层及四层以下的民用建筑工程中
毛石基础	用强度较高而又未风化的岩石制作，每阶梯用三排或三排以上的毛石
混凝土及毛石混凝土基础	强度、耐久性、抗冻性都很好，混凝土的水泥用量和造价较高，为降低造价，可掺入基础体积 30% 的毛石
钢筋混凝土基础	强度大、抗弯性能好，同条件下基础较薄，适用于大荷载及土质差的地基，注意地下水的侵蚀作用

除钢筋混凝土基础外，上述其他各种基础均属无筋基础。无筋基础的材料都具有较好的抗压性能，但抗拉、抗剪强度都不高，为了使基础内产生的拉应力和剪应力不大，设计时需要加大基础的高度，因此，这种基础几乎不会发生挠曲变形，故习惯上把无筋基础称为刚性基础。

（二）按构造分类

1. 独立基础

独立基础（也称"单独基础"），是整个或局部结构物下的无筋或配筋的单个基础。通常情况下，柱基、烟囱、水塔、高炉、机器设备基础多采用独立基础，如图 7-1 所示。按支承的上部结构形式，可分为柱下独立基础和墙下独立基础。

☼小提示

独立基础是柱基础中最常用和最经济的形式，它所用材料根据材料和荷载的大小而定。

现浇钢筋混凝土柱下常采用现浇钢筋混凝土独立基础，基础截面可做成阶梯形［见图 7-1（a）］或锥形［见图 7-1（b）］。预制柱下通常采用杯口基础，如图 7-1（c）所示；砌体柱下常采用刚性基础，如图 7-2 所示。

另外，烟囱、水塔、高炉等构筑物下常采用钢筋混凝土圆板或圆环基础及混凝土实体基础，如图 7-3 所示，有时也可以采用壳体基础。

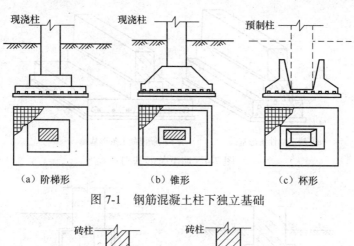

（a）阶梯形　　　　　（b）锥形　　　　　（c）杯形

图 7-1　钢筋混凝土柱下独立基础

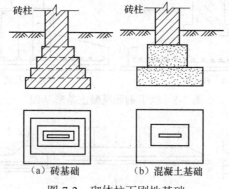

（a）砖基础　　　　　（b）混凝土基础

图 7-2　砌体柱下刚性基础

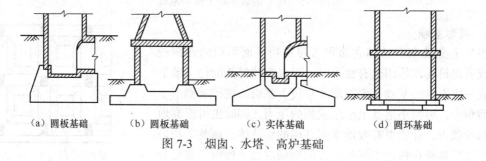

（a）圆板基础　　（b）圆板基础　　（c）实体基础　　（d）圆环基础

图 7-3　烟囱、水塔、高炉基础

2. 条形基础

条形基础是指基础长度远远大于其宽度的一种基础形式，按上部结构形式，可分为墙下条形基础和柱下条形基础。

（1）墙下条形基础。墙下条形基础有刚性条形基础和钢筋混凝土条形基础两种。墙下刚性条形基础在砌体结构中得到广泛应用，如图 7-4（a）所示。当上部墙体荷载较大而土质较差时，可考虑采用"宽基浅埋"的墙下钢筋混凝土条形基础，如图 7-4（b）所示。墙下钢筋混凝土条形基础一般做成板式（或称"无肋式"），如图 7-5（a）所示。但当基础延伸方向的墙上荷载及地基土的压缩性不均匀时，为了增强基础的整体性和纵向抗弯能力，减小不均匀沉降，常采用带肋的墙下钢筋混凝土条形基础，如图 7-5（b）所示。

（2）柱下钢筋混凝土条形基础。在框架结构中，当地基软弱而荷载较大时，若采用柱下独立基础，可能因基础底面积很大而使基础边缘相互接近甚至重叠；为增强基础的整体性并方便施工，可将同一排的柱基础连通，成为柱下钢筋混凝土条形基础，如图 7-6 所示。

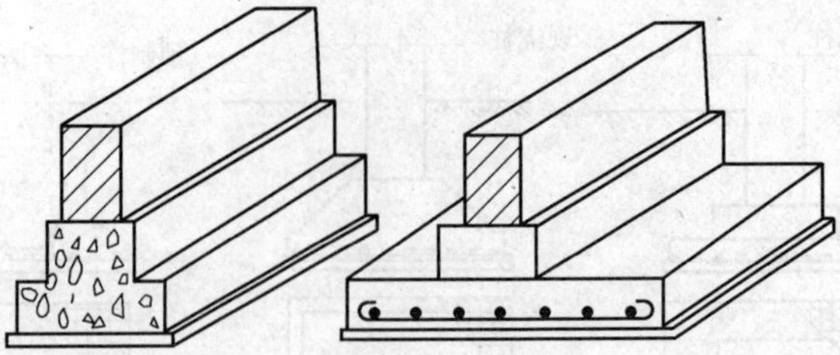

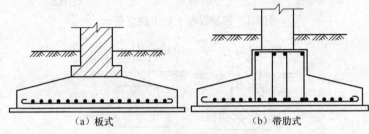

（a）墙下刚性条形基础　　（b）墙下钢筋混凝土条形基础

图 7-4　墙下条形基础

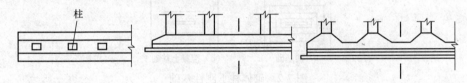

（a）板式　　　　　　　　（b）带肋式

图 7-5　墙下钢筋混凝土条形基础

柱

图 7-6　柱下钢筋混凝土条形基础

152

3. 筏形基础

当柱下交叉条形基础底面积占建筑物平面面积的比例较大、或者建筑物在使用上有要求时，可以在建筑物的柱、墙下方做成一块满堂的基础，即筏形（片筏）基础。筏形基础由于其底面积大，可减小地基上单位面积的压力，同时也可提高地基土的承载力，并能更有效地增强基础的整性体，调整不均匀沉降。筏形基础在构造上好似倒置的钢筋混凝土楼盖，并可分为平板式和梁板式两种。

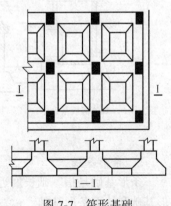

图 7-7　筏形基础

☼小提示

我国南方某些城市在多层砌体住宅基础中大量采用，并直接坐在地表土上，称为无埋深筏基。

4. 十字交叉条形基础

当荷载很大，采用柱下条形基础不能满足地基基础设计要求时，可采用双向的柱下钢筋混凝土条形基础形成的十字交叉条形基础（又称交叉梁基础），如图 7-8 所示。这种基础纵横向均具有一定的刚度。当地基软弱且在两个方向的荷载和土质不均匀时，十字交叉条形基础对不均匀沉降具有良好的调整能力。

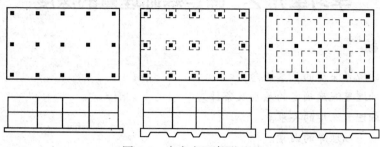

图 7-8　十字交叉条形基础

5. 箱形基础

箱形基础是由钢筋混凝土底板、顶板和纵横内外墙组成的整体空间结构，箱形基础具有很大的抗弯刚度，只能产生大致均匀的沉降或整体倾斜，从而基础上消除了因地基变形而使建筑物开裂的可能性。

箱形基础内的空间常用作地下室。这一空间的存在，减少了基础底面的压力；如不必降低基底压力，则相应可增加建筑物的层数，因此高层建筑多采用箱型基础。箱形基础的钢筋、水泥用量很大，施工技术要求也高。

高层建筑由于建筑功能与结构受力等要求，可以采用箱形基础。这种基础是由钢筋混凝土底板、顶板和足够数量的纵横交错的内外墙组成的空间结构。如图 7-9 所示，一块巨大的空心厚板，使箱形基础具有比筏形基础大得多的空间刚度，用于抵抗地基或荷载分布不均匀引起的差异沉降，以及避免上部结构产生过

图 7-9　箱形基础

大的次应力。此外，箱形基础的抗震性能好，且基础的中空部分可作为地下室使用。

☼小提示

　　箱形基础的钢筋、水泥用量大，造价高，施工技术复杂；尤其是进行深基坑开挖时，要考虑坑壁支护和止水（或人工降低地下水位）及对邻近建筑的影响等问题，因此选型时尤需慎重。

6. 壳体基础

如图 7-10 所示，正圆锥形及其组合形式的壳体基础，用于一般工业与民用建筑柱基和筒形的构筑物（如烟囱、水塔、料仓、中小型高炉等）基础。这种基础使大部分径向内力转变为压应力。可比一般梁、板式的钢筋混凝土基础减少混凝土用量 50% 左右，节约钢筋 30% 以上，具有良好的经济效果。但壳体基础施工时，修筑土台的技术难度大，易受气候因素的影响，布置钢筋及浇捣混凝土施工困难，较难实行机械化施工。

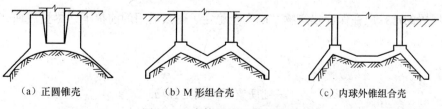

（a）正圆锥壳　　　　　　（b）M 形组合壳　　　　　　（c）内球外锥组合壳

图 7-10　壳体基础的结构形式

学习单元 2　确定基础埋置的深度

知识目标

1. 理解基础埋置深度的基本概念。
2. 掌握基础埋置深度确定的原则及条件。
3. 掌握基础埋置深度的要求。
4. 熟悉影响基础埋深的因素。

技能目标

1. 在建筑工程实践设计中，能够确定基础埋置深度。
2. 在保证建筑物基础安全稳定、耐久适用的前提下，能够确定基础埋置深度的条件。
3. 掌握基础埋置深度的要求，同时熟悉影响基础埋深的因素。

基础知识

一、基础埋置深度的基本概念

基础埋置深度是指基础底面至地面（一般指设计地面）的距离。基础埋深的选择关系到地基基础方案的优劣、施工的难易和造价的高低。在保证建筑物基础安全稳定、耐久使用的前提下，基础尽量浅埋，以节省工程量与投资且便于施工，如图 7-11 所示。

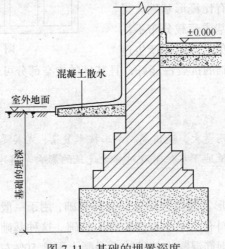

混凝土散水

室外地面

±0.000

基础的埋深

图 7-11　基础的埋置深度

二、基础埋置深度确定的原则及条件

基础埋置的选择应在保证建筑物基础安全稳定、耐久适用的前提下，尽量浅埋，以节省投资，方便施工。

☆小技巧

基础埋置深度确定技巧

基础的埋置深度，应按下列条件确定：

154

（1）建筑物的用途，有无地下室、设备基础和地下设施，基础的形式和构造；

（2）作用在地基上的荷载大小和性质；

（3）工程地质和水文地质条件；

（4）相邻建筑物的基础埋深；

（5）地基土冻胀和融陷的影响。

三、基础埋置深度的要求

（1）在满足地基稳定和变形要求的前提下，当上层地基的承载力大于下层土时，宜利用上层土作持力层。除岩石地基外，基础埋深不宜小于 0.5m。

（2）高层建筑基础的埋置深度应满足地基承载力、变形和稳定性要求。位于岩石地基上的高层建筑，其基础埋深应满足抗滑稳定性要求。

（3）在抗震设防区，除岩石地基外，天然地基上的箱形基础和筏形基础的埋置深度不宜小于建筑物高度的 1/18；桩箱或桩筏基础的埋置深度（不计桩长）也不宜小于建筑物高度的 1/18。

（4）基础宜埋置在地下水位以上，当必须埋在地下水位以下时，应采取地基土在施工时不受扰动的措施。当基础埋置在易风化的岩层上，施工时应在基坑开挖后立即铺筑垫层。

（5）当存在相邻建筑物时，新建建筑物的基础埋深不宜大于原有建筑基础。当埋深大于原有建筑基础时，两基础间应保持一定净距，其数值应根据建筑荷载大小、基础形式和土质情况确定。

（6）季节性冻土地区基础埋置深度宜大于场地冻结深度。对于深厚季节冻土地区，当建筑基础底面土层为不冻胀、弱冻胀、冻胀土时，基础埋置深度可以小于场地冻结深度，基础底面下允许冻土层最大厚度应根据当地经验确定。当无地区经验时，可按《建筑地基基础设计规范》（GB 50007—2011）附录 G 查取。

155

☼小提示

一般来说，基础的埋置深度越浅，土方开挖量就越小，基础材料用量也越少，工程造价就越低。但当基础的埋置深度过小时，基础底面的土层受到压力后会把基础周围的土挤走，使基础产生滑移而失去稳定性；同时基础埋得过浅，还容易受外界各种不良因素的影响。

四、影响基础埋深的因素

1. 与建筑物及场地环境有关的条件

基础的埋深，应满足上部及基础的结构构造要求，适合建筑物的具体情况和荷载的性质与大小。

具有地下室和半地下室的建筑物，其基础埋深必须结合建筑物地下部分的设计标高来选定。如果在基础影响范围内有管道坑沟等地下设施通过，基础的埋深，原则上应低于这些设施的底面。否则应采取有效措施，消除基础对地下设施的不利影响。

为了保护基础使其不受人类和生物活动的影响，基础应埋在地表以下，其最小埋深为 0.5m，且基础顶面至少应低于设计地面 0.1m，同时又要便于建筑物周围排水的设施布置。

选择基础埋深时必须考虑荷载的性质和大小。一般来说，荷载大的基础，其尺寸需要大些，同时也应适当增加埋深。长期来看有较大水平荷载和位于坡顶、坡面的基础应有一定的埋深，以确保基础具有足够的稳定性。

靠近原有建筑物修建新基础时，为了不影响原有地基的安全，新基础最好不低于原有的基础。如必须要超过时，则两基础间的净距应不小于其地面高差的 1～2 倍。如果不能满足这一要求，施工期间应采取措施。例如，新建条形基础应分段开挖修筑，基坑壁应设置临时加固支撑，或事先打入板桩，或建造地下连续墙。此外，在使用期间还需注意新基础的荷载是否将引起原有建筑物产生不均匀沉降。

2. 工程地质和水文地质条件

有地下水存在时，基础应尽量埋置于地下水位以上，以避免地下水对基坑的开挖、基础施工和使用期间的影响，宜将基础埋置在最低地下水位以下不小于 200mm 处，如图 7-12 所示。如果基础埋深低于地下水位，则应考虑施工期间的基坑降水、坑壁支撑以及是否可能产生流砂、涌土等问题。对于具有侵蚀性的地下水，应采用抗侵蚀的水泥品种和相应的措施。对于具有地下室的厂房、民用建筑和地下贮罐，设计时还应考虑地下水的浮托力和静水压力的作用以及地下结构抗渗漏的问题。

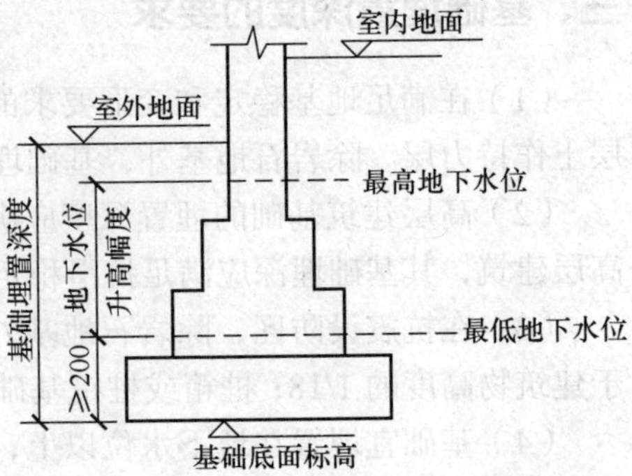

3. 土层的性质和分布

直接支承基础的土层称为持力层、在持力层下方

图 7-12　基础埋置深度和地下水位的关系

的土层称为下卧层。为了满足建筑物对地基承载力和地基允许变形值的要求，基础应尽可能埋置在良好的持力层上。当地基受力层（或沉降计算深度）范围内存在软弱下卧层时，软弱下卧层的承载力和变形也应满足要求。

在选择持力层和基础埋深时，应通过工程地质勘察报告了解拟建场地的地层分布、各土层的物理力学性质和地基承载力等资料。为了便于讨论，对于中小型建筑物，不妨把处于坚硬、硬塑或可塑状态的粘性土层，密实或中密状态的砂土层和碎石土层，以及属于低、中压缩性的其他土层视为良好土层；而把处于软塑、流塑状态的粘性土层，处于松散状态的砂土层、未经处理的填土和其他高压缩性土层视为软弱土层。下面针对工程中常遇到的四种土层分布情况，说明基础埋深的确定原则。

（1）在地基受力层范围内，自上而下都是良好土层。这是基础埋深由其他条件和最小埋深确定。

（2）自上而下都是软弱土层。对于轻型建筑，仍可按情况（1）处理。如果地基承载力或地基变形不能满足要求，则应考虑采用连续基础、人工地基或深基础方案。哪一种方案较好，需要从安全可靠、施工难易、造价高低等方面综合确定。

（3）上部为软弱土层而下部为良好土层时，持力层的选择取决于上部软弱土层的厚度。一般来说，软弱土层厚度小 2m 者，应选取下部良好土层作为持力层；若软弱土层较厚则可按情况（2）处理。

（4）上部为良好土层而下部为软弱上层。这种情况在我国沿海地区较为常见，地表普遍存在一层厚度为 2～3m 的所谓"硬壳层"，硬壳层以下为孔隙比大、压缩性高、强度低的软土层。对于一般中小型建筑物或 6 层以下的住宅，宜选择这一硬壳层作为持力层，基础尽量浅埋，以便加大基地至软弱土层的距离。此时，最好采用钢筋混凝土基础（基础截面高度较小）。

☼小提示

一般情况下，高层建筑的箱形和筏形基础埋置深度为地面以上建筑物总高度的 1/15；多层建筑一般根据地下水位及冻土深度来确定埋深尺寸。

---

4. 土的冻胀影响

当地基土的温度低于 0℃时，土中部分孔隙水将冻结而形成冻土。冻土可分为季节性冻土和多年冻土两类。季节性冻土在冬季冻结而夏季融化，每年冻融交替一次。我国东北、华北和西北地区的季节性冻土层厚度在 0.5m 以上，最大的约 3m。

如果季节性冻土由细粒土（粉砂、粉土、黏性土）组成，冻结前的含水量较高且冻结期间的地下水位低于冻结深度不足 1.5~2.0m，那么不仅处于冻结深度范围内的土中水将被冻结形成冰晶体，而且未冻结区的自出水和部分结合水会不断地向冻结区迁移、聚集，使冰晶体逐渐扩大，引起土体发生膨胀和隆起，形成冻胀现象。位于冻胀区的基础所受到的冻胀力如大于基底压力，基础就有被抬起的可能。到了夏季，土体因温度升高而解冻，造成含水量增加，使土体处于饱和及软化状态，强度降低，建筑物下陷，这种现象称为融陷。地基土的冻胀与融陷一般是不均匀的，容易导致建筑物开裂损坏。

土冻结后是否会产生冻胀现象主要与土的粒径大小、含水量的多少及地下水位高低等条件有关。对于结合水含量极少的粗粒土，因不发生水分迁移，故不存在冻胀问题。处于坚硬状态的粘性土，因为结合水的含量很少，冻胀作用也很微弱。此外，若地下水位高或通过毛细水能使水分向冻结区补充，则冻胀会较严重。《建筑地基基础设计规范》根据冻胀对建筑物的危害程度，把地基土的冻胀性分为不冻胀、弱冻胀、冻胀、强冻胀和特强冻胀五类。

☆小技巧

采用防冻害措施时应符合的规定

采用防冻害措施时应符合下列规定：

（1）对于在地下水位以上的基础，基础侧表面应回填不冻胀的中砂、粗砂，其厚度不应小于 200mm；对于在地下水位以下的基础，可采用桩基础、保温性基础、自锚式基础（冻土层下有扩大板或扩底桩），也可将独立基础或条形基础做成正梯形的斜面基础；

（2）宜选择地势高、地下水位低、地表排水条件好的建筑场地。对于低洼场地，建筑物的室外地坪标高应至少高出自然地面 300~500mm，其范围不宜小于建筑四周向外各 1 倍冻结深度距离的范围；

（3）应做好排水设施，施工和使用期间防止水浸入建筑地基。在山区应设截水沟或在建筑物下设置暗沟，以排走地表水和潜水；

（4）在强冻胀性和特强冻胀性地基上，其基础结构应设置钢筋混凝土圈梁和基础梁，并控制建筑的长高比；

（5）当独立基础连系梁下或桩基础承台下有冻土时，应在梁或承台下留有相当于该土层冻胀量的空隙；

（6）外门斗、室外台阶和散水坡等部位宜与主体结构断开，散水坡分段不宜超过 1.5 m，坡度不宜小于 3%，其下应填入非冻胀性材料；

（7）对跨年度施工的建筑，入冬前应对地基采取相应的防护措施。按采暖设计的建筑物，当冬季不能正常采暖时，也应对地基采取保温措施。

学习单元 3　确定基础的底面积

📋知识目标

1. 掌握轴心受压基础底面尺寸的确定。
2. 掌握偏心受压基础底面尺寸的确定。

3. 掌握软弱下卧层承载力验算。

技能目标

1. 在轴心荷载作用下进行基础对称设计时，能够掌握轴心受压基础底面尺寸的确定方法与要求。

2. 当作用在基底形心处的荷载不仅有竖向荷载，而且有力矩或水平力存在时，能够确定偏心受压基础底面的尺寸。

3. 当地基受力层范围内存在软弱下卧层时，能够掌握软弱下卧层承载力的验算方法与要求。

基础知识

一、轴心受压基础底面尺寸的确定

在轴心荷载作用下，基础一般采用对称设计，作用在基底面上的平均压应力应小于或等于地基承载力设计值如图 7-13 所示。

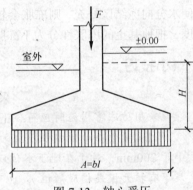

$$p = \frac{F+G}{A} = \frac{F+\overline{\gamma}A\overline{H}}{A} \leqslant f \qquad (7\text{-}1)$$

由此可得基础底面面积为

$$A \geqslant \frac{F}{f-\overline{\gamma}\,\overline{H}} \qquad (7\text{-}2)$$

图 7-13　轴心受压

对于矩形基础面积 $A=bl$，如长度以 $l=1$ m 计，则 $A=b$，故条形基础宽度 b 为

$$b \geqslant \frac{F}{f-\overline{\gamma}\,\overline{H}} \qquad (7\text{-}3)$$

式中，F——上部结构传来的轴向力设计值（kN）（当基础为柱下单独基础时，轴向力为基础顶上的全部荷载；当为条形基础时，取 1m 长度的轴向力（kN/m），其值算至室内地面标高处）；

　　f——基底处地基承载力设计值（kN/m²）；

　　G——基础自重和基础上的覆土重（kN），对于一般基础，近似取 $G=\overline{\gamma}AH$；

　　$\overline{\gamma}$——基础及基础上的覆土平均重度，取 $\overline{\gamma}=20$kN/m³，当有地下水时 $\overline{\gamma}-\gamma_w=20-10=10$（kN/m³）；

　　$\overline{H}$——计算土重 G 的平均高度（m）。

承载力特征值 f_a 只能先按基础埋深 d 确定。待基底尺寸算出后，再验算基底宽度 b 是否超过 3.0m；若 $b>3.0$m，需重新修正，再验算基底尺寸是否满足地基承载力要求。地基承载力特征值，尚应按照式（7-4）进行修正：

$$f_a = f_{ak} + \eta_b \gamma (b-3) + \eta_d \gamma_m (d-0.5) \qquad (7\text{-}4)$$

式中，f_a——修正后地基承载力特征值（kPa）；

　　f_{ak}——地基承载力特征值（kPa）；

　　η_b、η_d——基础宽度和埋置深度的地基承载力修正系数，按基底下土的类别查表 7-2 取用；

　　γ——基础底面以下土的重度（kN/m³），地下水位以下取浮重度；

　　b——基础底面宽度（m），当基础底面宽度小于 3m 时按 3m 取值，大于 6m 时按 6m 取值；

γ_m——基础底面以上土的加权平均重度（kN/m^3），位于地下水位以下的土层取有效重度；

d——基础埋置深度（m），宜自室外地面标高算起。在填方整平地区，可自填土地面标高算起，但填土在上部结构施工后完成时，应从天然地面标高算起。对于地下室，当采用箱形基础或筏形基础时，基础埋置深度自室外地面标高算起；当采用独立基础或条形基础时，应从室内地面标高算起。

表 7-2　　　　　　　　　　　　　　　　　承载力特征值

土 的 类 别		η_b	η_d
淤泥和淤泥质土		0	1.0
人工填土 e 或 I_L 大于或等于 0.85 的黏性土		0	1.0
红黏土	含水比 $\alpha_w>0.8$	0	1.2
	含水比 $\alpha_w\leqslant0.8$	0.15	1.4
大面积压实填土	压实系数大于 0.95、黏粒含量 $\rho_c\geqslant10\%$ 的粉土	0	1.5
	最大干密度大于 2 100kg/m^3 的级配砂石	0	2.0
粉土	黏粒含量 $\rho_c\geqslant10\%$ 的粉土	0.3	1.5
	黏粒含量 $\rho_c<10\%$ 的粉土	0.5	2.0
e 和 I_L 均小于 0.85 的黏性土		0.3	1.6
粉土、砂土（不包括很湿与饱和时的稍密状态）		2.0	3.0
中砂土、粗砂土、砾砂土和碎石土		3.0	4.4

注：1. 强风化和全风化的岩石可参照所风化成的相应土类取值，其他状态下的岩石不修正。

2. 地基承载力特征值按《建筑地基基础设计规范》（GB 50007—2011）附录 D 确定时，η_d 取 0。

3. 含水比是指土的天然含水量与液限的比值。

4. 大面积压实填土是指填土范围大于两倍基础宽度的填土。

课堂案例

已知某条形基础，在室内地坪±0.00 标高处的轴向设计值 $F=200kN/m$，基础埋深 2.00m，室内外高差 0.30m。地基为黏性土，$\gamma_m=18kN/m^3$，$f_k=120kPa$。在基础埋深范围内没有地下水，求基础宽度。

解：（1）室内外土的平均高度。

$$\overline{H}=\frac{1.8+0.3+1.8}{2}=1.95(m)$$

（2）地基承载力设计值（假定 $b<3m$，查表 7-3 得 $\eta_b=0$、$\eta_d=1.0$）。

$$f=f_k+\eta_d\gamma_m(d-0.5)=120+1.0\times18\times(2.00-0.5)=147(kPa)$$

（3）基础宽度。

$$b=\frac{F}{f-\gamma\overline{H}}=\frac{200}{147-20\times1.95}=1.9(m)$$

由于 $b<3m$，则不需要考虑基础宽度对承载力的修正。

二、偏心受压基础底面尺寸的确定

当作用在基底形心处的荷载不仅有竖向荷载，而且有力矩或水平力存在时，为偏心受压基础如图 7-14 所示。偏心荷载作用下基底压力分布仍假设为线性分布，则

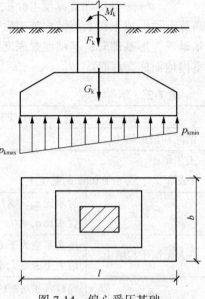

$$p_{k\,max} = p_k \pm \frac{M_k}{w}, = p_{k\,max} \leqslant 1.2 f_a \qquad (7\text{-}5)$$
$$p_{k\,min}$$

式中，M_k——相应于荷载效应标准组合时，作用于基础底面的力矩值（kN·m）；

W——基础截面抵抗矩（m^3）；

p_{kmax}——相应于荷载效应标准组合时，基础底面边缘的最大压力值（kPa）；

p_{kmin}——相应于荷载效应标准组合时，基础底面边缘的最小压力值（kPa）；

p_k——相应于荷载效应标准组合时，基础底面处的平均压力值（kPa）；

f_a——修正后的地基承载力特征值（kPa）。

图 7-14 偏心受压基础

☼小提示

为了保证基础不致过分倾斜，一般要求偏心距 $e \leqslant l/6$（l 为偏心受压基础力矩作用方向的边长)，即要求 $p_{kmin} \geqslant 0$，以控制基底压力呈梯形分布，防止基础过分倾斜。对中、高压缩性地基上的基础或有吊车的厂房柱基础，e 不宜大于 $l/6$；对低压缩性地基上的基础，当考虑短暂作用的偏心荷载时，e 可放宽至 $l/4$。

偏心受压基础基底面积的确定，通常是根据轴心受压基础底面积的公式并增大底面积（考虑力矩作用）进行试估，再验算承载力，直到满足为止。其算法步骤如下。

（1）进行深度修正，初步确定修正后的地基承载力特征值。当荷载作用的偏心距小于或等于 0.033 倍基础底面宽度时，根据土抗剪强度指标确定地基承载力设计值，可按式（7-6）计算，并应满足变形要求。

$$f_a = M_b \gamma b + M_d \gamma_m d + M_c c_k \qquad (7\text{-}6)$$

式中，f_a——由土的抗剪强度指标确定的地基承载力特征值（kPa）；

M_b、M_d、M_c——承载力系数，按表 7-3 取用；

b——基础底面宽度。大于 6m 时按 6m 取值，对于砂土，宽度小于 3m 时按 3m 取值；

c_k——基底下 1 倍短边宽度的深度范围内土的黏聚力标准值（kPa）；

γ——基底下 1 倍短边宽度内土的重度，水位下取有效重度（kN/m^3）；

γ_m——基础地面以下土的加权平均重度，地下水位以下取浮重度（kN/m^3）；

d——基础埋置深度，一般自室外地面标高算起。

（2）根据荷载偏心情况，将按轴心荷载作用计算得到的基底面积增大 10%～40%，以确定基础底面积 A。

$$A = (1.1 \sim 1.4) \frac{F_k}{f_a - \gamma_G d} \qquad (7\text{-}7)$$

表 7-3			承载力系数				
土的内摩擦角标注值 φ_k/（°）	M_b	M_d	M_c	土的内摩擦角标注值 φ_k/（°）	M_b	M_d	M_c
0	0	1.00	3.14	22	0.61	3.44	6.04
2	0.03	1.12	3.32	24	0.80	3.87	6.45
4	0.06	1.25	3.51	26	1.10	4.37	6.90
6	0.10	1.39	3.71	28	1.40	4.93	7.40
8	0.14	1.55	3.93	30	1.90	5.59	7.95
10	0.18	1.73	4.17	32	2.60	6.35	8.55
12	0.23	1.94	4.42	34	3.40	7.21	9.22
14	0.29	2.17	4.69	36	4.20	8.25	9.97
16	0.36	2.43	5.00	38	5.00	9.44	10.80
18	0.43	2.72	5.31	40	5.80	10.84	11.73
20	0.51	3.06	5.66				

（3）确定 b、l 的尺寸。对于单独基础，常取 $l/b \approx 1.5$，l/b 不宜大于 3，以保证基础的侧向稳定。

（4）计算基础基底压力、偏心距 e 和基底最大压力 p_{kmax}，并验算是否满足要求。

（5）若 b、l 取值不满足要求，可调整尺寸再行验算；如此反复一两次，便可确定合适的尺寸。

课堂案例

试确定图 7-15 所示柱下基础底面尺寸。

解：（1）试估基础底面积。

深度修正后的持力层承载力特征值为

$$f_a = f_{ak} + \eta_d \gamma_m (d-0.5) = 200 + 1.0 \times 16.5 \times (2.0-0.5) = 224.75(kPa)$$

$$A = (1.1 \sim 1.4)\frac{F_k}{f_a - \gamma_G d} = (1.1 \sim 1.4) \times \frac{1600}{224.75 - 20 \times 2.0}$$

$$= 9.5 \sim 12(m^2)$$

由于力矩较大，底面尺寸可取大些，取 $b=3.0$m，$l=4.0$m。

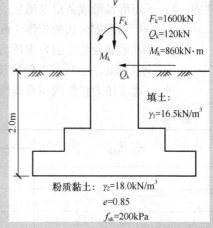

图 7-15 某框架柱基础

（图中标注：$F_k=1600$kN，$Q_k=120$kN，$M_k=860$kN·m；2.0m；填土：$\gamma_1=16.5$kN/m³；粉质黏土：$\gamma_2=18.0$kN/m³，$e=0.85$，$f_{ak}=200$kPa）

（2）计算基底压力。

$$p_k = \frac{F_k}{bl} + \gamma_G d = \frac{1600}{3.0 \times 4.0} + 20 \times 2.0 = 173.3(kPa)$$

$$\begin{matrix} p_{k max} \\ p_{k min} \end{matrix} = p_k \pm \frac{M_k}{W} = 173.3 \pm \frac{860 + 120 \times 2.0}{3.0 \times 4.0^2/6} = \begin{matrix} 310.8 \\ 35.8 \end{matrix}(kPa)$$

（3）验算持力层承载力。

$$p_k = 173.3 \text{ kPa} < f_a = 224.75 kPa$$

$$p_{kmax} = 310.8 \text{ kPa} > 1.2f_a = 1.2 \times 224.75 = 269.7(kPa)$$

故不满足要求。

（4）重新调整基底尺寸，再验算，取 $l=5.0$m，则

$$p_k = \frac{F_k}{bl} + \gamma_G d = \frac{1600}{3.0 \times 5.0} + 20 \times 2.0 = 146.7(kPa) < f_a = 224.75(kPa)$$

161

$$p_{kmax} = p_k + \frac{M_k}{W} = 173.3 + \frac{860 + 120 \times 2.0}{30 \times 5.0^2/6} = 261.3(kPa) < 1.2f_a = 269.7(kPa)$$

取 $b = 3.0m$，$l = 5.0m$，满足要求。

三、软弱下卧层承载力验算

当地基受力层范围内存在软弱下卧层（承载力显著低于持力层的高压缩性土层）时，除按持力层承载力确定基底尺寸外，还必须对软弱下卧层进行验算，要求作用在软弱下卧层顶面处的附加压力与自重压力之和不超过它的承载力特征值，即

$$p_z + p_{cz} \leqslant f_{az} \qquad (7\text{-}8)$$

式中，p_z——相应于作用的标准组合时，软弱下卧层顶面处的附加压力值；

p_{cz}——软弱下卧层顶面处土的自重压力值；

f_{az}——软弱下卧层顶面处经深度修正后的地基承载力特征值。

对条形基础和矩形基础中的 p_z 值可简化为

条形基础

$$p_z = \frac{b(p_k - p_c)}{b + 2z\tan\theta} \qquad (7\text{-}9)$$

矩形基础

$$p_z = \frac{lb(p_k - p_c)}{(l + 2z\tan\theta)(b + 2z\tan\theta)} \qquad (7\text{-}10)$$

式中，b——矩形基础或条形基础底边的宽度（m）；

l——矩形基础底边的长度（m）；

p_c——基础底面处土的自重压力值（kPa）；

z——基础底面至软弱下卧层顶面的距离（m）；

θ——地基压力扩散线与垂直线的夹角（°），称为扩散角，可按表 7-4 采用。

表 7-4 地基压力扩散角

E_{s1}/E_{s2}	z/b	
	0.25	0.50
3	6°	23°
5	10°	25°
10	20°	30°

注：1. E_{s1} 为上层土压缩模量；E_{s2} 为下层土压缩模量。

2. z/b<0.25 时，取 θ=0°，必要时，宜由试验确定；z/b>0.50 时，θ 值不变。

3. z/b 在 0.25 与 0.50 之间可插值使用。

学习单元 4　设计无筋扩展基础

知识目标

1. 理解无筋扩展基础的概念与特点。

2. 掌握无筋扩展基础设计的计算。

 技能目标

在理解无筋扩展基础的概念与特点的基础之上，掌握无筋扩展基础设计的计算方法与要求。

➡ *基础知识*

一、无筋扩展基础的概念与特点

（一）无筋扩展基础的概念

无筋扩展基础通常称为刚性基础。这种基础通常由砖、毛石、灰土、混凝土等材料按台阶逐级向下扩展（大放脚）而形成。

（二）无筋扩展基础的特点

无筋扩展基础是最基本的形式，具有施工简单、便于就地取材的优点，适用于多层民用建筑和轻型厂房。无筋扩展基础常用脆性材料砌筑而成，其缺点是抗压强度高，抗拉、抗剪强度低，因此稍有扭曲变形，基础就容易产生裂缝，进而发生破坏。

二、无筋扩展基础设计的计算

在如图 7-16（a）所示的地基反力作用下，扩展的基础底板如同倒置的短悬臂板；当设计的台阶根部高度过小时，就会弯曲拉裂或剪裂。因此，刚性基础的设计可以通过限制材料强度等级、台阶宽高比的要求来进行，无须内力分析和截面计算。

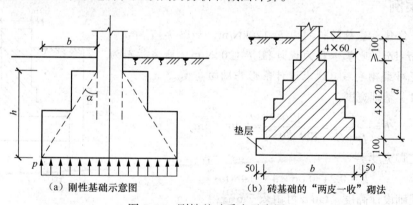

（a）刚性基础示意图　　　（b）砖基础的"两皮一收"砌法

图 7-16　刚性基础受力示意图

无筋扩展基高度应满足式（7-11）的要求：

$$H_0 \geq \frac{b - b_0}{2\tan\alpha} \tag{7-11}$$

式中，b——基础底面宽度（m）；

　　b_0——基础顶面的墙体宽度或柱脚宽度（m）；

　　H_0——基础高度（m）；

　　$\tan\alpha$——基础台阶宽高比 $b_2 : H_0$，其允许值可按表 7-5 选用；

　　b_2——基础台阶宽度（m）。

表 7-5   刚性基础台阶宽高比的允许值

基础材料	质量要求	台阶宽高比的允许值		
		$p_k \leqslant 100$	$100 < p_k \leqslant 200$	$200 < p_k \leqslant 300$
混凝土基础	C15 混凝土	1:1.00	1:1.00	1:1.25
毛石混凝土基础	C15 混凝土	1:1.00	1:1.25	1:1.50
砖基础	砖不低于 MU10，砂浆不低于 M5	1:1.50	1:1.50	1:1.50
毛石基础	砂浆不低于 M5	1:1.25	1:1.50	—
灰土基础	体积比为 3:7 或 2:8 的灰土，其最小密度： 粉土 $1.55t/m^3$ 粉质黏土 $1.50t/m^3$ 黏土 $1.45t/m^3$	1:1.25	1:1.50	—
三合土基础	体积比 1:2:4 ~ 1:3:6（石灰:砂:集料），每层约虚铺 220mm，夯至 150mm	1:1.50	1:2.00	—

注：1. p_k 为荷载效应标准组合时基础底面处的平均压力值（kPa）。

2. 阶梯形毛石基础的每阶伸出宽度，不宜大于 200mm。

3. 当基础由不同材料叠合组成时，应对接触部分作抗压验算。

4. 混凝土基础单侧扩展范围内基础底面处的平均压力值超过 300kPa 时，尚应进行抗剪验算；对基底反力集中于立柱附近的岩石地基，应进行局部受压承载力验算。

采用无筋扩展基础的钢筋混凝土柱，其柱脚高度 h 不得小于 b，并且不应小于 300mm，也不小于 20d（d 为柱中纵向受力钢筋的最大直径）。当柱纵向钢筋在柱脚内的竖向锚固长度不满足锚固要求时，可沿水平方向弯折，弯折后的水平锚固长度不应小于 10d，也不应大于 20d。

课堂案例

已知墙体传至基础的轴向力 F=120kN/m，如图 7-17 所示，基础埋深 d=1m，地基承载力设计值 f=120kN/m，墙体材料为 M5.0。水泥砂浆砌毛石，试求设计条形基础的高度。

解：（1）基础宽度。

$$b = \frac{F}{f - \gamma H} = \frac{120}{120 - 20 \times 1} = 1.2m < 3m$$

（2）柱脚宽度。

$$b_0 = 0.24 + 0.06 \times 4 = 0.48(m)$$

（3）基础设计高度。$\tan \alpha$ 可由表 7-6 查得。

$$H_0 \geqslant \frac{b - b_0}{2 \tan \alpha} = \frac{0.72}{2 \times \frac{1}{1.50}} = 0.54m$$

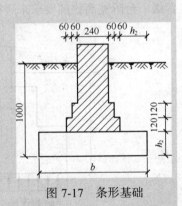

图 7-17　条形基础

学习单元 5　设计扩展基础

知识目标

1. 了解扩展基础的概念及其结构形式。

2. 掌握扩展基础的构造要求。

3. 掌握扩展基础设计的计算。

技能目标

1. 在了解扩展基础的概念及其结构形式的基础上，能够掌握扩展基础的一般构造要求。

2. 能够掌握柱下钢筋混凝土独立基础和墙下条形基础的设计方法与计算要求。

 基础知识

一、扩展基础的概念及结构形式

（一）扩展基础的概念

扩展基础常指墙下钢筋混凝土条形基础和柱下钢筋混凝土独立基础，通常能在较小的埋深内，把基础底面扩大到所需的面积，因而是最常用的一种基础形式。为使扩展基础具有一定的刚度，要求基础台阶的宽高比不大于 2.5。从基础受力特点分析，基础底板的厚度应满足抗冲切的要求，并按板的受力分析进行抗剪及抗剪强度计算。

（二）扩展基础的类型与结构形式

扩展基础的类型与结构形式主要有以下两种：

（1）柱下钢筋混凝土独立基础按其截面形式的不同，分为阶梯形基础、锥形基础和杯口形基础。

（2）墙下钢筋混凝土条形基础一般做成无肋的板，有时也做成有肋的板。

165

二、扩展基础的构造要求

（一）一般构造要求

扩展基础的构造，应符合下列规定：

（1）锥形基础的边缘高度不宜小于 200mm，且两个方向的坡度不宜大于 1∶3；阶梯形基础的每阶高度，宜为 300～500mm；

（2）垫层的厚度不宜小于70mm，垫层混凝土强度等级不宜低于C10；

（3）扩展基础受力钢筋最小配筋率不应小于 0.15%，底板受力钢筋的最小直径不应小于10mm，间距不应大于200mm且不应小于100mm；

> ☆ **小提示**
>
> 墙下钢筋混凝土条形基础纵向分布钢筋的直径不应小于 8mm；间距不应大于 300mm；每延米分布钢筋的面积不应小于受力钢筋面积的 15%。当有垫层时钢筋保护层的厚度不应小于40mm；无垫层时不应小于70mm。

（4）混凝土强度等级不应低于C20；

（5）当柱下钢筋混凝土独立基础的边长和墙下钢筋混凝土条形基础的宽度大于或等于2.5m时，底板受力钢筋的长度可取边长或宽度的 0.9 倍，并宜交错布置如图7-16所示；

（6）墙下钢筋混凝土条形基础底板在 T 形及十字形交接处，底板横向受力钢筋仅沿一个主要受力方向通长布置；另一方向的横向受力钢筋可布置到主要受力方向底板宽度 1/4 处，如图 7-18 所示。在拐角处，底板横向受力钢筋应沿两个方向布置，如图 7-19 所示。

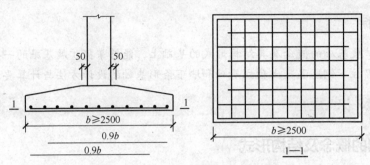

图 7-18　柱下独立基础底板受力钢筋布置

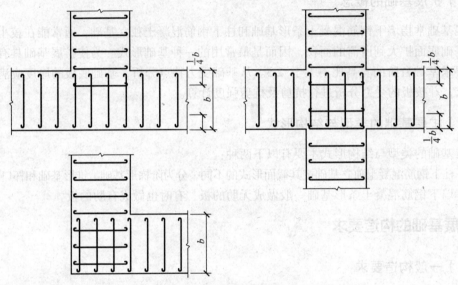

图 7-19　墙下条形基础交叉处底板受力钢筋布置

（二）受力钢筋的锚固长度

钢筋混凝土柱和剪力墙纵向受力钢筋在基础内的锚固长度应符合下列规定：

（1）钢筋混凝土柱和剪力墙纵向受力钢筋在基础内的锚固长度应根据现行国家标准《混凝土结构设计规范》（GB 50010—2010）规定确定；

（2）抗震设防烈度为 6 度、7 度、8 度和 9 度地区的建筑工程，纵向受力钢筋的抗震锚固长度 l_{aE} 应按下列几种情况计算：

① 对于一、二级抗震等级：

$$l_{aE}=1.5l_a$$

② 对于三级抗震等级：

$$l_{aE}=1.05l_a$$

③ 对于四级抗震等级：

$$l_{aE}=l_a$$

式中，l_a——纵向受拉钢筋的锚固长度（m）。

（3）当基础高度小于 l_a（或 l_{aE}）时，纵向受力钢筋的锚固总长度除符合上述要求外，其最小直锚段的长度不应小于 $20d$，弯折段的长度不应小于 150mm。

（三）现浇柱基础钢筋

现浇柱的基础，其插筋的数量、直径及钢筋种类应与柱内纵向受力钢筋相同。插筋的锚固长度应满足相关规范规定，插筋与柱的纵向受力钢筋的连接方法应符合现行国家标准《混凝土结构设计规范》（GB 50010—2010）的有关规定。插筋的下端宜做成直钩，放在基础底板钢筋网上。当符合下列条件之一时，可仅将四角的插筋伸至底板钢筋网上，其余插筋锚固在基础顶面下 l_a（或 l_{aE}）处，如图 7-20 所示。

（1）柱为轴心受压或小偏心受压，基础高度大于或等于 1 200mm。

（2）柱为大偏心受压，基础高度大于或等于 1 400mm。

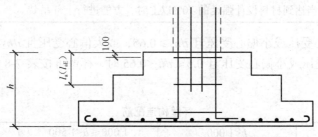

图 7-20　现浇柱的基础中插筋构造示意图

（四）预制钢筋混凝土柱与杯口基础的连接

预制钢筋混凝土柱与杯口基础的连接（见图 7-21）应符合下列规定：

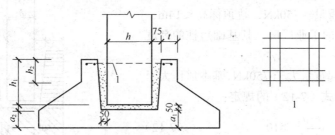

图 7-21　预制钢筋混凝土柱与杯口基础的连接示意图

$a_2 \geqslant a_1$；1—焊接网

（1）柱的插入深度可按表 7-6 选用，并满足钢筋的锚固要求。

表 7-6　　　　　　　　　　　　　柱的插入深度　　　　　　　　　　（单位：mm）

矩形或工字形柱				双肢柱
$h<500$	$500 \leqslant h<800$	$800 \leqslant h \leqslant 1\ 000$	$h>1\ 000$	
$h \sim 1.2h$	h	$0.9h$ 且 $h \geqslant 800$	$0.8h$ $h \geqslant 1\ 000$	$(1/3 \sim 2/3)\ h_a$ $(1.5 \sim 1.8)\ h_b$

注：1. h 为柱截面长边尺寸；h_a 为双肢柱全截面长边尺寸；h_b 为双肢柱全截面短边尺寸。

2. 柱轴心受压或小偏心受压时，h_1 可适当减小；偏心距大于 $2h$ 时，h_1 应适当加大。

（2）基础的杯底厚度和杯壁厚度可按表7-7选用。

表7-7　　　　　　　　　　　基础的杯底厚度和杯壁厚度　　　　　　　　（单位：mm）

柱截面长边尺寸 h	杯底厚度 a_1	杯壁厚度 t
$h<500$	≥150	150～200
$500≤h<800$	≥200	≥200
$800≤h<1\ 000$	≥200	≥300
$1\ 000≤h<1\ 500$	≥250	≥350
$1\ 500≤h<2\ 000$	≥300	≥400

注：1. 双肢柱的杯底厚度值，可适当加大。

2. 当有基础梁时，基础梁下的杯壁厚度，应满足其支撑宽度的要求。

3. 柱子插入杯口部分的表面应凿毛，柱子与杯口之间的空隙，应用比基础混凝土强度等级高一级的细石混凝土充填密实，当达到材料设计强度的70%以上时，方能进行上部吊装。

（3）当柱为轴心受压或小偏心受压且 $t/h_2≥0.65$，或大偏心受压且 $t/h_2≥0.75$ 时，杯壁可不配筋；当柱为轴心受压或小偏心受压且 $0.5≤t/h_2<0.65$ 时，杯壁可按表7-8构造配筋；其他情况下，应按计算配筋。

表7-8　　　　　　　　　　　　　杯壁构造配筋　　　　　　　　　　　（单位：mm）

柱截面长边尺寸	$h<1\ 000$	$1\ 000≤h<1\ 500$	$1\ 500≤h≤2\ 000$
钢筋直径	8～10	10～12	12～16

注：表中钢筋置于杯口顶部，每边两根。

168

（4）预制钢筋混凝土柱（包括双肢柱）与高杯口基础的连接如图7-22所示，除应符合（1）插入深度的规定外，还应符合下列规定。

① 起重机起重量≤750kN，轨顶标高≤14m，基本风压<0.5kPa 的工业厂房，其基础短柱的高度不大于 5m。

② 当起重机起重量大于750kN，基本风压大于0.5kPa 时，应符合式（7-12）的规定：

$$\frac{E_2 J_2}{E_1 J_1} \geq 10 \qquad (7-12)$$

式中，E_1——预制钢筋混凝土柱的弹性模量（kPa）；

J_1——预制钢筋混凝土柱对其截面短轴的惯性矩（m^4）；

E_2——短柱的弹性模量（kPa）；

J_2——短柱对其截面短轴的惯性矩（m^4）。

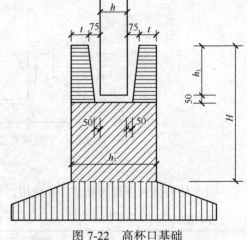

图7-22　高杯口基础

③ 当基础短柱的高度大于5m时，应符合式（7-13）的规定：

$$\frac{\Delta_2}{\Delta_1} \leq 1.1 \qquad (7-13)$$

式中，Δ_1——单位水平力作用在以高杯口基础顶面为固定端的柱顶时，柱顶的水平位移（m）；

Δ_2——单位水平力作用在以短柱底面为固定端的柱顶时，柱顶的水平位移（m）。

④ 杯壁厚度应符合表 7-9 的规定。高杯口基础短柱的纵向钢筋除满足计算要求外，在非地震区及抗震设防烈度低于 9 度的地区，还满足上述三款要求，且短柱四角纵向钢筋的直径不宜小于 20mm，并延伸至基础底板的钢筋网上；短柱长边的纵向钢筋，当长边尺寸小于或等于 1 000m 时，其钢筋直径不应小于 12mm，间距不应大于 300mm；当长边尺寸大于 1 000mm 时，其钢筋直径不应小于 16mm，间距不应大于 300mm。每隔 1m 左右伸出一根并作 150mm 的直钩支撑在基础底部的侧筋网上，其余钢筋锚固至基础底板顶面下 l_a 处，如图 7-23 所示。

> ☼ **小提示**
>
> 　　短柱短边每隔 300mm 应配置直径不小于 12mm 的纵向钢筋且每边的配筋率不少于 0.05% 短柱的截面面积。短柱中杯口壁内横向箍筋不应小于 φ8@150；短柱中其他部位的箍筋直径不应小于 8mm，间距不应大于 300mm；当抗震设防烈度为 8 度和 9 度时，箍筋直径不应小于 8mm，间距不应大于 150mm。

表 7-9　　　　　　　　　　高杯口基础的杯壁厚度（单位：mm）

h	t
$600 < h \leqslant 800$	$\geqslant 250$
$800 < h \leqslant 1\,000$	$\geqslant 300$
$1\,000 < h \leqslant 1\,400$	$\geqslant 350$
$1\,400 < h \leqslant 1\,600$	$\geqslant 400$

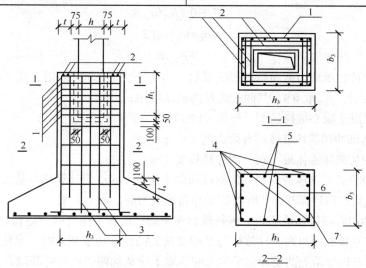

图 7-23　高杯口基础构造配筋

1—杯口壁内横向箍筋 φ8@150；2—顶层焊接钢筋网；3—插入基础底部的纵向钢筋不应少于每米 1 根；
4—短柱四角钢筋一般不小于 φ20；5—短柱长边纵向钢筋当 $h_3 \leqslant 1\,000$ 时用 φ12@300，当 $h_3 > 1\,000$ 时用
φ16@300；6—按构造要求；7—短柱短边纵向钢筋每边不小于 0.05%$b_3 h_3$（不小于 φ12@300）

三、扩展基础设计的计算

（一）柱下钢筋混凝土独立基础

单层工业厂房柱下独立基础通常采用阶形基础或锥形基础两种。厂房柱下基础设计的内容

包括基础底面尺寸的确定、基础高度的确定及其底板配筋的计算等。

1. 基础底面尺寸的确定

轴心受压、偏心受压基础底面积及其尺寸的确定，按本章第四节相关内容确定。

2. 基础高度的确定

确定基础高度 h 时，应满足冲切承载力、抗剪承载力及相关的构造规定。通常基础高度 h 由冲切承载力控制，如图 7-24 所示。

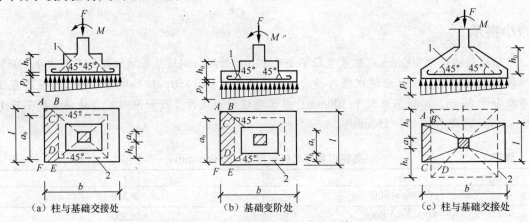

图 7-24　独立基础冲切破坏验算
1—冲切破坏锥体最不利一侧的斜截面；2—冲切破坏锥体的底面线

$$F_l \leqslant 0.7\beta_{hp}f_t a_m h_0 \qquad (7\text{-}14)$$

$$a_m = (a_t + a_b)/2 \qquad (7\text{-}15)$$

$$F_l = p_j A_l \qquad (7\text{-}16)$$

式中，β_{hp}——受冲切承载力截面高度影响系数，当 h 不大于 800mm 时，β_{hp} 取 1.0；当 h 大于或等于 2 000mm 时，β_{hp} 取 0.9，其间按线性内插法取用；

　　　f_t——混凝土轴心抗拉强度设计值（kPa）；

　　　h_0——基础冲切破坏锥体的有效高度（m）；

　　　a_m——冲切破坏锥体最不利一侧计算长度（m）；

　　　a_t——冲切破坏锥体最不利一侧斜截面的上边长（m），当计算柱与基础交接处的受冲切承载力时，取柱宽；当计算基础变阶处的受冲切承载力时，取上阶宽；

　　　a_b——冲切破坏锥体最不利一侧斜截面在基础底面积范围内的下边长（m），当冲切破坏锥体的底面落在基础底面以内，计算柱与基础交接处的受冲切承载力时，取柱宽加两倍基础有效高度；当计算基础变阶处的受冲切承载力时，取上阶宽加两倍该处的基础有效高度；

　　　p_j——扣除基础自重及其上土重后相应载荷效应基本组合时的地基土单位面积净反力（kPa），对偏心受压基础可取基础边缘处最大地基土单位面积净反力；

　　　A_l——冲切验算时取用的部分基底面积（图 7-24 中的阴影面积 $ABCDEF$）；

　　　F_l——相应载荷效应基本组合时作用在 A_d 上的地基土净反力设计值（kPa）。

关于 A_l 和 a_m 的计算，可分为以下两种情况：

① 当 $l > a_t + 2h_0$ 时

$$A_l = (b/2 - b_t/2 - h_0)l - (l/2 - a_t/2 - h_0)^2 \qquad (7\text{-}17)$$

$$a_m = \frac{a_t + (a_t + 2h_0)}{2} = \frac{2a_t + 2h_0}{2} = a_t + h_0 \qquad (7\text{-}18)$$

170

② 当 $l \leqslant a_t + 2h_0$ 时

$$A_l = [(b/2 - b_t/2) - h_0]l \tag{7-19}$$

$$a_m = (a_t + l)/2 \tag{7-20}$$

当基础底面短边尺寸小于或等于柱宽加两倍基础有效高度时，应按式（7-21）和式（7-22）验算柱与基础交接处截面受剪承载力：

$$V_s \leqslant 0.7 \beta_{hs} f_t A_0 \tag{7-21}$$

$$\beta_{hs} = (800/h_0)^{1/4} \tag{7-22}$$

式中，V_s——相应于作用的基本组合时，柱与基础交接处的剪力设计值（kN），图 7-25 中的阴影面积乘以基底平均净反力；

β_{hs}——受剪切承载力截面高度影响系数，当 $h_0 < 800\text{mm}$ 时，取 $h_0 = 800\text{mm}$；当 $h_0 > 2\,000\text{mm}$ 时，取 $h_0 = 2\,000\text{mm}$；

A_0——验算截面处基础的有效截面面积（m^2）。

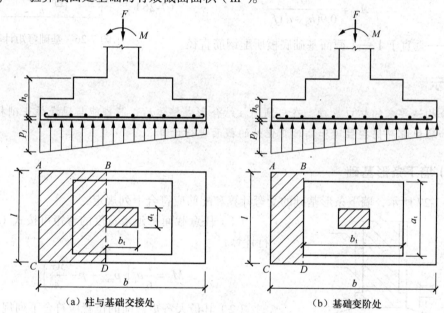

（a）柱与基础交接处　　　　　　（b）基础变阶处

图 7-25　验算阶形基础受剪切承载力示意图

3. 基础底板配筋的计算

基础底板在载荷郊应基本组合时的净反力作用下，如同固定于台阶根部或柱边的倒置悬臂板，基础沿柱的周边向上弯曲。一般矩形基础的长宽比小于 2，属于双向受弯构件，弯矩控制截面在柱边缘处或变阶处，其破坏特征是裂缝沿柱角至基础角将基础底面分裂成四块梯形面积。基础弯矩计算示意图如图 7-26 所示。

在轴心荷载或单向偏心荷载作用下，当矩形基础台阶的宽高比小于或等于 2.5 且偏心距小于或等于 1/6 基础宽度时，任意截面的底板弯矩可按下列简化方法进行计算：

$$M_{\text{I}} = \frac{1}{12} a_1^2 \left[(2l + a') \left(p_{\max} + p - \frac{2G}{A} \right) + (p_{\max} - p)l \right] \tag{7-23}$$

$$M_{\text{II}} = \frac{1}{48} (l - a')^2 (2b + b') + \left(p_{\max} + p_{\min} - \frac{2G}{A} \right) \tag{7-24}$$

式中，M_{I}、M_{II}——任意截面Ⅰ—Ⅰ、Ⅱ—Ⅱ处相应载荷效应基本组合时的弯矩设计值（kN·m）；

171

l、b——基础底面的边长（m）；

p_{max}、p_{min}——相应载荷效应基本组合时的基础底面边缘最大和最小地基反力设计值（kPa）；

p——相应载荷效应基本组合时在任意截面 I—I 处基础底面地基反力设计值（kPa）；

G——考虑作用分项系数的基础自重及其上的土自重（kN），当组合值由永久作用控制时，作用分项系数可取 1.35。

垂直于 I—I 截面的受力钢筋面积可按式（7-25）计算：

$$A_{sI} = \frac{M_I}{0.9 f_y h_0} \qquad (7\text{-}25)$$

垂直于 II—II 截面的受力钢筋面积可按式（7-26）计算：

$$A_{sII} = \frac{M_{II}}{0.9(h_0 - d) f_y} \qquad (7\text{-}26)$$

式中，d——垂直于 I—I 截面基础底板所配钢筋直径。

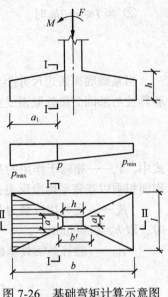

图 7-26　基础弯矩计算示意图

> **☆小提示**
>
> 符合构造要求的杯口基础，在与预制柱结合形成整体后，其性能与现浇柱基础相同，故其高度和底板配筋仍按柱边和高度变化处的截面进行计算。

172

（二）墙下条形基础

如图 7-27 所示，墙下条形基础的受弯计算和配筋应符合下列规定：

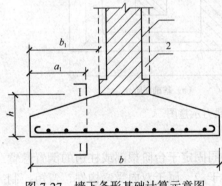

图 7-27　墙下条形基础计算示意图
1—砖墙；2—混凝土

（1）任意截面每延米宽度的弯矩可按式（7-27）进行计算：

$$M_I = \frac{1}{6} a_1^2 \left(p_{max} + p - \frac{3G}{A} \right) \qquad (7\text{-}27)$$

（2）其最大弯矩截面的位置应符合下列规定：

① 当墙体材料为混凝土时，取 $a_1 = b_1$；

② 如为砖墙且放脚不大于 1/4 砖长时，取 $a_1 = b_1 + 1/4$ 砖长。

（3）墙下条形基础底板每延米宽度的配筋除满足计算和最小配筋率要求外，尚应符合构造要求。

学习单元 6　设计柱下条形基础

✎**知识目标**

1. 了解柱下条形基础的基本概念。
2. 掌握柱下条形基础的构造要求。

3. 掌握柱下条形基础的计算原则与方法。

技能目标

1. 在了解柱下条形基础概念的基础上，掌握柱下条形基础的构造要求。

2. 掌握柱下条形基础的计算原则，同时还能够确定柱下条形基础的底面尺寸以及内力分析的方法。

基础知识

一、柱下条形基础的基本概念

柱下条形基础是梁板式基础之一，梁板式基础又称为连续基础，包括柱下条形基础、交梁基础、筏形基础和箱形基础等。柱下条形基础是常用于软弱地基土上框架或排架结构的一种基础类型。它具有刚度较大、调整不均匀沉降能力较强的优势，但造价较高。

☼小提示

从经济角度考虑，除非在下列软弱地基土的情况，不宜使用柱下条形基础，应优先考虑采用柱下独立基础：

（1）地基较软弱，承载力低而荷载较大，或地基压缩性不均匀（如地基中有局部软弱夹层、土洞等）时；

（2）当荷载分布不均匀，有可能导致不均匀沉降时；

（3）当上部结构对基础沉降比较敏感，有可能产生较大的次应力或影响使用功能时。

二、柱下条形基础的构造要求

柱下条形基础的构造，除应符合扩展基础的一般构造要求外，尚应符合下列规定。

（1）柱下条形基础梁的高度宜为柱距的 1/8 ~ 1/4。翼板厚度不应小于 200mm。当翼板厚度大于 250mm 时，宜采用变厚度翼板，其顶面坡度宜小于或等于 1:3。

（2）条形基础的端部宜向外伸出，其长度宜为第一跨距的 0.25 倍。

（3）现浇柱与条形基础梁的交接处。基础梁的平面尺寸应大于柱的平面尺寸，且柱的边缘至基础梁边缘的距离不得小于 50mm，如图 7-28 所示。

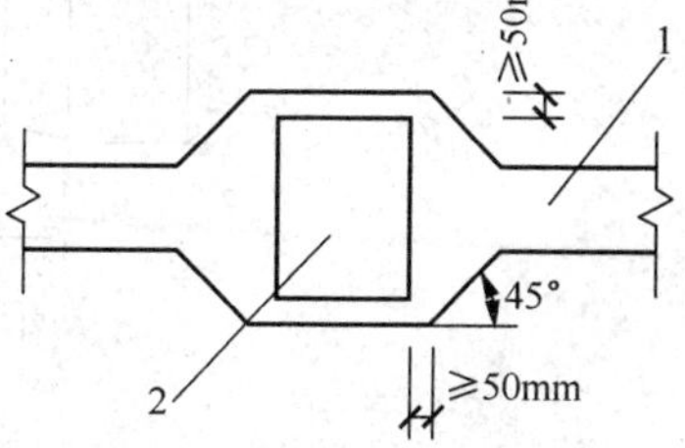

（4）条形基础梁顶部和底部的纵向受力钢筋除应满足计算要求外，顶部钢筋应按计算配筋全部贯通，底部通长钢筋不应少于底部受力钢筋截面总面积的 1/3。

（5）柱下条形基础的混凝土强度等级不应低于 C20。

图 7-28 现浇柱与条形基础
梁交接处平面尺寸
1—基础梁；2—柱

三、柱下条形基础的计算

（一）柱下条形基础的计算原则

柱下条形基础的计算除应符合"基础底面积的确定"有关规定外，还应遵循以下原则：

（1）在比较均匀的地基上，上部结构刚度较好，荷载分布较均匀，且条形基础梁的高度不小于 1/6 柱距时，地基反力可按直线分布，条形基础梁的内力可按连续梁计算，此时，边跨跨中弯矩及第一内支座的弯矩值宜乘以 1.2 的系数；

（2）当不满足（1）的要求时，宜按弹性地基梁计算；

（3）对交叉条形基础，交点上的柱荷载可按静力平衡条件及变形协调条件进行分配，其内力可按（1）、（2）规定分别进行计算；

（4）应验算柱边缘处基础梁的受剪承载力；

（5）当存在扭矩时，尚应做抗扭计算；

（6）当条形基础的混凝土强度等级小于柱的混凝土强度等级时，应验算柱下条形基础梁顶面的局部受压承载力。

（二）底面尺寸的确定

在计算条形基础内力、最终确定截面尺寸并配筋之前，应先按常规方法选定基础底面的长度 l 和宽度 b。将条形基础视为一狭长的矩形基础，长度 l（伸出边柱的长度）由构造要求决定，然后根据地基的承载力计算所需的宽度 b，如果荷载的合力是偏心的，则可像对待偏心荷载下的矩形基础那样，先初步选定宽度，再用边缘最大压力验算地基。

（三）内力分析

实践中常用下列两种简化方法计算条形基础的内力。

1. 静定分析法

首先，按偏心受压公式根据柱子传至梁上的荷载，利用静力平衡条件，求得梁下地基反力的分布，如图 7-29 所示。

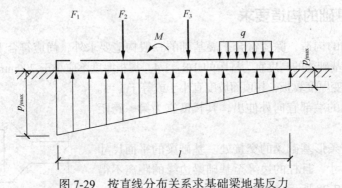

图 7-29 按直线分布关系求基础梁地基反力

$$\begin{matrix} p_{j\max} \\ p_{j\min} \end{matrix} = \frac{\sum F_i}{bl} \pm \frac{6\sum M_i}{bl^2}$$

（7-28）

式中，$\sum F_i$——上部建筑物作用在基础梁上的各垂直荷载（包括均布荷载 q 在内）总和（kN）；

$\sum M_i$——各外荷载对基础梁中点的力矩代数和（kN·m）；

b——基础梁的宽度（m）；

l——基础梁的长度（m）；

$p_{j\max}$——基础梁边缘处最大地基反力（kPa）；

$p_{j\min}$——基础梁边缘处最小地基反力（kPa）。

当 $p_{j\max}$ 与 $p_{j\min}$ 相差不大时，可近似地取其平均值作为梁下均布的地基反力，这样计算时将更为方便。

因为基础（包括覆土）的自重不引起内力，故可根据基底的净反力来进行内力分析。式（7-28）中的 $\sum F_i$ 不包括自重，所得的结果即为净反力。求出净反力分布后，基础上所有的作用力都已确定，便可按静力平衡条件计算出任一 i 截面上的弯矩 M_i 和剪力 V_i。如图 7-30 所示，选取若干截面进行计算，然后绘制出弯矩图、剪力图。

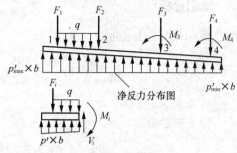

图 7-30　按静力平衡条件计算条形基础的内力

2. 倒梁法

这种方法将地基反力视为作用在基础梁上的荷载，将柱子视为基础梁的支座，这样就可将基础梁作为一个倒置的连续梁进行计算，故称为倒梁法，如图 7-31 所示。

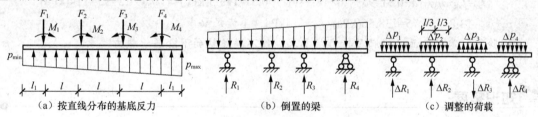

（a）按直线分布的基底反力　　　　（b）倒置的梁　　　　（c）调整的荷载

图 7-31　倒梁法计算简图

由于未考虑基础梁挠度与地基变形协调条件且采用了地基反力直线分布假定（即反力不平衡），因此，需要进行反力调整，即将柱荷载 F_i 和相应支座反力 R_i 的差值均匀地分配在该支座两侧各 1/3 跨度范围内，再求出此连续梁的内力，并将计算结果进行叠加。重复上述步骤，直至满意为止。一般经过一次调整，就能满足设计精度的要求（不平衡力不超过荷载的 20%）。

倒梁法把柱子看作基础梁的不动支座，即认为上部结构是绝对刚性的。由于计算中不涉及变形，不能满足变形协调条件，因此，计算结果存在一定的误差。经验表明，倒梁法较适合于地基比较均匀，上部结构刚度较好，荷载分布较均匀，且条形基础梁的高度大于 1/6 柱距的情况。由于实际建筑物多半发生盆形沉降，导致柱荷载和地基反力重新分布，研究表明，端柱和端部地基反力均会增大，为此，宜在端跨适当增加受力钢筋，并且上下均匀配筋。

📖学习案例

地基土层分布情况如下：上层为黏性土，厚度为 3.5m，重度 $\gamma=18.5\text{kN/m}^3$，压缩模量 $E_{s1}=9\text{MPa}$，承载力设计值 $f_a=198\text{kPa}$；下层淤泥质土的压缩模量 $E_{s2}=1.8\text{MPa}$，承载力标准值 $f_{ak}=95\text{kPa}$。现修建一条形基础，基础顶面轴心荷载设计值 $F_k=295\text{kN/m}$，暂取基础埋深 1.5 m，基础底面宽度 2.2m。

想一想

试验算所选尺寸是否合格。

175

案例分析

解：（1）对上层进行计算。

$$p_k = \frac{F_k}{b} + \gamma_G d = \frac{295}{2.2} + 20 \times 1.5 = 164.09(\text{kPa}) < f_a = 198\text{kPa}$$

满足要求。

（2）下层验算。

$$p_k - p_c = p_k - \gamma_1 d = 164.09 - 18.5 \times 1.5 = 136.34(\text{kPa})$$

由于 $\dfrac{E_{s1}}{E_{s2}} = \dfrac{9}{1.8} = 5$，$z=2$，$\dfrac{z}{b} = \dfrac{2}{2.2} > 0.5$，由表 7-5 得 $\theta = 25°$

$$p_z = \frac{b(p_k - p_c)}{b + 2z\tan\theta} = \frac{2.2 \times 136.34}{2.2 + 2 \times 2 \times \tan 25°} = 73.81(\text{kPa})$$

下卧层顶面处土的自重应力

$$p_{cz} = \gamma_1(d+z) = 18.5 \times 3.5 = 64.75(\text{kPa})$$

查表 7-2 得 $\eta_d = 1.0$

$$f_{az} = f_{ak} + \eta_d \gamma_m(d-0.5) = 95 + 1.0 \times 18.5 \times (1.5-0.5) = 113.5(\text{kPa}) < 1.2 f_{ak} = 1.2 \times 95 = 114(\text{kPa})$$

$p_z + p_{cz} = 73.81 + 64.75 = 138.56(\text{kPa}) > f_{az} = 114\text{kPa}$，不满足要求。

经验算，基础底面尺寸满足持力层要求，但不满足软弱下卧层承载力要求。

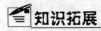 知识拓展

高层建筑筏形基础的设计

建筑上部结构荷载较大，地基承载力较低，采用一般基础不能满足要求时，可将基础扩大成支撑整个建筑物结构的大钢筋混凝土板，即称为筏形基础（或称为筏板基础）。筏形基础不仅能减少地基土的单位面积压力，提高地基承载力，还能增强基础的整体刚性，调整不均匀沉降，故在多层建筑和高层建筑中被广泛采用。筏形基础大多采用梁板式结构，当柱网间距大时，可加肋梁使基础刚度增大。柱网为正方形（或近于正方形）时，筏形基础也可以做成无梁式基础板，相当于一个倒置的无梁楼盖。梁板式筏形基础的肋梁既可向下凸出，也可向上凸出，如图 7-32 所示。

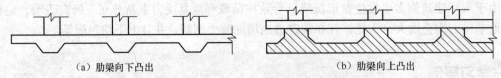

(a) 肋梁向下凸出　　　　　　　　　(b) 肋梁向上凸出

图 7-32　梁板式筏形基础

1. 高层建筑筏形基础构造

（1）地下室构造。

① 采用筏形基础的地下室，在沿地下室四周布置钢筋混凝土外墙时，外墙厚度不应小于 250mm，内墙厚度不应小于 200mm。墙的截面设计除满足承载力要求外，尚应考虑变形、抗裂及防渗等要求。墙体内应设置双排钢筋，竖向和水平钢筋的直径不应小于 12mm，间距不应大

于 300mm。

② 地下室底层柱、剪力墙与梁板式筏形基础的基础梁连接的构造要求，如图 7-33 所示，柱、墙的边缘至基础梁边缘的距离不应小于 50mm。

a. 当交叉基础梁的宽度小于柱截面的边长时，交叉基础梁连接处应设置八字角，柱角和八字角之间的净距不宜小于 50mm，如图 7-33（a）所示。

b. 单向基础梁与柱的连接，可按图 7-33（b）、（c）设计。

c. 基础梁与剪力墙的连接，可按图 7-33（d）设计。

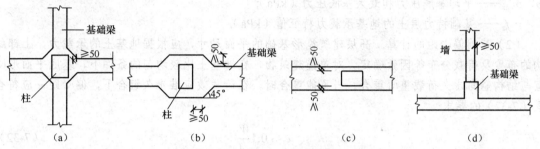

图 7-33　地下室底层柱或剪力墙与基础梁连接的构造要求

（2）筏形基础底板。梁板式筏形基础底板除计算正截面受弯承载力外，其厚度尚应满足受冲切承载力、受剪切承载力的要求。对 12 层以上建筑的梁板式筏形基础，其底板厚度与最大双向板格的短边净跨之比不应小于 1/14，且板厚不应小于 400mm。

（3）连接要求。

① 筏形基础与地下室外墙的接缝、地下室外墙沿高度处的水平接缝应严格按施工缝要求施工，必要时可设通长止水带。

② 高层建筑筏形基础与裙房基础之间的构造应符合下列要求：

a. 当高层建筑与相连的裙房之间设置沉降缝时，高层建筑的基础埋深应大于裙房基础的埋深至少 2m。当不满足要求时，必须采取有效措施。沉降缝地面以下处应用粗砂填实，如图 7-34 所示。

b. 当高层建筑与相连的裙房之间不设置沉降缝时，宜在裙房一侧设置后浇带，后浇带的位置宜设在距主楼边柱的第二跨内。后浇带混凝土宜根据实测沉降值并计算后期沉降差能满足设计要求后方可进行浇筑。

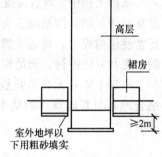

图 7-34　高层建筑与裙房间的沉降缝处理

c. 当高层建筑与相连的裙房之间不允许设置沉降缝和后浇带时，应进行地基变形验算，验算时需考虑地基与结构变形的相互影响并采取相应的有效措施。

③ 筏形基础地下室施工完毕后，应及时进行基坑回填工作。回填基坑时，应先清除基坑中的杂物，并应在相对的两侧或四周同时回填并分层夯实。

2. 筏形基础地基的计算

（1）基础底面积的确定。筏形基础底面积应满足以下地基承载力公式要求：

$$p(x,y) = \frac{F+G}{A} \pm \frac{M_x y}{I_x} + \frac{M_x y}{I_y} \qquad （7-29）$$

$$p \leqslant f_a \qquad （7-30）$$

$$p_{\max} \leqslant 1.2 f_a \qquad （7-31）$$

177

式中，F——相应于荷载效应标准组合时，筏形基础上由墙或柱传来的竖向荷载总和（kN）；

　　　G——筏形基础自重（kN）；

　　　A——筏形基础底面积（m^2）；

M_x、M_y——相应于荷载效应标准组合时，竖向荷载 F 对通过筏形基础底面形心的 x 轴和 y 轴的力矩（$kN \cdot m$）；

　I_x、I_y——筏形基础底面积对 x 轴和 y 轴的惯性矩（m^4）；

　　x、y——计算点的 x 轴和 y 轴的坐标（m）；

p、p_{max}——平均基底压力和最大基底压力（kPa）；

　　　f_a——基础持力层土的地基承载力特征值（kPa）。

　　（2）基础偏心距的计算。高层建筑筏形基础的平面尺寸，应根据地基土的承载力、上部结构的布置及荷载分布等因素确定。对单幢建筑物，在地基土比较均匀的条件下，基底平面形心宜与结构竖向永久荷载重心重合。当不能重合时，在荷载效应准永久组合下，偏心距 e 应符合式（7-32）的要求：

$$e \leqslant 0.1\frac{W}{A} \tag{7-32}$$

式中，W——与偏心距方向一致的基础底面边缘抵抗矩（m^3）；

　　　A——基础底面积（m^2）。

　　（3）基础沉降量的计算。筏形基础的沉降量可用分层总和法计算。

本章小结

　　基础工程中，埋置深度不大（一般小于 5 m），只需要经过一般施工方法就可以施工的基础通常叫浅基础。浅基础因为施工简单、造价低廉，应用范围非常广泛，在确保建筑物的安全和正常使用前提下，首选天然地基上的浅基础方案。浅基础设计需要依据一定的规范，按照相应的步骤和方法进行，满足相应计算要求的才符合最终设计方案。

　　本章主要对无筋扩展基础、扩展基础、柱下条形基础及高层建筑筏形基础进行了详细介绍，结合地基与基础设计的基本规定，对刚性浅基础的设计理论进行学习，并结合例题学习计算步骤。

学习检测

一、填空题

　　1. 如按材料分类，浅基础可以分为_____、_____、_____、_____、混凝土及毛石混凝土基础及钢筋混凝土基础等。

　　2. 所有建筑物的地基均应进行_____计算，如经常承受水平荷载作用的_____、高耸结构和_____等。

　　3. 在满足地基稳定和变形要求的前提下，当上层地基的_____大于下层土时，宜利用上层土作_____。除岩石地基外，基础埋深不宜小于_____m。

　　4. 当地基受力层范围内存在软弱下卧层（承载力显著低于持力层的高压缩性土层）时，除按持力层承载力确定_____尺寸外，还必须对_____进行验算，要求作用在软弱下卧层顶面处的_____与_____之和不超过它的承载力特征值。

5. 无筋扩展基础通常称为_____基础。这种基础通常由_____、_____、灰土、混凝土等材料按台阶逐级向下扩展（大放脚）而形成。

6. 柱下钢筋混凝土独立基础按其截面形式的不同，分为_____、_____和杯口形基础。

7. 扩展基础受力钢筋最小配筋率不应小于_____%，底板受力钢筋的最小直径不应小于_____mm，间距不应大于_____mm 且不应小于_____mm。墙下钢筋混凝土条形基础纵向分布钢筋的直径不应小于_____mm；间距不应大于_____mm；每延米分布钢筋的面积不应小于受力钢筋面积的_____%。当有垫层时钢筋保护层的厚度不应小于_____mm；无垫层时不应小于_____mm。

8. 单层工业厂房柱下独立基础通常采用阶形基础或锥形基础两种。厂房柱下基础设计的内容包括_____的确定、_____的确定及其_____的计算等。

9. 柱下条形基础梁的高度宜为柱距的_____。翼板厚度不应小于_____mm。当翼板厚度大于_____mm 时，宜采用变厚度翼板，其顶面坡度宜小于或等于_____。

二、选择题

1. 在建筑地基与基础设计等级中，下列选项中设计等级属于甲级的是（　　）。
   A. 18 层以上的高层建筑　　　　　　B. 深度为 10m 的基坑工程
   C. 地质条件复杂的一般建筑　　　　D. 七层的轻型建筑

2. 在满足地基稳定和变形要求的前提下，当上层地基的承载力大于下层土时，宜利用上层土作持力层。除岩石地基外，基础埋深不宜小于（　　）m。
   A. 0.5　　　　　　B. 0.8　　　　　　C. 1.0　　　　　　D. 1.5

3. 基础的埋置深度的确定条件不包括（　　）。
   A. 建筑物基础的材料　　　　　　　B. 作用在地基上的荷载大小和性质
   C. 工程地质和水文地质条件　　　　D. 相邻建筑物的基础埋深

4. 条形基础的端部宜向外伸出，其长度宜为第一跨距的（　　）倍。
   A. 0.25　　　　　　B. 0.3　　　　　　C. 0.5　　　　　　D. 1

5. 现浇柱与条形基础梁的交接处，基础梁的平面尺寸应大于柱的平面尺寸，且柱的边缘至基础梁边缘的距离不得小于（　　）mm。
   A. 15　　　　　　B. 30　　　　　　C. 50　　　　　　D. 100

三、判断题

1. 独立基础是整个或局部结构物下的无筋或配筋多个组合的基础。　　　　　　　　（　　）

2. 为了增强基础的整体性和纵向抗弯能力，减小不均匀沉降，常采用不带肋的墙下钢筋混凝土独立基础。　　　　　　　　　　　　　　　　　　　　　　　　　　　　　　　（　　）

3. 筏形基础不仅可用于框架、框-剪、剪力墙结构，亦可用于砌体结构。　　　　（　　）

4. 当地基软弱且在两个方向的荷载和土质不均匀时，十字交叉条形基础对不均匀沉降具有良好的调整能力。　　　　　　　　　　　　　　　　　　　　　　　　　　　　　　　（　　）

5. 壳体基础施工时，修筑土台的技术难度大，易受气候因素的影响，布置钢筋及浇捣混凝土施工困难，较难实行机械化施工。　　　　　　　　　　　　　　　　　　　　　　　　（　　）

6. 基础埋置的选择应在保证建筑物基础安全稳定、耐久适用的前提下，尽量浅埋，以节省

投资、方便施工。 （ ）

7. 一般来说，基础的埋置深度越浅，土方开挖量就越小，基础材料用量也越少，工程造价就越低。 （ ）

8. 一般情况下，基础应设置在坚实的土层上，而不能设置在淤泥等软弱土层上。 （ ）

9. 在轴心荷载作用下，基础一般是对称设计，作用在基底面上的平均压应力应小于或等于地基承载力设计值。 （ ）

10. 偏心受压基础基底面积的确定，通常是根据轴心受压基础底面积的公式并增大底面积（考虑力矩作用）进行试估，再验算承载力，直到满足为止。 （ ）

11. 无筋扩展基础是最基本的形式，具有施工简单、便于就地取材的优点，适用于多层民用建筑和轻型厂房。 （ ）

12. 现浇柱的基础，其插筋的数量、直径及钢筋种类应与柱内纵向受力钢筋相同。 （ ）

13. 当条形基础的混凝土强度等级小于柱的混凝土强度等级时，应验算柱下条形基础梁顶面的局部受压承载力。 （ ）

14. 经验表明，倒梁法较适合于地基比较均匀，上部结构刚度较好，荷载分布较均匀，且条形基础梁的高度大于1/6柱距的情况。 （ ）

四、名词解释

1. 独立基础
2. 条形基础
3. 基础埋置深度
4. 偏心受压基础
5. 扩展基础
6. 柱下条形基础

五、问答题

1. 简述天然地基上浅基础的设计程序。
2. 决定地基埋置深度的因素有哪些？
3. 简述基础底面尺寸的计算方法。
4. 无筋扩展基础的特点有哪些？
5. 无筋扩展基础高度如何确定？
6. 对柱下条形基础构造有何要求？柱下条形基础如何计算？

学习情境八

设计桩基础

 案例引入

　　某企业锅炉房沉渣工程，18m 跨度的龙门起重机基础下采用单排钢筋混凝土预制桩，桩长 18m，截面为 450mm×450mm，桩距 6m，条形承台宽 800mm。桩基工程完工后，在开挖深 6m 的沉渣池基坑时发生塌方，使靠近池壁一侧的 5 根桩朝池壁方向倾斜，其中有 3 根桩顶部偏离 到承台之外，已不能使用。桩的平面布置如图 8-1 所示，偏斜值见表 8-1。

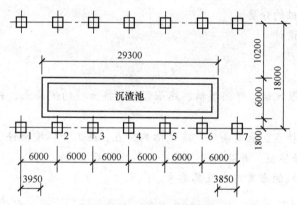

图 8-1　桩的平面布置图

表 8-1　　　　　　　　　　　　　　　偏斜值

桩　　号	桩顶偏斜值/mm
2	250
3	250
4	400
5	1750
6	600

 案例导航

　　根据地质资料：第一层为杂填土，湿润松散，厚约 5m。桩的偏斜主要由该层土塌方引起。 第二层为淤泥质黏土，稍密、流塑状态、高压缩性，厚 4～6m。由于桩上部一侧塌方而另一侧 受推力后，极易发生缓慢的压缩变形，埋入该土层中的桩身必然会随之倾斜。第三层为黏土， 中密、湿润、可塑状态，厚 0.5～2.0m。第四层为砂岩风化残积层，紧密、稍湿，该层为桩尖的持力层。

另外，由于施工不当，在沉渣池 6m 深基坑开挖之前没有采取支护措施，且第一层土为松散的杂填土，沉渣池距桩中心线只有 1.8m，而基坑边坡又过陡，造成塌方，致使桩发生偏斜。

如何在工程设计过程中根据不同环境和施工条件选择合适类型的桩基础？需要掌握如下要重点：

1. 桩基础的分类、特点与选用条件；
2. 单桩的竖向承载力；
3. 特殊条件桩基础竖向承载力计算；
4. 桩基础沉降计算；
5. 承台的设计。

学习单元 1　选用桩基础的条件与划分桩基础类别

知识目标

1. 掌握桩基础中桩的分类。
2. 掌握桩基础的设计。

技能目标

1. 掌握预制桩、灌注桩、摩擦型桩、端承型桩、挤土桩的优缺点，并掌握这些桩的设计与施工方法。
2. 能够根据桩的特点、地质条件、建筑结构特点、施工和环境条件、工期、制桩材料及技术经济效果等因素选择桩型，并能够进行综合分析比较后确定。
3. 能够掌握桩基础的布置形式及其要求。

 基础知识

一、桩基础的适用性

当建筑场地浅层的土质无法满足建筑物对地基变形和强度方面的要求，而又不宜进行地基处理时，就要利用下部坚实土层或岩层作为持力层，采用深基础方案。深基础主要有桩基础、墩基础、沉井和地下连续墙等几种类型，其中以桩基础应用最广泛。

桩基础一般由设置于土中的桩和承接上部结构的承台组成。桩顶嵌入承台中，承台把桩连接起来，并承受上部结构的荷载，然后通过桩传到地基中去。因承台与地面的相对位置的不同，而有低承台桩基和高承台桩基之分。前者的承台底面位于地面以下，而后者则高出地面或水力冲刷线以上。在工业与民用建筑物中，几乎都使用低承台桩基，而且大量采用的是竖直桩，很少采用斜桩。桥梁和港口工程中常用高承台桩基，且较多采用斜桩，以承受水平荷载。

下列情况，可考虑选择桩基础方案：

（1）高层建筑或重要的和有纪念性的大型建筑，不允许地基有过大的沉降或不均匀沉降；

（2）重型工业厂房，如设有大吨位重量级工作制吊车的车间和荷载过大的仓库、料仓等；

（3）高耸结构，如烟囱、输电塔，或需要采用桩基来承受水平力的其他建筑；

（4）需要减弱振动影响的大型精密机械设备基础；

（5）以桩基作为抗震措施的地震区建筑；

（6）软弱地基或某些特殊性土上的永久性建筑物。

由于桩基础承载力高、沉降量小，可以抵抗水平力和上拔力，还具有减振和抗震的优点，桩基已经成为土质不良地区修造建筑物，特别是高层建筑、重型厂房和各种具有特殊要求的构筑物所广泛采用的基础形式。

应当注意，在某些情况下使用桩基础对工程存在着不利因素。如：当上层土比下层土坚硬得多时；在欠固结地基或大量抽吸地下水的地区；当土层中存在障碍物（块石、未风化岩脉、金属等）而又无法排除时；只能使用打入或振入法施工。

总之，一座建筑物是否使用桩基，要经过分析比较，综合考虑地质条件、结构特点、施工技术、经济效益，使所选基础类型发挥最佳效益。

二、桩基础中桩的分类

桩是桩基础中最重要的组成部分，其作用是将上部结构的荷载通过桩身传递到深部较坚硬的压缩性较小的土层上。桩可大致分以下几类：

（一）预制桩

预制桩是指在施工打桩前先根据设计要求制作桩，施工打桩时通过专用的打桩设备锤击、振动打入、静力压入或旋入地基土中的桩。预制桩根据所用的材料不同，可分为混凝土预制桩、钢桩和木桩。

1. 混凝土预制桩

工程中常用的混凝土预制桩的形式有实心方桩和预应力混凝土管桩（见图 8-2）两种。混凝土预制桩的优点是长度和截面形状、尺寸可在一定范围内根据需要选择，质量较易保证，桩端（桩尖）可达坚硬黏性土或强风化基岩，承载能力高，耐久性好。

2. 钢桩

用各种型钢作为桩，称为钢桩。常用的型钢有钢管桩、宽翼工字形钢桩等。钢管桩的直径为 250~1200mm，长度根据设计而定。如上海宝钢一号高炉基础采用直径为 914.6mm，壁厚 16mm，长 61m 等几种规格的开口钢管桩。

钢管桩的优点是承载力高，适用于大型、重型的设备基础；缺点是价格高，费钢材，易锈蚀，在我国使用不广。

3. 木桩

适用于常年在地下水位以下的地基。所用木材坚韧耐久，如松木、杉木和橡木等。桩长一般为 4~10m，直径为 180~260mm。使用时应将木桩打入最低水位以下 0.5m。在干湿交替的环境或是地下水位以上部分，木桩极易腐烂，在海水中也易腐蚀。木桩桩顶应平整并加铁箍，以保护桩顶不被损坏。桩尖削成棱锥形，桩尖长为直径的1~2倍。木桩的优点是储运方便，木桩设备简单，较经济；但承载力较低，一般使用寿命不长，仅几年至十几年。目前只用于盛产木材的地区和某些小型的工程中。

（二）灌注桩

现场灌注桩是直接在所设计桩位处成孔，然后在孔内放置钢筋笼，再浇筑混凝土而成。与混凝土预制桩比较，灌注桩一般只根据使用期间可能出现的内力配筋，用钢量较省。同时，桩长可在施工过程根据要求于某一范围内取定，不需截桩，不设接头，所以在相同的地质条件下，单方桩体混凝土的造价较预制桩低。其横截面呈圆形，可做成大直径，也可扩大底部（扩底桩）。保证灌注桩承载力的关键在于桩身的成型和混凝土灌注质量。

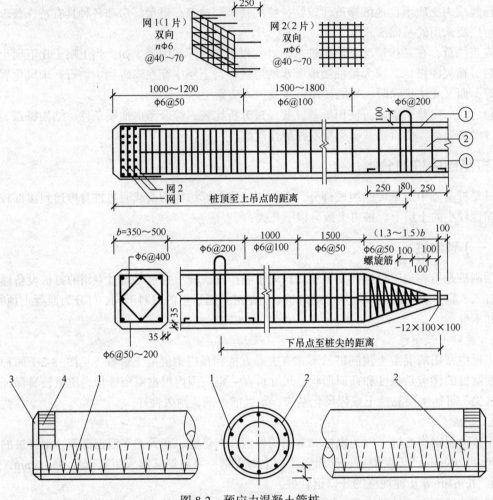

图 8-2 预应力混凝土管桩

1—预应力钢筋；2—螺旋箍筋；3—端头板；4—钢套箍；t—壁厚

灌注桩有几十个品种，大体可归纳为沉管灌注桩和钻（冲、磨、挖）孔灌注桩两类。灌注桩可采用套管或沉管护壁、泥浆护壁和干作业等方法成孔。

1. 沉管灌注桩

沉管灌注桩简称沉管桩，它是采用锤击、振动、振动冲击等方法沉管开孔，然后在钢管中放入（或不放入）钢筋笼，再一边灌注混凝土，一边振动拔出套管，沉管灌注桩的施工工序如图 8-3 所示。

2. 钻孔灌注桩

钻孔桩在施工时，首先要把桩孔位置的土排出地面，然后清除孔底沉渣，安放钢筋笼，最后浇筑混凝土。钻孔灌注桩的施工工序如图 8-4 所示。

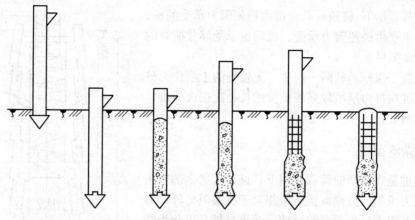

　（a）打桩就位　（b）沉管　（c）浇灌混凝土　（d）边拔管　（e）安装钢筋笼，（f）成型
　　　　　　　　　　　　　　　　　　　　　　　　边振动　继续浇筑混凝土

图 8-3　沉管灌注桩的施工工序示意图

☼小提示

　　冲孔和钻孔之间的区别在于使用的钻具不同，因此，功能上略有区别。冲孔钻头易于击碎孤石和穿越粒径较大的卵石层，而钻孔所用的牙轮钻头能磨削坚硬的岩石，以便嵌岩，若能改装特种钻头，还能扩孔。

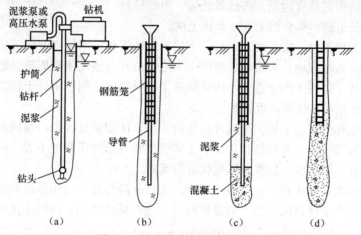

图 8-4　钻孔灌注桩的施工工序

3. 挖孔桩

　　挖孔桩可采用人工或机械挖掘开挖。人工挖土时，每挖深 0.9m 或 1.0m，就浇灌或喷射一圈混凝土护壁（上下圈之间用插筋连接），达到所需深度时，可进行扩孔，最后在护壁内安装钢筋笼和浇灌混凝土，如图 8-5 所示。挖孔桩的直径应不小于 lm，深度为 15m 以上的挖桩，桩径不小于 1.2m，而桩身长度，一般宜限制在 30m 内。

　　挖孔桩的优点是，可直接观察地层情况，孔底可清除干净，设备简单，噪声小，适应性强，而且比较经济。其缺点是，在流砂层及软土层中难以成孔，甚至无法成孔。

（三）摩擦型桩

　　根据桩侧阻力分担荷载的大小，摩擦型桩又分为摩擦桩和端承摩擦桩两类。摩擦桩是指在

185

竖向极限荷载作用下,桩顶荷载全部由桩侧阻力承受的桩;而桩顶荷载主要由桩侧阻力承受,桩端也承受部分荷载的桩称为端承摩擦桩。

对于设置于深厚的软弱土层中,无较硬的土层作为桩端持力层或桩端持力层虽较坚硬但桩的长径比很大的桩,可视为摩擦型桩。

(四)端承型桩

端承型桩是指在竖向荷载作用下,桩顶荷载全部或主要由桩端阻力承担,桩侧摩擦阻力相对于桩端阻力较小的桩。根据桩端阻力分担荷载的比例,端承型桩又可分为端承桩和摩擦型端承桩两类。其中,端承桩是指桩顶荷载绝大部分由桩端阻力承担,桩侧摩擦可以忽略不计的桩。

(五)挤土桩、部分挤土桩、非挤土桩

桩的设置方法的不同,桩孔处原土和桩周土所受的排挤作用也很不相同。排挤作用会引起桩周土天然结构、物理状态和应力状态的变化,从而影响桩的承载力和沉降。这些影响属于桩的设置效应问题。按设置效应,可将桩分为下列三类,即挤土桩、部分挤土桩、非挤土桩。

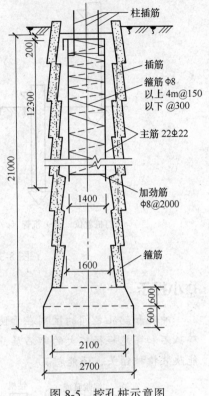

图 8-5　挖孔桩示意图

挤土桩也称为排土桩,实心的预制桩、下端封闭的管桩、木桩以及沉管灌注桩等打入桩,在锤击、振动的贯入过程中,多将桩位处的土大量排挤开,因而使桩周某一范围内土的结构受到严重扰动和破坏。黏性土由于重塑作用而降低了抗剪强度,而原来处于松散状态的无黏性土则由于振动挤密作用而使抗剪强度提高。

部分挤土桩也称少量排土桩,底端开口的钢管桩、H 型钢桩和开口预应力混凝土管桩等打入桩,沉桩时对桩周土体稍有排挤作用,但土的强度和变形性质改变不大。由原来测得的土的物理力学性质指标一般仍可以估算桩基承载力和沉降。

非挤土桩也称为非排土桩,在成桩过程中,先打孔后再置入的预制桩和钻(冲、挖)孔桩在成孔过程中将孔中土体清除出去,故设桩时对土没有排挤作用,桩周土反而可能向桩孔内移动。因此,非挤土桩的桩侧摩阻力常有所减小。

三、桩基础的设计

(一)桩基础的设计内容

桩基础设计的基本内容包括下列各项:
(1)选择桩的类型和几何尺寸;
(2)确定单桩竖向和水平承载力设计值;
(3)确定桩的数量、间距和平面布置方式;
(4)验算桩基的承载力,必要时验算桩基沉降;
(5)桩身结构设计;
(6)承台设计;

（7）绘制桩基础施工图。

桩基础设计时，应根据建筑物的特点和有关要求，完成岩土工程勘察、场地环境、施工条件等资料的收集工作。设计时还应考虑与本桩基础工程有关的其他问题，如桩的设置方法及其影响等。

☆小提示

简单地说，桩基础的设计应最大限度地发挥桩、土、上部结构以及经济上的潜力，以使所设计的桩基础较为完美。

（二）桩基础设计的基本规定

桩基础设计与建筑结构设计一样，《建筑桩基技术规范》采用以概率理论为基础的极限状态设计法，以可靠指标度量桩基的可靠度，采用以分项系数表达的极限状态设计表达式进行计算。

桩基的极限状态分为下列两类：承载能力极限状态：对应于桩基受荷载达到最大承载能力、整体失稳或发生不适于继续承载的变形。正常使用极限状态：对应于桩基达到建筑物正常使用所规定的变形限值或达到耐久性要求的某项限值。

根据上述极限状态的要求，桩基础需进行下列计算和验算：

（1）所有桩基均应进行承载能力极限状态的计算。内容包括：

① 根据桩基的使用功能和受力特征进行桩基的竖向承载力计算和水平承载力计算；对于某些条件下的群桩基础宜考虑由群桩、土、承台相互作用产生的承载力群桩效应。

② 对桩身及承台强度进行计算，对于桩身露出地面或桩侧为可液化土、极限承载力小于50kPa（或不排水抗剪强度小于10kPa）土层中的细长桩尚应进行桩身压屈验算，对混凝土预制桩尚应按施工阶段的吊装、运输和锤击作用进行强度验算。

③ 当桩端平面以下存在软弱下卧层时，应验算软弱下卧层的承载力。

④ 应对位于坡地、岸边的桩基验算整体稳定性。

⑤ 按现行《建筑抗震设计规范》（GB 50011—2010）规定应进行抗震验算的桩基，应验算抗震承载力。

（2）下列建筑桩基应验算变形。

① 桩端持力层为软弱土的一、二级建筑桩基以及桩端持力层为粘性土、粉土或存在软弱下卧层的一级建筑桩基，应验算沉降。

② 受水平荷载影响较大或对水平变位要求严格的一级建筑桩基，应验算水平变位。

（3）下列建筑桩基应进行桩身和承台抗裂与裂缝宽度验算：

① 根据使用条件不允许混凝土出现裂缝的桩基应进行抗裂验算；

② 对使用上需限制裂缝宽度的桩基应进行裂缝宽度验算。

桩基承载能力极限状态的计算应采用作用效应的基本组合和地震作用效应的组合。当进行桩基的抗震承载力计算时，荷载设计值和地震作用设计值应符合现行规范的规定。

按正常使用极限状态验算桩基沉降时，应采用荷载的长期效应组合；验算桩基的水平变位、抗裂、裂缝宽度时，根据使用要求和裂缝控制等级，应分别采用作用效应的短期效应组合或短期效应组合考虑长期荷载的影响。

建于黏性土、粉土上的一级建筑桩基及软土地区的一、二级建筑桩基，在其施工过程及建成后使用期间，必须进行系统的沉降观测直至沉降稳定。

此外，对于软土地区、湿陷性黄土地区、季节性冻土和膨胀土地区、岩溶地区、抗震设防

187

地区和其他可能产生桩侧负摩擦力情况的桩基设计，还应考虑各种特殊条件下的设计原则。

（三）桩型的选择

桩型的选择要根据桩的特点、地质条件、建筑结构特点、施工和环境条件、工期、制桩材料及技术经济效果等因素，进行综合分析比较后才能确定。

1. 地质条件

桩型地质条件是桩型选择时需要首先考虑的因素。地质条件具有客观性和不可变性，桩型的选择必须适合和满足场地条件的实际，对多种可供选择的桩型中要通过经济技术分析比较，确定相对最优化的桩型为所选桩型。

2. 建筑结构特点

建筑结构特点包括建筑体型、结构类型和荷载分布与大小，以及对沉降的敏感性要求等。

建筑体型复杂，体量大、高层或超高层建筑上部结构的荷载很大，传力途径相对复杂，桩基础选型需要满足的条件就多，此类建筑可选择单位工程量大、施工复杂的桩型，如大直径的灌注桩、截面尺寸大的钢筋混凝土预制桩、高强度空心预应力混凝土管桩、钢管桩等。

体量小的建筑荷载小，允许产生一定沉降的建筑物或构筑物可选择工程量小、施工简单、投资成本低且工期短的桩型，可与地基处理方案一同进行综合分析比较，如深厚软土地区的多层建筑可选择普通预制桩、沉管灌注桩及低强度等级桩、水泥搅拌桩等地基加固方法。

☆小提示

不同的结构类型上部结构的竖向荷载和水平荷载向基础传递的途径和方式不同，与之对应的桩型也不同。对于有特殊要求的建筑物，或构筑物可根据其特性选择桩型，以满足特殊要求。

3. 施工和环境条件

施工条件包括施工设备、材料和运输条件及当地的施工经验。桩型的选择要充分考虑施工技术力量、施工设备和相关材料供应等条件，选择合理可行的桩型方案。

桩基础施工过程中不可避免地要对周围环境造成一定的影响，如振动、噪声、污水、泥浆、底面隆起、土体位移等，有可能对周围建筑物、地下各种管线等基础设施造成不同程度的影响。选择桩型时，要对施工阶段潜在的对环境影响因素有充分的分析论证，选择环境条件允许或对环境影响在可接受范围内的桩型。

4. 技术经济效果和工期可能性

对满足以上几个条件的各种桩型进行技术经济性、工期等的比较后，在可行的几种方案中选择经济性好的桩型。通常情况下，按每 10 kN 的单桩承载力造价进行比较，择优选定。

（四）桩基础的布置形式及要求

1. 桩的排列形式

常见桩的排列形式如图 8-6 所示。桩基础的平面排列形式应符合下列要求：

（1）试验表明，单列的群桩不管桩的间距多大，群桩效率系数 η 均小于 1；梅花形排列较方形或矩形排列的 η 值大。在桩数相同的情况下，方形排列的 η 值略高于矩形排列，矩形排列的 η 值又略高于条形排列。

（2）条形排列群桩比方形排列群桩的承台分担荷载比大，但条形排列的桩群承载力要比几排桩组成的桩群的承载力低得多。

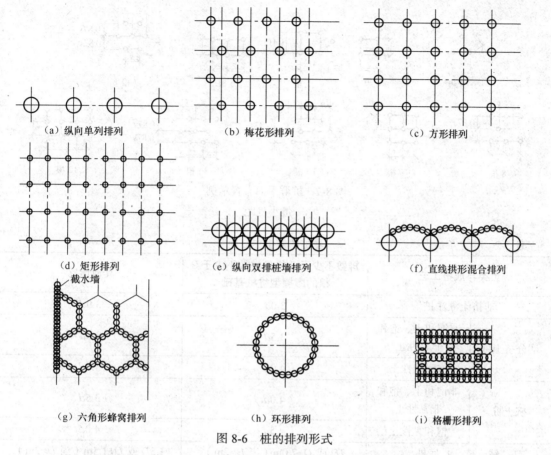

（a）纵向单列排列　　　　（b）梅花形排列　　　　（c）方形排列

（d）矩形排列　　　（e）纵向双排桩墙排列　　　（f）直线拱形混合排列

（g）六角形蜂窝排列　　　（h）环形排列　　　（i）格栅形排列

图 8-6　桩的排列形式

189

（3）环形排列的桩群等于一个受外侧压的厚壁圆筒，环形护壁主要是受压力而非受拉力，而且内力自身平衡，在使用深层水泥搅拌桩等柔性桩时，符合扬长避短的原则。

（4）桩的排列形式对群桩效率的影响实质上是一个"围封效应"问题，在打入桩的沉桩挤土过程中，桩的排数增加、桩位相互错开形成的排土障碍越多，围封效应越显著，因而η值越大。这种情况在砂土地基中更为显著，此时，群桩和桩间土（被击实的土核）形成一个"实体基础"，共同支撑着上部荷载。

（5）桩的连续紧密的排列形式一般用于深开挖基坑的坑壁支挡与防渗，即作为围护桩。格栅形排列的桩群组成重力式挡墙，利用搅拌桩抗压不抗拉的特点去承受侧向土压力，而格仓内的土也有利于增加桩墙的强度和抗滑稳定性。

（6）用深层水泥搅拌桩组成的六角形蜂窝排列结构具有一种特殊的功能，曾被用来加固美国大蒂顿山脚下的杰克逊湖坝，以防止坝基中沉积层在地震作用下的液化。

（7）群桩的合理排列也能起到减小承台尺寸的作用，如图 8-7 所示的桩群平面布置示例是从不同工程中归纳出来的几种有用的桩群平面图形，可供设计者参考之用。实践中应用的排列形式，柱下多为对称多边形，墙下多为行列式，筏形基础或箱形基础下则尽量沿柱网、肋梁或隔墙的轴线设置。

2．桩基础平面布置规定

《建筑桩基技术规范》（JGJ 94—2008）对桩基础平面布置的规定如下：

（1）基桩的最小中心距应符合表 8-2 的规定；当施工中采取减小挤土效应的可靠措施时，可根据当地经验适当减小；

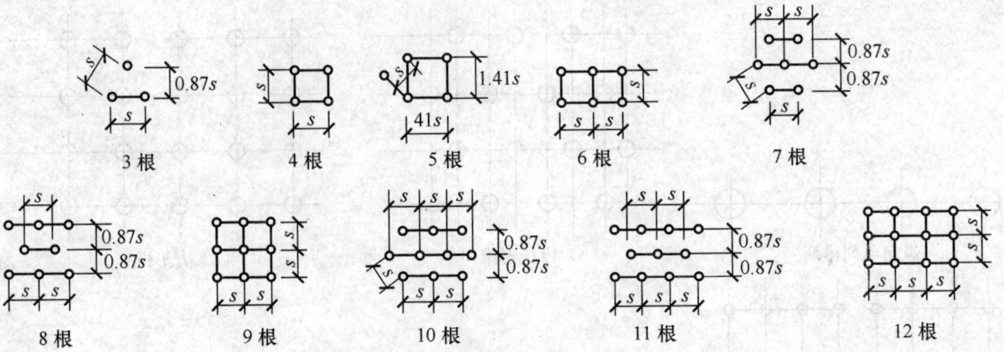

图 8-7 桩群平面布置示例

s—最小桩距

表 8-2　　　　　　　　　　　　基桩的最小中心距

土类与成桩工艺		排数不少于 3 排且桩数不少于 9 根的摩擦型桩桩基础	其他情况
非挤土灌注桩		3.0d	3.0d
部分挤土桩	非饱和土、饱和非黏性土	3.5d	3.0d
	饱和黏性土	4.0d	3.5d
挤土桩	非饱和土、饱和非黏性土	4.0d	3.5d
	饱和黏性土	4.5d	4.0d
钻、挖孔扩底桩		2D 或 D+2.0m（当 D>2m）	1.5D 或 D+1.5m（当 D>2m）
沉管夯扩、钻孔挤扩桩	非饱和土、饱和非黏性土	2.2D 且 4.0d	2.0D 且 3.5d
	饱和黏性土	2.5D 且 4.5d	2.2D 且 4.0d

注：1. d 为圆桩设计直径或方桩设计边长，D 为扩大端设计直径。

2. 当纵横向桩距不相等时，其最小中心距应满足"其他情况"一栏的规定。

3. 当为端承型桩时，非挤土灌注桩的"其他情况"一栏可减小至 $2.5d$。

（2）排列基桩时，宜使桩群承载力合力点与竖向永久荷载合力作用点重合，并使基桩受水平力和力矩较大方向有较大抗弯截面模量；

（3）对于桩箱基础、剪力墙结构桩筏（含平板和梁板式承台）基础，宜将桩布置于墙下；

（4）对于框架—核心筒结构桩筏基础应按荷载分布考虑相互影响，将桩相对集中布置于核心筒和柱下；外围框架柱宜采用复合桩基础，有合适桩端持力层时，桩长宜适当减小；

（5）应选择较硬土层作为桩端持力层。桩端全断面进入持力层的深度，对于黏性土、粉土不宜小于 $2d$，砂土不宜小于 $1.5d$，碎石类土不宜小于 $1d$。当存在软弱下卧层时，桩端以下硬持力层厚度不宜小于 $3d$；

（6）对于嵌岩桩，嵌岩深度应综合荷载、上覆土层、基岩、桩径、桩长等诸因素确定；对于嵌入倾斜的完整和较完整岩的全断面深度不宜小于 $0.4d$ 且不小于 0.5m，倾斜度大于 30% 的中风化岩，宜根据倾斜度及岩石完整性适当加大嵌岩深度；对于嵌入平整、完整的坚硬岩和较硬岩的深度不宜小于 $0.2d$，且不应小于 0.2m。

学习单元 2 测定单桩竖向承载力

知识目标

1. 了解单桩竖向承载力的概念。
2. 熟悉单桩竖向承载力的确定原则。
3. 掌握单桩竖向承载力的测定方法。

技能目标

1. 在了解单桩竖向承载力概念的基础上，熟悉单桩竖向承载力的确定原则，并能够根据相关公式确定单桩竖向承载力的特征值。
2. 能够掌握《建筑地基基础设计规范》（GB 50007—2011）中相关单桩竖向承载力的测定计算公式与方法。
3. 能够掌握《建筑桩基技术规范》（JGJ 94—2008）中有关单桩竖向极限承载力标准值的估算方法。

基础知识

一、单桩竖向承载力的概念

单桩竖向承载力是指单桩在竖向荷载作用下不失去稳定性（即不发生急剧的、不停滞的下沉，桩端土不发生大量塑性变形），也不产生过大沉降（即保证建筑物桩基础在长期荷载作用下的变形不超过允许值）时，所能承受的最大荷载。

二、单桩竖向承载力的确定原则

设计时确定应采用的单桩竖向极限承载力标准值有三种情况。设计等级为甲级的建筑桩基础应通过单桩静载试验确定，设计等级为乙级的建筑桩基础，当地质条件简单时，可参照地质条件相同的试桩资料，结合静力触探等原位测试和经验参数综合确定，其余均应通过单桩静载试验确定；设计等级为丙级的建筑桩基础，可根据原位测试和经验参数确定。

单桩竖向承载力特征值 R_a 应按式（8-1）确定：

$$R_a = \frac{1}{K} Q_{uk}$$ （8-1）

式中，Q_{uk}——单桩竖向极限承载力标准值；

K——安全系数，取 $K=2$。

☼小技巧

单桩竖向极限承载力标准值、极限侧阻力标准值和极限端阻力标准值应按下列规定确定：

（1）单桩竖向静载试验应按现行行业标准《建筑基桩检测技术规范》（JGJ 106—2003）执行；

（2）对于大直径端承型桩，也可通过深层平板（平板直径应与孔径一致）荷载试验确定极限端阻力；

191

（3）对于嵌岩桩，可通过直径为 0.3m 岩基平板荷载试验确定极限端阻力标准值，也可通过直径为 0.3m 嵌岩短墩荷载试验确定极限侧阻力标准值和极限端阻力标准值；

（4）桩的极限侧阻力标准值和极限端阻力标准值宜通过埋设桩身轴力测试元件由静荷载试验确定。并通过测试结果建立极限侧阻力标准值和极限端阻力标准值与土层物理指标、岩石饱和单轴抗压强度，以及与静力触探等土的原位测试指标之间的经验关系，以经验参数法确定单桩竖向极限承载力。

三、单桩竖向承载力的测定方法

（一）《建筑地基基础设计规范》（GB 50007—2011）相关公式

《建筑地基基础设计规范》（GB 50007—2011）规定地基设计是采用正常使用极限状态这一原则，即按变形设计的原则。初步设计时，单桩竖向承载力特征值可按式（8-2）进行估算：

$$R_{\mathrm{a}} = q_{\mathrm{pa}}A_{\mathrm{p}} + \sum q_{\mathrm{sia}}l_i \tag{8-2}$$

式中，R_{a}——单桩竖向承载力特征值（kN）；

q_{pa}、q_{sia}——桩端阻力、桩侧阻力特征值（kPa），由当地静荷载试验结果统计分析算得；

A_{p}——桩底端横截面面积（m²）；

u_{p}——桩身周边长度（m）；

l_i——第 i 层岩土的厚度（m）。

桩端嵌入完整及较完整的硬质岩中，当桩长较短且入岩较浅时，可按式（8-3）估算单桩竖向承载力特征值：

$$R_{\mathrm{a}} = q_{\mathrm{pa}}A_{\mathrm{p}} \tag{8-3}$$

式中，q_{pa}——桩端岩石承载力特征值（kPa）。

其余符号意义同前。

🖥课堂案例

柱下桩基础的地基剖面如图 8-8 所示，承台底面位于杂填土的下层面，其下黏土层厚 6.0m，液性指数 I_{L}=0.6，q_{s1a}=26.8kPa，q_{p1a}=800kPa；下面为 9.0m 厚的中密粉细砂层，q_{s2a}=25kPa，q_{p2a}=1 500kPa。拟采用直径为 30cm 的钢筋混凝土预制桩基础，如要求单桩竖向承载力特征值达 350kN，试求桩的长度。

解：桩径 d=0.3m，则

截面积

$$A_{\mathrm{p}} = \frac{\pi d^2}{4} = 0.07\mathrm{m}^2$$

桩周长

$$u_{\mathrm{p}} = \pi d = 0.94\mathrm{m}$$

桩侧阻力特征值：　　　　黏土层 q_{s1a}=26.8kPa

粉砂层 q_{s2a}=25kPa

桩端阻力特征值：　　　　q_{p2a}=1 500kPa

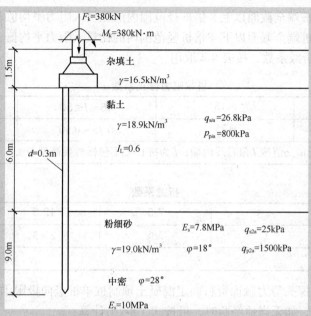

图 8-8 桩基础剖面

将以上数据代入式（8-2），得

$$350=1\,500×0.07+0.94×(26.8×6.0+25×l_2)$$

求得 l_2=4.0m。

故桩长为

$$l=l_1+l_2=6.0+4.0=10.0(\text{m})$$

（二）《建筑桩基技术规范》(JGJ 94—2008)相关公式

1. 原位测试法

（1）当根据土的物理指标与承载力参数之间的经验关系确定单桩竖向极限承载力标准值时，宜按下式估算：

$$Q_{uk}=Q_{sk}+Q_{pk}=u\sum q_{sik}l_i+\alpha p_{sk}A_p \tag{8-4}$$

当 $p_{sk1}\leqslant p_{sk2}$

$$p_{sk}=\frac{1}{2}(p_{sk1}+\beta p_{sk2}) \tag{8-5}$$

当 $p_{sk1}>p_{sk2}$

$$p_{sk}=p_{sk2} \tag{8-6}$$

式中，Q_{sk}、Q_{pk}——总极限侧阻力标准值和总极限端阻力标准值，kPa；

　　　u——桩身周长，m；

　　　q_{sik}——用静力触探比贯入阻力值估算的桩周第 i 层土的极限侧阻力，kPa；

　　　l_i——桩周第 i 层土的厚度，m；

　　　α——桩端阻力修正系数，可按表 8-3 取值；

　　　p_{sk}——桩端附近的静力触探比贯入阻力标准值（平均值），kPa；

　　　A_p——桩端面积，m²；

p_{sk1}——桩端全截面以上 8 倍桩径范围内的比贯入阻力平均值，kPa；

p_{sk2}——桩端全截面以下 4 倍桩径范围内的比贯入阻力平均值，kPa；

β——折减系数，按表 8-4 取用。

表 8-3　　　　　　　　　　　　　　桩端阻力修正系数 α

桩长/m	$l<15$	$15\leqslant l\leqslant30$	$30<l\leqslant60$
α	0.75	0.75 ~ 0.90	0.90

注：桩长 $15\text{m}\leqslant l\leqslant30\text{m}$，$\alpha$ 值按 l 值直线内插；l 为桩长（不包括桩尖高度）。

表 8-4　　　　　　　　　　　　　　折减系数

p_{sk2}/p_{sk1}	$\leqslant5$	7.5	12.5	$\geqslant15$
β	1	5/6	2×3	1/2

注：β 值可内插取值。

（2）当根据双桥探头静力触探资料确定混凝土预制桩单桩竖向极限承载力标准值时，对于黏性土、粉土和砂土，如无当地经验时，可按式（8-7）计算：

$$Q_{uk}=Q_{sk}+Q_{pk}=u\sum l_i\beta_if_{si}+\alpha q_cA_p \qquad (8-7)$$

式中，f_{si}——第 i 层土的探头平均侧阻力（kPa）；

q_c——桩端平面上、下探头阻力，取桩端平面以上 $4d$（d 为桩的直径或边长）范围内按土层厚度的探头阻力加权平均值（kPa），然后再和桩端平面以下 $1d$ 范围内的探头阻力进行平均；

α——桩端阻力修正系数，对于黏性土、粉土取 2/3，饱和砂土取 1/2；

β_i——第 i 层土桩侧阻力综合修正系数，黏性土、粉土：$\beta_i=10.04(f_{si})^{-0.55}$；砂土：$\beta_i=5.05(f_{si})^{-0.45}$。

☼ 小提示

双桥探头的圆锥底面积为 15cm^2，锥角 $60°$，摩擦套筒高 21.85cm，侧面积 300cm^2。

2. 经验参数法

（1）当根据土的物理指标与承载力参数之间的经验关系确定单桩竖向极限承载力标准值时，宜按式（8-8）进行估算：

$$Q_{uk}=Q_{sk}+Q_{pk}=u\sum q_{sik}l_i+q_{pk}A_p \qquad (8-8)$$

式中，q_{sik}——桩侧第 i 层土的极限侧阻力标准值，如无当地经验时，可按表 8-5 取值；

q_{pk}——极限端阻力标准值，如无当地经验时，可按表 8-6 取值。

表 8-5　　　　　　　　　　桩的极限侧阻力标准值 q_{sik}　　　　　　　　（单位：kPa）

土的名称	土的状态	混凝土预制桩	泥浆护壁钻（冲）孔桩	干作业钻孔桩
填土	—	22 ~ 30	20 ~ 28	20 ~ 28
淤泥	—	14 ~ 20	12 ~ 18	12 ~ 18
淤泥质土	—	22 ~ 30	20 ~ 28	20 ~ 28

续表

土的名称	土的状态		混凝土预制桩	泥浆护壁钻（冲）孔桩	干作业钻孔桩
黏性土	流塑	$I_L>1$	24～40	21～38	21～38
	软塑	$0.75<I_L\leqslant1$	40～55	38～53	38～53
	可塑	$0.50<I_L\leqslant0.75$	55～70	53～68	53～66
	硬可塑	$0.25<I_L\leqslant0.50$	70～86	68～84	66～82
	硬塑	$0<I_L\leqslant0.25$	86～98	84～96	82～94
	坚硬	$I_L\leqslant0$	98～105	96～102	94～104
红黏土		$0.7<a_w\leqslant1$	13～32	12～30	12～30
		$0.5<a_w\leqslant0.7$	32～74	30～70	30～70
粉土	稍密	$e>0.9$	26～46	24～42	24～42
	中密	$0.75\leqslant e\leqslant0.9$	46～66	42～62	42～62
	密实	$e<0.75$	66～88	62～82	62～82
粉细砂	稍密	$10<N\leqslant15$	24～48	22～46	22～46
	中密	$15<N\leqslant30$	48～66	46～64	46～64
	密实	$N>30$	66～88	64～86	64～86
中砂	中密	$15<N\leqslant30$	54～74	53～72	53～72
	密实	$N>30$	74～95	72～94	72～94
粗砂	中密	$15<N\leqslant30$	74～95	74～95	76～98
	密实	$N>30$	95～116	95～116	98～120
砾砂	稍密	$5<N_{63.5}\leqslant15$	70～110	50～90	60～100
	中密（密实）	$N_{63.5}>15$	116～138	116～130	112～130
圆砾、角砾	中密、密实	$N_{63.5}>10$	160～200	135～150	135～150
碎石、卵石	中密、密实	$N_{63.5}>10$	200～300	140～170	150～170
全风化软质岩	—	$30<N\leqslant50$	100～120	80～100	80～100
全风化硬质岩	—	$30<N\leqslant50$	140～160	120～140	120～150
强风化软质岩		$N_{63.5}>10$	160～240	140～200	140～220
强风化硬质岩		$N_{63.5}>10$	220～300	160～240	160～260

注：1. 对于尚未完成自重固结的填土和以生活垃圾为主的杂填土，不计算其侧阻力。

2. a_w 为含水比，$a_w=\omega/\omega_L$，ω 为土的天然含水量，ω_L 为土的液限。

3. N 为标准贯入击数；$N_{63.5}$ 为重型圆锥动力触探击数。

4. 全风化、强风化软质岩和全风化、强风化硬质岩系指其母岩分别为 $f_{rk}\leqslant15MPa$、$f_{rk}>30MPa$ 的岩石。

196

表8-6

桩的极限端阻力标准值 q_{pk}（单位：kPa）

土的名称	土的状态		混凝土预制桩桩长 l/m				泥浆护壁钻（冲）孔桩桩长 l/m				干作业钻孔桩桩长 l/m		
			$l≤9$	$9<l≤16$	$16<l≤30$	$l>30$	$5≤l<10$	$10≤l<15$	$15≤l<30$	$l>30$	$5≤l<10$	$10≤l<15$	$l≥15$
黏性土	软塑	$0.75<I_L≤1$	210~850	650~1400	1200~1800	1300~1900	150~250	250~300	300~450	300~450	200~400	400~700	700~950
	可塑	$0.50<I_L≤0.75$	850~1700	1400~2200	1900~2800	2300~3600	350~450	450~600	600~750	750~800	500~700	800~1100	1000~1600
	硬可塑	$0.25<I_L≤0.50$	1500~2300	2300~3300	2700~3600	3600~4400	800~900	900~1000	1000~1200	1200~1400	850~1100	1500~1700	1700~1900
	硬塑	$0<I_L≤0.25$	2500~3800	3800~5500	5500~6000	6000~6800	1100~1200	1200~1400	1400~1600	1600~1800	1600~1800	2200~2400	2600~2800
粉土	中密、密实	$0.75<e≤0.9$	950~1700	1400~2100	1900~2700	2500~3400	300~500	500~650	650~750	750~850	800~1200	1200~1400	1400~1600
	密实	$e<0.75$	1500~2600	2100~3000	2700~3600	3600~4400	650~900	750~950	900~1100	1100~1200	1200~1700	1400~1900	1600~2100
粉砂	稍密	$10<N≤15$	1000~1600	1500~2300	1900~2700	2100~3000	350~500	450~600	600~700	650~750	500~950	1300~1600	1500~1700
	中密、密实	$N>15$	1400~2200	2100~3000	3000~4500	3800~5500	600~750	750~900	900~1100	1100~1200	900~1000	1700~1900	1700~1900
细砂	中密、密实	$N>15$	2500~4000	3600~5000	4400~6000	5300~7000	650~850	750~950	900~1200	1200~1500	1200~1600	2000~2400	2400~2700
中砂	中密、密实	$N>15$	4000~6000	5500~7000	6500~8000	7500~9000	850~1050	1100~1500	1500~1900	1900~2100	1800~2400	2800~3800	3600~4400
粗砂	中密、密实	$N>15$	5700~7500	7500~8500	8500~10000	9500~11000	1500~1800	2100~2400	2400~2600	2600~2800	2900~3600	4000~4600	4600~5200
砾砂	中密、密实	$N>15$	6000~9500	7000~10000	9000~10500		1400~2000	1800~2200	2000~3000		3500~5000		
角砾、圆砾	中密、密实	$N_{63.5}>10$	7000~10000	8000~11000	9500~11500		1800~2200	2200~3600			4000~5500		
碎石、卵石	中密、密实	$N_{63.5}>10$	8000~11000		10500~13000		2000~3000	3000~4000			4500~6500		
全风化软质岩		$30<N≤50$	4000~6000				1000~1600				1200~2000		
全风化硬质岩		$30<N≤50$	5000~8000				1200~2000				1400~2400		
强风化软质岩		$N_{63.5}>10$	6000~9000				1400~2200				1600~2600		
强风化硬质岩		$N_{63.5}>10$	7000~11000				1800~2800				2000~3000		

注：1. 砂土和碎石类土中桩的极限端阻力取值，宜综合考虑土的密实度，桩端进入持力层的深径比 h_b/d，土越密实，h_b/d 越大，取值越高。

2. 预制桩的岩石极限端阻力指桩端支撑于中、微风化基岩表面或进入强风化岩、软质岩一定深度条件下极限端阻力。

3. 全风化、强风化软质岩和全风化、强风化硬质岩指其母岩分别为 $f_{rk}≤15$ MPa、$f_{rk}>30$ MPa 的岩石。

（2）根据土的物理指标与承载力参数之间的经验关系，确定大直径桩单桩极限承载力标准值时，可按式（8-9）计算：

$$Q_{uk}=Q_{sk}+Q_{pk}=u\Sigma \psi_{si}q_{sik}l_i+\psi_p q_{pk}A_p \qquad (8-9)$$

式中，q_{sik}——桩侧第 i 层土极限侧阻力标准值，如无当地经验值时，可按表 8-5 取值，对于扩底桩变截面以上 $2d$ 长度范围不计侧阻力；

q_{pk}——桩径为 800mm 的极限端阻力标准值，对于干作业挖孔（清底干净）可采用深层荷载板试验确定；当不能进行深层荷载板试验时，可按表 8-7 取值；

ψ_{si}、ψ_p——大直径桩侧阻力、端阻力尺寸效应系数，按表 8-8 取值；

u——桩身周长，当人工挖孔桩桩周护壁为振捣密实的混凝土时，桩身周长可按护壁外直径计算。

表 8-7　　　　　　干作业挖孔桩（清底干净，D=800mm）极限端阻力标准值 q_{pk}　　　（单位：kPa）

土的名称		状　态		
黏性土		$0.25<I_L\leqslant 0.75$	$0<I_L\leqslant 0.25$	$I_L\leqslant 0$
		$800\sim 1\,800$	$1\,800\sim 2\,400$	$2\,400\sim 3\,000$
粉土		—	$0.75\leqslant e\leqslant 0.9$	$e<0.75$
		—	$1\,000\sim 1\,500$	$1\,500\sim 2\,000$
砂土、碎石类土		稍密	中密	密实
	粉砂	$500\sim 700$	$800\sim 1\,100$	$1\,200\sim 2\,000$
	细砂	$700\sim 1\,100$	$1\,200\sim 1\,800$	$2\,000\sim 2\,500$
	中砂	$1\,000\sim 2\,000$	$2\,200\sim 3\,200$	$3\,500\sim 5\,000$
	粗砂	$1\,200\sim 2\,200$	$2\,500\sim 3\,500$	$4\,000\sim 5\,500$
	砾砂	$1\,400\sim 2\,400$	$2\,600\sim 4\,000$	$5\,000\sim 7\,000$
	圆砾、角砾	$1\,600\sim 3\,000$	$3\,200\sim 5\,000$	$6\,000\sim 9\,000$
	卵石、碎石	$2\,000\sim 3\,000$	$3\,300\sim 5\,000$	$7\,000\sim 11\,000$

注：1. 当桩进入持力层的深度 h_b 分别为：$h_b\leqslant D$，$D<h_b\leqslant 4D$，$h_b>4D$ 时，q_{pk} 可相应取低、中、高值。

2. 砂土密实度可根据标贯击数判定，$N\leqslant 10$ 为松散；$10< N\leqslant 15$ 为稍密；$15<N\leqslant 30$ 为中密；$N>30$ 为密实。

3. 当桩的长径比 $l/d\leqslant 8$ 时，q_{pk} 宜取较低值。

4. 当对沉降要求不严时，q_{pk} 可取高值。

表 8-8　　　　　大直径灌注桩侧阻力尺寸效应系数 ψ_{si}、端阻力尺寸效应系数 ψ_p

土的类型	黏性土、粉土	砂土、碎石类土
ψ_{si}	$(0.8/d)^{1/5}$	$(0.8/d)^{1/3}$
ψ_p	$(0.8/D)^{1/4}$	$(0.8/D)^{1/3}$

注：当为等直径桩时，表中 $D=d$。

3. 钢管桩

当根据土的物理指标与承载力参数之间的经验关系确定钢管桩单桩竖向极限承载力标准值

197

时，可按式（8-10）计算：

$$Q_{uk}=Q_{sk}+Q_{pk}=u\Sigma q_{sik}l_i+\lambda_p q_{pk}A_p \tag{8-10}$$

式中，q_{sik}、q_{pk}——按表 8-5、表 8-6 取与混凝土预制桩相同的值，kPa；

λ_p——桩端土塞效应系数，对于闭口钢管桩，$\lambda_p=1$；对于敞口钢管桩，当 $h_b/d<5$ 时，$\lambda_p=0.16h_b/d$，当 $h_b/d\geqslant5$ 时，$\lambda_p=0.8$；

h_b——桩端进入持力层深度，m；

d——钢管桩外径，m。

对于带隔板的半敞口钢管桩，应以等效直径 d_e 代替 d 确定 λ_p（$d_e=d/\sqrt{n}$，其中 n 为桩端隔板分割数）。

4. 混凝土空心桩

当根据土的物理指标与承载力参数之间的经验关系确定敞口预应力混凝土空心桩单桩竖向极限承载力标准值时，可按式（8-11）计算：

$$Q_{uk}=Q_{sk}+Q_{pk}=u\sum q_{sik}l_i+q_{pk}(A_j+\lambda_p A_{p1}) \tag{8-11}$$

式中，A_j——空心桩桩端净面积（m²），对于管桩，$A_j=\dfrac{\pi}{4}(d^2-d_1^2)$；对于空心方桩，$A_j=b^2-\dfrac{\pi}{4}d_1^2$；

A_{p1}——空心桩敞口面积（m²），$A_{p1}=\dfrac{\pi}{4}d_1^2$；

d、b——空心桩外径、边长（m）；

d_1——空心桩内径（m）。

5. 嵌岩桩

桩端置于完整、较完整基岩的嵌岩桩单桩竖向极限承载力，由桩周土总极限侧阻力和嵌岩段总极限阻力组成。当根据岩石单轴抗压强度确定单桩竖向极限承载力标准值时，可按式（8-12）~式（8-14）计算：

$$Q_{uk}=Q_{sk}+Q_{rk} \tag{8-12}$$
$$Q_{sk}=uq_{sik}l_i \tag{8-13}$$
$$Q_{rk}=\zeta_r f_{rk}A_p \tag{8-14}$$

式中，Q_{sk}、Q_{rk}——土的总极限侧阻力标准值、嵌岩段总极限阻力标准值，kPa；

q_{sik}——桩周第 i 层土的极限侧阻力，无当地经验时，可根据成桩工艺按表 8-5 取值，kPa；

f_{rk}——岩石饱和单轴抗压强度标准值，黏土岩取天然湿度单轴抗压强度标准值，MPa；

ζ_r——桩嵌岩段侧阻和端阻综合系数，与嵌岩深径比 h_r/d、岩石软硬程度和成桩工艺有关，可按表 8-9 采用；表中数值适用于泥浆护壁成桩，对于干作业成桩（清底干净）和泥浆护壁成桩后注浆，ζ_r 取表列数值的 1.2 倍。

表 8-9　　　　　　　　　　板嵌岩段侧阻和端阻综合系数 ζ_r

嵌岩深径比 h_r/d	0	0.5	1.0	2.0	3.0	4.0	5.0	6.0	7.0	8.0
极软岩、软岩	0.60	0.80	0.95	1.18	1.35	1.48	1.57	1.63	1.66	1.70
较硬岩、坚硬岩	0.45	0.65	0.81	0.90	1.00	1.04	—	—	—	—

注：1. 极软岩、软岩 $f_{rk}\leqslant15$MPa，较硬岩、坚硬岩 $f_{rk}>30$MPa，介于二者之间可内插取值。

2. h_r 为桩身嵌岩深度，当岩面倾斜时，以坡下方嵌岩深度为准；当 h_r/d 为非表列数值时，ζ_r 可内插取值。

6. 后注浆灌注桩

后注浆灌注桩的单桩极限承载力，应通过静荷载试验确定。在符合后注浆技术实施规定的条件下，其后注浆单桩极限承载力标准值可按式（8-15）估算：

$$Q_{uk}=Q_{sk}+Q_{gsk}+Q_{gpk}=u\sum q_{sjk}l_j+u\sum \beta_{si}q_{sik}l_{gi}+\beta_p q_{pk}A_p \tag{8-15}$$

式中， Q_{sk}——后注浆非竖向增强段的总极限侧阻力标准值，kPa；

Q_{gsk}——后注浆竖向增强段的总极限侧阻力标准值，kPa；

Q_{gpk}——后注浆总极限端阻力标准值，kPa；

u——桩身周长，m；

l_j——后注浆非竖向增强段第 j 层土厚度，m；

l_{gi}——后注浆竖向增强段内第 i 层土厚度，对于泥浆护壁成孔灌注桩，当为单一桩端后注浆时，竖向增强段为桩端以上 12m；当为桩端、桩侧复式注浆时，竖向增强段为桩端以上 12m 及各桩侧注浆断面以上 12m，重叠部分应扣除；对于干作业灌注桩，竖向增强段为桩端以上、桩侧注浆断面上下各 6m；

q_{sik}、q_{sjk}、q_{pk}——后注浆竖向增强段第 i 土层初始极限侧阻力标准值、非竖向增强段第 j 土层初始极限侧阻力标准值、初始极限端阻力标准值，kPa；

β_{si}、β_p——后注浆侧阻力、端阻力增强系数，无当地经验时，可按表 8-10 取值。对于桩径大于 800 mm 的桩，应进行侧阻和端阻尺寸效应修正。

表 8-10   后注浆侧阻力、端阻力增强系数

土层名称	淤泥淤泥质土	黏性土粉土	粉砂细砂	中砂	粗砂砾砂	砾石卵石	全风化岩强风化岩
β_{si}	1.2 ~ 1.3	1.4 ~ 1.8	1.6 ~ 2.0	1.7 ~ 2.1	2.0 ~ 2.5	2.4 ~ 3.0	1.4 ~ 1.8
β_p	—	2.2 ~ 2.5	2.4 ~ 2.8	2.6 ~ 3.0	3.0 ~ 3.5	3.2 ~ 4.0	2.0 ~ 2.4

注：干作业钻、挖孔桩，β_p 按表列值乘以小于 1.0 的折减系数。当桩端持力层为黏性土或粉土时，折减系数取 0.6；为砂土或碎石土时，取 0.8。

后注浆钢导管注浆后可等效替代纵向主筋。

学习单元 3   验算特殊条件下桩基础竖向承载力

知识目标

1. 掌握软弱下卧层验算的方法。
2. 掌握桩的负摩阻力的计算。
3. 掌握抗拔桩基础承载力的验算方法。

技能目标

1. 对于桩距小于 $6d$ 的群桩基础，桩端持力层下存在承载力低于桩端持力层承载力 1/3 的软弱下卧层时，能够正确验算其承载力。

2. 能够正确处理桩的负摩阻力，并能正确确定中性点的深度。

3. 能够准确确定群桩基础及其基桩的抗拔极限承力，并能根据所学知识验算季节性冻土上轻型建筑的短桩基础和膨胀土上轻型短桩基础。

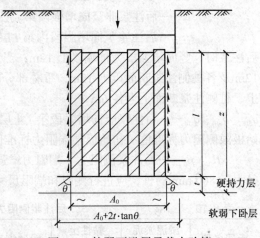

→ **基础知识**

一、软弱下卧层验算

对于桩距不超过 $6d$ 的群桩基础，桩端持力层下存在承载力低于桩端持力层承载力 1/3 的软弱下卧层时，可按式（8-16）和式（8-17）验算软弱下卧层的承载力，如图 8-9 所示。

$$\sigma_z + \gamma_m + z \leqslant f_{az} \qquad (8\text{-}16)$$

$$\sigma_z = \frac{(F_k + G_k) - 3/2(A_0 + B_0)\Sigma q_{sik}l_i}{(A_0 + 2t\tan\theta)(B_0 + 2t\tan\theta)} \qquad (8\text{-}17)$$

式中，σ_z——作用于软弱下卧层顶面的附加应力，N/m^2；

γ_m——软弱层顶面以上各土层重度（地下水位以下取浮重度）按厚度加权平均值，g/cm^3；

t——硬持力层厚度，m；

f_{az}——软弱下卧层经深度 z 修正的地基承载力特征值；

A_0、B_0——桩群外缘矩形底面的长、短边边长，m；

图 8-9 软弱下卧层承载力验算

q_{sik}——桩周第 i 层土的极限侧阻力标准值，无当地经验时，可根据成桩工艺按表 8-4 取值；

θ——桩端硬持力层压力扩散角，按表 8-11 取值。

表 8-11　　　　　　　　　　　桩端硬持力层压力扩散角

E_{s1}/E_{s2}	$t=0.25B_0$	$t\geqslant 0.50B_0$
1	4°	12°
3	6°	23°
5	10°	25°
10	20°	30°

注：1. E_{s1}、E_{s2} 为硬持力层、软弱下卧层的压缩模量。

2. 当 $t<0.25B_0$ 时，取 $\theta=0°$，必要时，宜通过试验确定；当 $0.25B_0<t<0.50B_0$ 时，可内插取值。

二、桩的负摩阻力的计算

如图 8-10（a）所示，桩周有两种土层，下层（即持力层）较坚实，而厚度为 h_0 的上层由于某种原因发生沉降且未稳定。图 8-10（b）所示为桩身轴向位移 s 和桩侧土沉降 s' 随深度 y 的变化，当 $y<h_n$ 时，$s<s'$，因而在该深度内桩侧摩阻力为负；当 $y>h_n$ 时，$s>s'$，侧摩阻力为正，如图 8-10（c）所示。

在深度为 h_n 的 n 点处，桩土间的相对位移为 0，因而无摩阻力；在其上、下分别为负摩阻力和正摩阻力，即该点为正负摩阻力的分界点，通常称为中性点。工程实测表明，其深度 h_n 随桩端持力层土的强度和刚度增大而增加；h_n 与桩侧产生沉降的土层的厚度 h_0 之比称为中性点深度比，设计时 h_n 可按 $s=s'$ 的条件通过计算确定，也可参照表 8-12 中的中性点深度比确定。

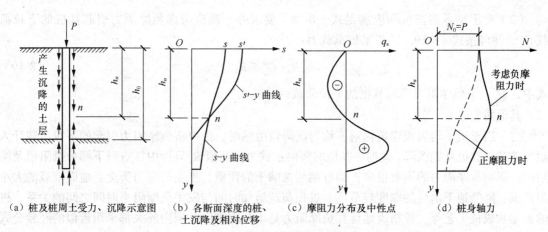

图 8-10　桩的负摩阻力

（a）桩及桩周土受力、沉降示意图　　（b）各断面深度的桩、土沉降及相对位移　　（c）摩阻力分布及中性点　　（d）桩身轴力

☼**小提示**

一般来讲，在桩土体系受力初期，中性点的位置随桩的沉降加大而稍有上升，随着桩的沉降趋于稳定，中性点也逐渐固定下来。

表 8-12　　　　　　　　　　　　　　　中性点深度比 l_n/l_0

持力层性质	黏性土、粉土	中密以上砂	砾石、卵石	基岩
中性点深度比 l_n/l_0	0.5 ~ 0.6	0.7 ~ 0.8	0.9	1.0

注：1. l_n、l_0 分别为自桩顶算起的中性点深度和桩周软弱土层下限深度。

2. 桩穿过自重湿陷性黄土层时，l_n 可按表列值增大 10%（持力层为基岩除外）。

3. 当桩周土层固结与桩基础固结沉降同时完成时，取 $l_n=0$。

4. 当桩周土层计算沉降量小于 20mm 时，l_n 应按表列值乘以 0.4 ~ 0.8 折减。

负摩阻力引起的下拉力如同作用于桩的轴向压力，使桩身轴向力增大，其最大值在中性点 n 处，如图 8-10（d）所示。因而负摩阻力对桩基础而言是一种不利因素。工程中，因负摩阻力引起的不均匀沉降造成建筑物开裂、倾斜或因沉降过大而影响使用的现象屡有发生，不得不花费大量资金进行加固，有的甚至无法继续使用而拆除。

《建筑桩基技术规范》（JGJ 94—2008）规定，符合下列条件之一的桩基础，当桩周土层产生的沉降超过基桩的沉降时，在计算基桩承载力时应计入桩侧负摩阻力：

（1）桩穿越较厚松散填土、自重湿陷性黄土、欠固结土、液化土层进入相对较硬土层时；

（2）桩周存在软弱土层，邻近桩侧地面承受局部较大的长期荷载，或地面大面积堆载（包括填土）时；

（3）由于降低地下水位，使桩周土有效应力增大，并产生显著压缩沉降时。

当桩周土沉降可能引起桩侧负摩阻力时，设计时应根据工程具体情况考虑负摩阻力对桩基础承载力和沉降的影响。当缺乏可参照的工程经验时，可按下列规定验算。

（1）对于摩擦型基桩可取桩身计算中性点以上侧阻力为 0，并可按式（8-18）验算基桩承载力：

$$N_k \leqslant R_a \qquad\qquad (8\text{-}18)$$

式中，N_k——荷载效应标准组合轴心竖向力作用下，桩基础或复合基桩的平均竖向力，kPa。

201

（2）对于端承型基桩除应满足式（8-18）要求外，尚应考虑负摩阻力引起基桩的下拉荷载 Q_g^n，并可按式（8-19）验算基桩承载力：

$$N_k + Q_g^n \leqslant R_a \tag{8-19}$$

式中，Q_g^n——负摩阻力引起基桩的下拉荷载，kPa。

其他同上。

（3）当土层不均匀或建筑物对不均匀沉降较敏感时，尚应将负摩阻力引起的下拉荷载计入附加荷载验算桩基础沉降。此时，基桩的竖向承载力特征值 R_a 只计中性点以下部分侧阻值及端阻值。影响负摩阻力的因素很多，如桩侧与桩端土的性质、土层的应力历史、地面堆载的大小与范围、降低地下水位的深度与范围、桩顶荷载施加时间与发生负摩阻力时间之间的关系、桩的类型和成桩工艺等，要精确地计算负摩阻力是十分困难的，国内外大都采用近似的经验公式估算。根据实测加固分析，认为采用有效应力方法比较符合实际。反映有效应力影响的中性点以上单桩桩周第 i 层土负摩阻力标准值可按式（8-20）计算：

$$q_{si}^n = \xi_{ni}\,\sigma_i' \tag{8-20}$$

式中，q_{si}^n——第 i 层土桩侧负摩阻力标准值（kPa），当计算值大于正摩阻力准值时，取正摩阻力标准值进行设计；

ξ_{ni}——桩周第 i 层土负摩阻力系数，可按表 8-13 取值；

σ_i'——桩周第 i 层土平均竖向有效应力（kPa）。

表 8-13 　　　　　　　　　　　负摩阻力系数 ξ_n

土类	ξ_n
饱和软土	0.15 ~ 0.25
黏性土、粉土	0.25 ~ 0.40
砂土	0.35 ~ 0.50
自重湿陷性黄土	0.20 ~ 0.35

注：1. 在同一类土中，对于挤土桩，取表中较大值；对于非挤土桩，取表中较小值。

2. 填土按其组成取表中同类土的较大值。

当填土、自重湿陷性黄土湿陷、欠固结土层产生固结和地下水降低时，$\sigma_i' = \sigma_{\gamma i}'$；当地面分布大面积荷载时，$\sigma_i' = p + \sigma_{\gamma i}'$。其中，$\sigma_{\gamma i}'$ 按式（8-21）计算：

$$\sigma_{\gamma i}' = \sum_{e=1}^{i-1} \gamma_e \Delta z_e + \frac{1}{2}\gamma_i \Delta z_i \tag{8-21}$$

式中，$\sigma_{\gamma i}'$——由土自重引起的桩周第 i 层土平均竖向有效应力（kPa），桩群外围桩自地面算起，桩群内部桩自承台底算起；

γ_i、γ_e——第 i 计算土层和其上第 e 土层的重度（kN/m³），地下水位以下取浮重度；

Δz_e、Δz_i——第 i 层土、第 e 层土的厚度（m）；

p——地面均布荷载（kPa）。

考虑群桩效应的基桩下拉荷载 Q_g^n 可按式（8-22）和式（8-23）计算：

$$Q_g^n = \eta_n u \sum_{i=1}^{n} q_{si}^n l_i \tag{8-22}$$

$$\eta_n = \frac{s_{ax}s_{ay}}{\left[\pi d\left(\dfrac{q_s^n}{\gamma_m} + \dfrac{d}{4}\right)\right]} \qquad (8\text{-}23)$$

式中，n——中性点以上土层数；

l_i——中性点以上第 i 土层的厚度（m）；

η_n——负摩阻力群桩效应系数；

s_{ax}、s_{ay}——纵、横向桩的中心距（m）；

q_s^n——中性点以上桩周土层厚度加权平均负摩阻力标准值（kPa）；

γ_m——中性点以上桩周土层厚度加权平均重度（地下水位以下取浮重度）（kN/m³）。

对于单桩基础或按式（8-23）计算的群桩效应系数 $\eta_n > 1$ 时，取 $\eta_n = 1$。

> ☆小技巧
>
> **消除或减小负摩阻力小技巧**
>
> 在工程实践中，可采取适当措施来消除或减小负摩阻力。例如，对填土建筑场地，填土时保证其密实度符合要求，尽量在填土的沉降基本稳定后成桩；当建筑物地面有大面积堆载时，成桩前采取预压等措施，减小堆载引起的桩侧土沉降；对自重湿陷性黄土地基，先行用强夯、素土或灰土挤密桩等方法进行处理，消除或减轻桩侧土的湿陷性；对中性点以上桩身表面进行处理（如涂刷沥青等）。实践表明，根据不同情况采取相应措施，一般可以取得较好的效果。

三、抗拔桩基础承载力验算

承受拔力的桩基础，应按式（8-24）和式（8-25）同时验算群桩基础呈整体破坏和呈非整体破坏时基桩的抗拔承载力：

$$N_k \leqslant \frac{T_{gk}}{2} + G_{gp} \qquad (8\text{-}24)$$

$$N_k \leqslant \frac{T_{uk}}{2} + G_p \qquad (8\text{-}25)$$

式中，N_k——按荷载效应标准组合计算的基桩拔力，kPa；

T_{gk}——群桩呈整体破坏时基桩的抗拔极限承载力标准值，kPa；

T_{uk}——群桩呈非整体破坏时基桩的抗拔极限承载力标准值，kPa；

G_{gp}——群桩基础所包围体积的桩土总自重除以总桩数，地下水位以下取浮重度，kg；

G_p——基桩自重，地下水位以下取浮重度，对于扩底桩应按表 8-14 确定桩、土柱体周长，计算桩、土自重，kg。

（一）群桩基础及其基桩的抗拔极限承载力的确定

群桩基础及其基桩的抗拔极限承载力的确定应符合下列规定。

（1）对于设计等级为甲级和乙级建筑桩基础，基桩的抗拔极限承载力应通过现场单桩上拔静荷载试验确定。单桩上拔静荷载试验及抗拔极限承载力标准值取值可按现行行业标准《建筑基桩检测技术规范》（JGJ 106—2003）进行。

（2）如无当地经验时，群桩基础及设计等级为丙级建筑桩基础，基桩的抗拔极限载力取值可按下列规定计算。

① 群桩呈非整体破坏时，基桩的抗拔极限承载力标准值可按式（8-26）计算：

$$T_{uk} = \sum \lambda_i q_{sik} u_i l_i \tag{8-26}$$

式中，T_{uk}——基桩抗拔极限承载力标准值，kPa；

　　　u_i——桩身周长，对于等直径桩取 $u = \pi d$；对于扩底桩按表 8-14 取值，m；

　　　λ_i——抗拔系数，可按表 8-15 取值；

　　　q_{sik}——桩侧表面第 i 层土的抗压极限侧阻力标准值，kPa，可按表 8-5 取值。

表 8-14　　　　　　　　　　　　　　扩底桩破坏表面周长

自桩底起算的长度 l_i	$\leq (4 \sim 10)d$	$>(4 \sim 10)d$
u_i	πD	Πd

注：l_i 对于软土取低值，对于卵石、砾石取高值；l_i 取值按内摩擦角增大而增加。

表 8-15　　　　　　　　　　　　　　　抗拔系数

土　类	λ 值
砂土	$0.50 \sim 0.70$
黏性土、粉土	$0.70 \sim 0.80$

注：桩长 l 与桩径 d 之比小于 20 时，λ 取小值。

② 群桩呈整体破坏时，基桩的抗拔极限承载力标准值可按式（8-27）计算：

$$T_{gk} = \frac{1}{2} u_l \sum \lambda_i q_{sik} l_i \tag{8-27}$$

式中，u_l——桩群外围周长。

（二）季节性冻土上轻型建筑的短桩基础

季节性冻土上轻型建筑的短桩基础，应按式（8-28）和式（8-29）验算其抗冻拔稳定性：

$$\eta_f q_f u z_0 \leq \frac{T_{gk}}{2} + N_G + G_{gp} \tag{8-28}$$

$$\eta_f q_f u z_0 \leq \frac{T_{uk}}{2} + N_G + G_p \tag{8-29}$$

式中，η_f——冻深影响系数，按表 8-16 采用；

　　　q_f——切向冻胀力，kPa，按表 8-17 采用；

　　　z_0——季节性冻土的标准冻深，m；

　　　T_{gk}——标准冻深线以下群桩呈整体破坏时基桩抗拔极限承载力标准值，kPa；

　　　T_{uk}——标准冻深线以下单桩抗拔极限承载力标准值，kPa；

　　　N_G——基桩承受的桩承台底面以上建筑物自重、承台及其上土重标准值，kg。

表 8-16　　　　　　　　　　　　　　　冻深影响系数

标准冻深/m	$z_0 \leq 2.0$	$2.0 < z_0 \leq 3.0$	$z_0 > 3.0$
η_f	1.0	0.9	0.8

204

表 8-17		切向冻胀力			（单位：kPa）
冻胀性分类 土类	弱冻胀	冻胀	强冻胀	特强冻胀
黏性土、粉土	30～60	60～80	80～120	120～150
砂土、砾（碎）石 （黏粒、粉粒含量>15%）	<10	20～30	40～80	90～200

注：1. 表面粗糙的灌注桩，表中数值应乘以系数 1.1～1.3。
2. 本表不适用于含盐量大于 0.5%的冻土。

（三）膨胀土上轻型建筑的短桩基础

膨胀土上轻型建筑的短桩基础，应按式（8-30）和式（8-31）验算群桩基础呈整体破坏和非整体破坏的抗拔稳定性：

$$u \sum q_{ei}l_{ei} \leqslant \frac{T_{gk}}{2} + N_G + G_{gp} \qquad (8\text{-}30)$$

$$u \sum q_{ei}l_{ei} \leqslant \frac{T_{uk}}{2} + N_G + G_p \qquad (8\text{-}31)$$

式中，T_{gk}——群桩呈整体破坏时，大气影响急剧层下稳定土层中基桩的抗拔极限承载力标准值，kPa；

T_{uk}——群桩呈非整体破坏时，大气影响急剧层下稳定土层中基桩的抗拔极限承载力标准值，kPa；

q_{ei}——大气影响急剧层中第 i 层土的极限胀切力，由现场浸水试验确定，kPa；

l_{ei}——大气影响急剧层中第 i 层土的厚度，m。

学习单元 4　计算桩基础沉降

知识目标

1. 了解桩基础沉降变形的指标。
2. 熟悉桩基础变形指标的应用。
3. 掌握桩基础允许沉降值。
4. 掌握桩基础沉降量的计算。

技能目标

1. 了解《建筑桩基技术规范》（JGJ 94—2008）中有关桩基础沉降变形的相关指标。
2. 在计算桩基础沉降变形时，能够正确选用桩基础变形指标。
3. 正确采用计基础沉降变形允许值。
4. 正确计算桩基础沉降量。

 基础知识

一、桩基础沉降变形的指标

《建筑桩基技术规范》（JGJ 94—2008）规定，建筑桩基础沉降变形计算值不应大于桩基础沉降变形允许值。桩基础沉降变形可用下列指标表示：

（1）沉降量；

（2）沉降差；

（3）整体倾斜：建筑物桩基础倾斜方向两端点的沉降差与其距离的比值；

（4）局部倾斜：墙下条形承台沿纵向某一长度范围内桩基础两点的沉降差与其距离的比值。

二、桩基础变形指标的选用

计算桩基础沉降变形时，桩基础变形指标应按下列规定选用：

（1）由于土层厚度与性质不均匀、荷载差异、体型复杂、相互影响等因素引起的地基沉降变形，对于砌体承重结构应由局部倾斜控制；

（2）对于多层或高层建筑和高耸结构应由整体倾斜值控制；

（3）当其结构为框架、框架-剪力墙、框架-核心筒结构时，尚应控制柱（墙）之间的差异沉降。

三、桩基础允许沉降值

建筑桩基础沉降变形允许值应按表 8-18 规定采用。

表 8-18　　建筑桩基础沉降变形允许值

变形特征		允许值
砌体承重结构基础的局部倾斜		0.002
各类建筑相邻柱（墙）基的沉降差		
框架、框架-剪力墙、框架-核心筒结构		$0.002l_0$
砌体墙填充的边排柱		$0.0007l_0$
当基础不均匀沉降时不产生附加应力的结构		$0.005l_0$
单层排架结构（柱距为 6 m）桩基础的沉降量/mm		120
桥式吊车轨面的倾斜（按不调整轨道考虑）		
纵向		0.004
横向		0.003
多层和高层建筑的整体倾斜	$H_g \leqslant 24$	0.004
	$24 < H_g \leqslant 60$	0.003
	$60 < H_g \leqslant 100$	0.0025
	$H_g > 100$	0.002
高耸结构桩基础的整体倾斜	$H_g \leqslant 20$	0.008
	$20 < H_g \leqslant 50$	0.006
	$50 < H_g \leqslant 100$	0.005
	$100 < H_g \leqslant 150$	0.004
	$150 < H_g \leqslant 200$	0.003
	$200 < H_g \leqslant 250$	0.002
高耸结构基础的沉降量/mm	$H_g \leqslant 100$	350
	$100 < H_g \leqslant 200$	250
	$200 < H_g \leqslant 250$	150
体型简单的剪力墙结构高层建筑桩基础最大沉降量/mm	—	200

注：l_0 为相邻柱（墙）二测点间距离，H_g 为自室外地面算起的建筑物高度（m）。

206

四、桩基础沉降量的计算

（一）桩中心距不大于 6 倍桩径的桩基础沉降计算

（1）对于桩中心距不大于 6 倍桩径的桩基础，其最终沉降量计算可采用等效作用分层总和法。等效作用面位于桩端平面，等效作用面积为桩承台投影面积，等效作用附加压力近似取承台底平均附加压力。等效作用面以下的应力分布采用各向同性均质直线变形体理论。计算模式如图 8-11 所示，桩基础任一点最终沉降量可用角点法按式（8-32）计算。

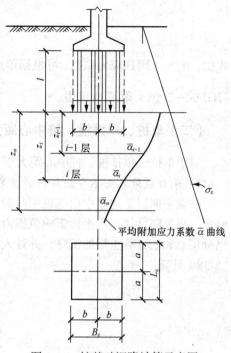

$$s = \psi\psi_e s' = \psi\psi_e \sum_{j=1}^{m} p_{0j} \sum_{i=1}^{n} \frac{z_{ij}\overline{\alpha}_{ij} - z_{(i-1)j}\overline{\alpha}_{(i-1)j}}{E_{si}} \quad (8\text{-}32)$$

式中，s——桩基础最终沉降量（mm）；

　　s'——采用布辛奈斯克（Boussinesq）解，按实体深基础分层总和法计算出的桩基础沉降量（mm）；

　　ψ——桩基础沉降计算经验系数；

　　ψ_e——桩基础等效沉降系数，

$$\psi_e = C_0 + \frac{n_{b-1}}{C_1(n_{b-1}) + C_2}$$

$$n_b = \sqrt{nB_c / L_c}$$

图 8-11　桩基础沉降计算示意图

207

　　n_b——矩形布桩时的短边布桩数；

C_0、C_1、C_2——根据群桩距径比 s_a/d、长径比 l/d 及基础长宽比 L_c/B_c，按《建筑桩基技术规范》（JGJ 94—2008）附录 E 确定；

　　L_c、B_c、n——矩形承台的长、宽及总桩数；

　　m——角点法计算点对应的矩形荷载分块数；

　　p_{0j}——第 j 块矩形底面在荷载效应准永久组合下的附加压力（kPa）；

　　n——桩基础沉降计算沉度范围内所划分的土层数；

　　E_{si}——等效作用面以下第 i 层土的压缩模量（MPa），采用地基土在自重压力至自重压力加附压力作用时的压缩模量；

　　z_{ij}、$z_{(i-1)j}$——桩端平面第 j 块荷载作用面至第 i 层土、第（$i-1$）层土底面的距离（m）；

　　$\overline{\alpha}_{ij}$、$\overline{\alpha}_{(i-1)j}$——桩端平面第 j 块荷载计算点至第 i 层土、第（$i-1$）层土底面深度范围内平均附加应力系数，可按《建筑桩基技术规范》（JGJ 94—2008）附录 D 选用。

　　（2）计算矩形桩基础中点沉降时，桩基础沉降量可按式（8-33）简化计算：

$$s = \psi\psi_e s' = 4\psi\psi_e p_0 \sum_{i=1}^{n} \frac{z_i\overline{\alpha}_i - z_{i-1}\overline{\alpha}_{i-1}}{E_{si}} \quad (8\text{-}33)$$

式中，p_0——在荷载效应准永久组合下承台底的平均附加压力；

　　$\overline{\alpha}_i$、$\overline{\alpha}_{i-1}$——平均附加应力系数，根据矩形长宽比 a/b 及深宽比 $\frac{z_i}{b} = \frac{2z_i}{B_c}$，$\frac{z_{i-1}}{b} = \frac{2z_{i-1}}{B_c}$，可按《建

筑桩基技术规范》（JGJ 94—2008）附录 D 选用。

（3）桩基础沉降计算深度 z_n 应按应力比法确定，即计算深度处的附加应力 σ_z 与土的自重应力 σ_c 应符合式（8-34）和式（8-35）要求：

$$\sigma_z \leqslant 0.2\sigma_c \tag{8-34}$$

$$\sigma_c = \sum_{j=1}^{m} \alpha_j p_{0j} \tag{8-35}$$

式中，α_j——附加应力系数，可根据角点法划分的矩形长宽比及深宽比按《建筑桩基技术规范》（JGJ 94—2008）附录 D 选用。

（二）单桩、单排桩、桩中心距大于 6 倍桩径的基桩基础

对于单桩、单排桩、桩中心距大于 6 倍桩径的基桩基础的沉降计算应符合下列规定。

1. 承台底地基土不分担荷载的桩基础

桩端平面以下地基中由基桩引起的附加应力，按考虑桩径影响的明德林（Mindlin）解计算确定。将沉降计算点水平面影响范围内各基桩对应力计算点产生的附加应力叠加，采用单向压缩分层总和法计算土层的沉降，并计入桩身压缩 s_e。桩基础的最终沉降量可按式（8-36）~式（8-38）计算：

$$s = \psi \sum_{i=1}^{n} \frac{\sigma_{zi}}{E_{si}} \Delta z_i + s_e \tag{8-36}$$

$$\sigma_{zi} = \sum_{j=1}^{n} \frac{Q_j}{J_j^2} \left[\alpha_j I_{p,ij} + (1-\alpha_j I_{s,ij}) \right] \tag{8-37}$$

$$s_e = \xi_e \frac{Q_j l_j}{E_c A_{ps}} \tag{8-38}$$

式中，m——以沉降计算点为圆心，0.6 倍桩长为半径的水平面影响范围内的基桩数；

n——沉降计算深度范围内土层的计算分层数。分层数应结合土层性质，分层厚度不应超过计算深度的 0.3 倍；

σ_{zi}——水平面影响范围内各基桩对应力计算点桩端平面以下第 i 层土 1/2 厚度处产生的附加竖向应力之和；应力计算点应取与沉降计算点最近的桩中心点；

Δz_i——第 i 计算土层厚度（m）；

E_{si}——第 i 计算土层的压缩模量（MPa），采用土的自重压力至土的自重压力加附加压力作用时的压缩模量；

Q_j——第 j 桩在荷载效应准永久组合作用下（对于复合桩基础应扣除承台底土分担荷载）桩顶的附加荷载（kN）；当地下室埋深超过 5m 时，取荷载效应准永久组合作用下的总荷载为考虑回弹再压缩的等效附加荷载；

l_j——第 j 桩桩长（m）；

A_{ps}——桩身截面面积（m²）；

α_j——第 j 桩总桩端阻力与桩顶荷载之比，近似取极限总端阻力与单桩极限承载力之比；

$I_{p,ij}$、$I_{s,ij}$——第 j 桩的桩端阻力和桩侧阻力对计算轴线第 i 计算土层 1/2 厚度处的应力影响系数，可按《建筑桩基技术规范》（JGJ 94—2008）附录 F 确定；

E_c——桩身混凝土的弹性模量；

　　s_e——计算桩身压缩沉降量；

　　ξ_e——桩身压缩系数。端承型桩，取 $\xi_e=1.0$；摩擦型桩，当 $l/d \leqslant 30$ 时，取 $\xi_e=2/3$；$l/d \geqslant 50$ 时，取 $\xi_e=1/2$；介于两者之间可线性插值；

　　ψ——沉降计算经验系数，无当地经验时，可取 1.0。

　　2. 承台底地基土分担荷载的复合桩基础

　　将承台底土压力对地基中某点产生的附加应力按布辛奈斯克（Boussinesq）解，即《建筑桩基技术规范》（JGJ 94—2008）附录 D 计算，与基桩产生的附加应力叠加，采用与（1）相同方法计算沉降。其最终沉降量可按式（8-39）和式（8-40）计算：

$$s = \psi \sum_{i=1}^{n} \frac{\sigma_{zi} + \sigma_{zci}}{E_{si}} \Delta z_i + s_e \qquad (8\text{-}39)$$

$$\sigma_{zci} = \sum_{i=1}^{n} \alpha_{ki} p_{c,k} \qquad (8\text{-}40)$$

式中，σ_{zci}——承台压力对应力计算点桩端平面以下第 i 计算土层 1/2 厚度处产生的应力；可将承台板划分为 u 个矩形块，可按《建筑桩基技术规范》（JGJ 94—2008）附录 D 采用角点法计算；

　　$p_{c,k}$——第 k 块承台底均布压力，可按 $p_{c,k}=\eta_{c,k}f_{ak}$ 取值，其中 $\eta_{c,k}$ 为第 k 块承台底板的承台效应系数，按表 8-19 确定；f_{ak} 为承台底地基承载力特征值；

　　α_{ki}——第 k 块承台底角点处，桩端平面以下第 i 计算土层 1/2 厚度处的附加应力系数，可按《建筑桩基技术规范》（JGJ 94—2008）附录 D 确定。

表 8-19　　　　　　　　　　　　　　　　承台效应系数

B_c/l ＼ s_a/d	3	4	5	6	>6
≤0.4	0.06 ~ 0.08	0.14 ~ 0.17	0.22 ~ 0.26	0.32 ~ 0.38	
0.4 ~ 0.8	0.08 ~ 0.10	0.17 ~ 0.20	0.26 ~ 0.30	0.38 ~ 0.44	0.50 ~ 0.80
>0.8	0.10 ~ 0.12	0.20 ~ 0.22	0.30 ~ 0.34	0.44 ~ 0.50	
单排桩条形承台	0.15 ~ 0.18	0.25 ~ 0.30	0.38 ~ 0.45	0.50 ~ 0.60	

注：1. 表中 s_a/d 为桩中心距与桩径之比；B_c/l 为承台宽度与桩长之比。当计算基桩为非正方形排列时，$s_a = \sqrt{A/n}$，A 为承台计算域面积，n 为总桩数。

2. 对于桩布置于墙下的箱、筏承台，η_c 可按单排桩条形承台取值。

3. 对于单排桩条形承台，当承台宽度小于 1.5d 时，η_c 按非条形承台取值。

4. 对于采用后注浆灌注桩的承台，η_c 宜取低值。

5. 对于饱和黏性土中的挤土桩基础、软土地基上的桩基础承台，η_c 宜取低值的 0.8 倍。

☼小提示

　　对于单桩、单排桩、疏桩复合桩基础的最终沉降计算深度 z_n，可按应力比法确定，即 z_n 处由桩引起的附加应力 σ_z 由承台土压力引起的附加应力 σ_{zc} 与土的自重应力 σ_c 应符合式（8-41）要求：

$$\sigma_z + \sigma_{zc} = 0.2\sigma_c \qquad (8\text{-}41)$$

学习单元 5　设计承台

知识目标

1. 熟悉承台的构造。
2. 掌握承台受弯的计算方法。
3. 掌握承台受冲切的计算方法。
4. 掌握承台受剪的计算方法。

技能目标

1. 通过对承台构造的理解与熟悉，能够进行承台受弯、受冲切、受剪的简单计算。
2. 能够按照相关规定进行柱下独立桩基础承台的正截面弯矩设计值计算。
3. 在承台产生冲切破坏时，能够正确地对承台受冲切进行计算。
4. 能够正确把握承台受剪计算的方法与要求。

基础知识

一、承台的构造

　　承台设计是桩基础设计中的一个重要组成部分，承台应有足够的强度和刚度，以便把上部结构的荷载可靠地传给各桩，并将各单桩连成整体。

　　承台分为高桩承台和低桩承台。高桩承台是指桩顶位于地面以上相当高度的承台，多应用于桥梁、码头工程中；凡桩顶位于地面以下的桩承台称为低桩承台，低桩承台与浅基础一样要求底面埋置于当地冻结深度以下。

　　无论是哪种承台，其最小宽度不应小于 500mm，边桩中心至承台边缘的距离不小于桩的直径或边长，桩的外边缘至承台边缘的距离不小于 150mm。对于墙下条形承台，桩的外边缘至承台边缘的距离不小于 75mm。

　　条形承台和柱下独立桩基础承台的最小厚度为 300mm。

　　承台混凝土强度不低于 C20，承台底面钢筋混凝土保护层厚度不小于 70mm。当有混凝土垫层时，可适当减少。

　　承台的配筋：对于矩形承台，应双向均匀通长布筋，直径不小于 10mm，间距不大于 200mm；对于三桩承台，最里面的三根钢筋围成的三角形应在桩截面范围内。

　　桩顶嵌入承台内的长度不应小于 50mm。主筋伸入承台内的锚固长度不应小于钢筋（HPB300）直径的 30 倍和钢筋（HRB335 和 HRB400）直径的 35 倍。对于大直径灌注桩，当采用一柱一桩时，可设置承台或将桩和柱直接连接。

　　承台之间的连接：对于单桩承台，可在两个互相垂直方向上设置连系梁；对于两桩承台，宜在其短向上设置连系梁；对于抗震要求柱下独立承台，宜在两个主轴方向设置连系梁。连系梁顶面宜与承台位于同一标高。

二、承台受弯计算

　　柱下独立桩基础承台的正截面弯矩设计值可按下列规定计算。

（1）两桩条形承台和多桩矩形承台弯矩计算截面取在柱边和承台变阶处，如图 8-12（a）所示，可按式（8-42）和式（8-43）计算：

$$M_x = \sum N_i y_i \tag{8-42}$$

$$M_y = \sum N_i x_i \tag{8-43}$$

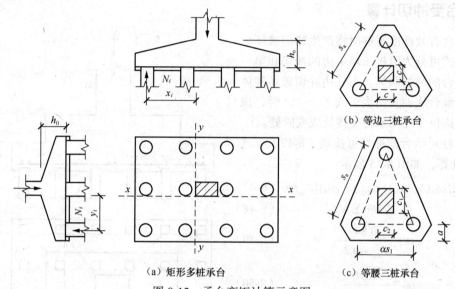

（a）矩形多桩承台　　（b）等边三桩承台　　（c）等腰三桩承台

图 8-12　承台弯矩计算示意图

式中，M_x、M_y——绕 x 轴和绕 y 轴方向计算截面处的弯矩设计值（kN·m）；

x_i、y_i——垂直 y 轴和 x 轴方向自桩轴线到相应计算截面的距离（m）；

N_i——不计承台及其上土重，在荷载效应基本组合下的第 i 基桩或复合基桩竖向反力设计值（kN）。

（2）三桩承台的正截面弯矩值应符合下列要求：

① 等边三桩承台［见图 8-12（b）］。

$$M = \frac{N_{\max}}{3}\left(s_a - \frac{0.75}{\sqrt{4-\alpha^2}}c\right) \tag{8-44}$$

式中，M——通过承台形心至各边边缘正交截面范围内板带的弯矩设计值（kN·m）；

$N_{\max}$——不计承台及其上土重，在荷载效应基本组合下三桩中最大基桩或复合基桩竖向反力设计值（kN）；

s_a——桩中心距（m）；

c——方柱边长（m），圆柱时 $c = 0.8d$（d 为圆柱直径）。

② 等腰三桩承台［见图 8-12（c）］。

$$M_1 = \frac{N_{\max}}{3}\left(s_a - \frac{0.75}{\sqrt{4-\alpha^2}}c_1\right) \tag{8-45}$$

$$M_2 = \frac{N_{\max}}{3}\left(\alpha s_a - \frac{0.75}{\sqrt{4-\alpha^2}}c_2\right) \tag{8-46}$$

式中，M_1、M_2——通过承台形心至两腰边缘和底边边缘正交截面范围内板带的弯矩设计值

（kN·m）；

s_a——长向桩中心距（m）；

α——短向桩中心距与长向桩中心距之比，当$\alpha<0.5$时，应按变截面的二桩承台设计；

c_1、c_2——垂直、平行于承台底边的柱截面边长（m）。

三、承台受冲切计算

在承台有效高度不够时将产生冲切破坏。其破坏方式可分为沿桩（墙）边的冲切和单一基桩对承台的冲切两类。当柱边冲切破坏锥体斜截面与承台底面夹角大于或等于45°时，该斜面上周边位于柱与承台交接处或变阶处。

（1）柱对承台的冲切可按式（8-47）~式（8-50）计算，如图8-13所示。

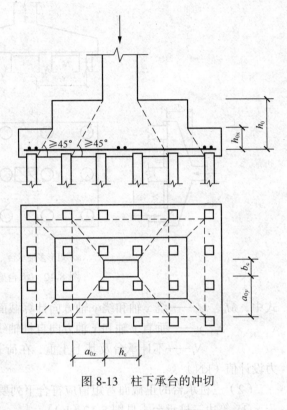

$$N_l \leqslant 2[\alpha_{0x}(b_c+a_{0y})+\alpha_{0y}(h_c+a_{0x})]\beta_{hp}f_t h_0 \quad (8\text{-}47)$$

$$F_l = F - \sum N_i \quad (8\text{-}48)$$

$$\alpha_{0x} = \frac{0.84}{\lambda_{0x}+0.2} \quad (8\text{-}49)$$

$$\alpha_{0y} = \frac{0.84}{\lambda_{0y}+0.2} \quad (8\text{-}50)$$

图8-13 柱下承台的冲切

式中，F_l——扣除承台及其上填土自重作用在冲切破坏锥体上相应于作用基本组合时的冲切力设计值（kN），冲切破坏锥体应采用自柱边或承台变阶处相应桩顶边缘连线构成的锥体，锥体与承台地面的夹角不小于45°，如图8-13所示；

α_{0x}、α_{0y}——冲切系数；

f_t——承台混凝土抗拉强度设计值；

h_c——承台冲切破坏锥体的有效高度；

λ_{0x}、λ_{0y}——冲跨比，$\lambda_{0x}=a_{0x}/h_0$，$\lambda_{0y}=a_{0y}/h_0$，其值均应满足$0.25\sim1.0$的要求；

a_{0x}、a_{0y}——柱边变阶处至柱边的水平距离，当$a_{0x}<0.25h_0$时，取$a_{0x}=0.25h_0$；当$a_{0x}>h_0$时，取$a_{0x}=h_0$；a_{0y}取值方法同G_{0x}

F——柱根部轴力设计值（kN）；

$\sum N_i$——冲切破坏锥体范围内各基桩的净反力设计值之和（kN）。

☆小提示

对中低压缩性土上承台，当承台与地基之间没有脱空现象时，可根据地区经验适当减少柱下桩基础独立承台受冲切计算的承台厚度。

对位于柱（墙）冲切破坏锥体以外的基桩，尚应考虑单桩对承台的冲切作用，并按四柱、三柱承台的不同情况计算受冲切承载力。

（2）对四桩（含四桩）以上承台受角桩冲切的承载力按式（8-51）~式（8-53）计算

（见图 8-14）。

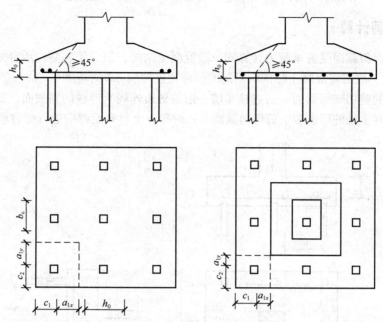

图 8-14 四柱以上角桩冲切验算

$$N_l \leqslant [\alpha_{1x}(c_2+a_{1y}/2)+\alpha_{1y}(c_1+a_{1x}/2)]\beta h_p f_t h_0 \qquad (8\text{-}51)$$

$$\alpha_{1x}=0.56/(\lambda_{1x}+0.2) \qquad (8\text{-}52)$$

$$\alpha_{1y}=0.56/(\lambda_{1y}+0.2) \qquad (8\text{-}53)$$

式中，N_l——扣除承台及其上填土自重的角桩桩顶相应于作用的基本组合时的竖向力设计值（kN）；

α_{1x}、α_{1y}——角桩冲切系数；

λ_{1x}、λ_{1y}——角桩冲垮比，$\lambda_{1x}=a_{1x}/h_0$，$\lambda_{1y}=a_{1y}/h_0$，其值均应满足 0.25～1.0 的要求；

c_1、c_2——从角桩内边缘至承台外边缘的距离（m）；

h_0——承台外边缘的有效高度（m）；

a_{1x}、a_{1y}——从承台底角桩内边缘引 45° 冲切线与承台顶面相交点至角桩内边缘的水平距离（m）。

（3）对于三桩三角形承台受角桩冲切的承载力按式（8-54）～式（8-57）计算（见图 8-15）。

底部角桩

$$N_l \leqslant \alpha_{11}(2c_1+a_{11})\tan\frac{\theta_1}{2}\beta_{hp}f_t h_0 \qquad (8\text{-}54)$$

$$\alpha_{11}=\frac{0.56}{\lambda_{11}+0.2} \qquad (8\text{-}55)$$

顶部角桩

$$N_l \leqslant \alpha_{12}(2c_2+a_{12})\tan\frac{\theta_2}{2}\beta_{hp}f_t h_0 \qquad (8\text{-}56)$$

$$\alpha_{12}=\frac{0.56}{\lambda_{12}+0.2} \qquad (8\text{-}57)$$

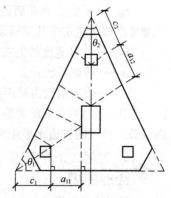

图 8-15 三桩三角形承台角桩
冲切验算

式中，a_{11}、a_{12}——从承台底角桩顶内边缘向相邻承台引 45° 冲切线与承台顶面相交点至角桩内边缘的水平距离；当柱位于该 45° 线以内时，则取由柱边与柱内边缘连线为冲切锥体的锥线；

213

λ_{11}、λ_{12}——角桩冲跨比，$\lambda_{11}=a_{11}/h_0$，$\lambda_{12}=a_{12}/h_0$，其值均应满足 0.25～1.0 的要求。

四、承台受剪计算

桩基础承台斜截面受剪承载力计算同一般混凝土结构，但由于桩基础承台多属小剪跨比（$\lambda<1.40$）情况，故需将混凝土结构所限制的剪跨比延伸到 0.3 的范围。

柱基承台的剪切破坏面为一通过柱（墙）边与桩边连线所形成的斜截面，如图 8-16 所示。当柱（墙）外有多排桩形成多个剪切斜截面时，对每一个斜截面都应进行受剪承载力计算。

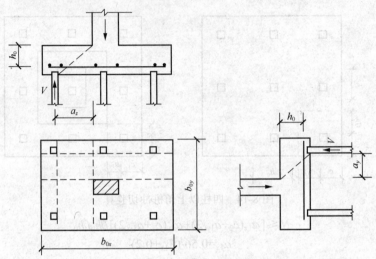

图 8-16 承台斜截面受剪承载力计算

等厚度承台斜截面受剪承载力计算可按式（8-58）～式（8-60）计算：

$$V \leqslant \beta_{hs}\alpha f_t b_0 h_0 \tag{8-58}$$

$$\alpha = \frac{1.75}{\lambda+1} \tag{8-59}$$

$$\beta_{hs} = (800/h_0)^{1/4} \tag{8-60}$$

式中，V——扣除承台及其上填土自重后相应于作用的基本组合时的斜截面最大剪力设计值（kN）；

f_t——混凝土轴心抗拉强度设计值；

b_0——承台计算截面处的计算宽度（m）；阶梯形承台变阶处的计算宽度、锥形承台的计算宽度应按《建筑地基基础设计规范》（GB 50007—2011）附录 U 确定；

h_0——计算宽度处的有效高度（m）；

α——剪切系数；

β_{hs}——受剪承载力截面高度影响系数；

λ——计算截面的剪跨比，$\lambda_x=a_x/h_0$，$\lambda_y=a_y/h_0$（a_x、a_y 分别为柱边或承台变阶处至 x、y 方向计算一排桩的桩边水平距离），当 $\lambda<0.25$ 时，取 $\lambda=0.25$；当 $\lambda>3$ 时，取 $\lambda=3$。

学习案例

预制桩截面尺寸为 450mm×450mm，桩长 16.7m，依次穿越：厚度 h_1=4.2m，液性指数 I_L=0.74 的黏土层；厚度 h_2=5.1m，孔隙比 e=0.810 的粉土层和厚度 h_3=4.4m，中密的粉细砂层，进入密实的中砂层 3m，假定承台埋深 1.5m。

想一想

试根据《建筑地基基础设计规范》（GB 5007—2011）确定预制桩的极限承载力标准值。

案例分析

解：由表 8-5 查得，桩的极限侧阻力特征值 q_{sik} 为

黏土层 $q_{sik}=55\sim70$kPa，取 $q_{sik}=55$kPa；

粉土层 $q_{sik}=46\sim66$kPa，取 $q_{sik}=56$kPa；

粉细砂层 $q_{sik}=48\sim66$kPa，取 $q_{sik}=58$kPa；

中砂层 $q_{sik}=74\sim95$kPa，取 $q_{sik}=85$kPa。

桩的入土深度 $h=16.7-1.5=15.2$（m），查表 8-3 得，预制桩修正系数为 1.0。

由表 8-6 查得，桩的极限端阻力特征值 $q_{pk}=5\,500\sim7\,000$kPa，取 $q_{pk}=6\,500$kPa。

故单桩竖向极限端阻力特征值为

$$R_a=q_{pk}A_p+u_p\sum q_{sik}l_i$$
$$=6\,500\times0.45\times0.45+4\times0.45\times(55\times2.7+56\times5.1+58\times4.4+85\times3)$$
$$=1\,316.25+1\,699.74=3\,015.99\text{(kN)}$$

 **知识拓展**

软土地基减沉复合疏桩基础

1. 减沉复合疏桩基础的基本概念

疏桩基础作为复合桩基础，又称为减少沉降量桩基础。在土体地基天然地基承载力基本满足要求情况下，为减小沉降量采用疏布摩擦型桩的复合桩基础，此类桩基础即为减沉复合疏桩基础。

软土地区的多层单栋建筑的天然地基承载力多能满足设计要求，如果按常规桩基础设计，桩数过多；此类建筑对差异控制要求不严格，仅需要对绝对沉降进行控制。

2. 确定承台面积和桩数

当软土地基上多层建筑，地基承载力基本满足要求（以底层平面面积计算）时，可设置穿过软土层进入相对较好土层的疏布摩擦型桩，由桩和桩间土共同分担荷载。该种减沉复合疏桩基础，可按式（8-61）和式（8-62）确定承台面积和桩数：

$$A_c=\xi\frac{F_k+G_k}{f_{ak}}\qquad(8\text{-}61)$$

$$n\geqslant\frac{F_k+G_k-\eta_c f_{ak}A_c}{R_a}\qquad(8\text{-}62)$$

式中，A_c —— 桩基础承台总净面积，m^2；

f_{ak} —— 承台底地基承载力特征值，kPa；

ξ —— 承台面积控制系数，$\xi\geqslant0.6$；

n —— 基桩数，根；

η_c —— 桩基础承台效应系数，可按表 8-18 取值。

3. 减沉复合疏桩基础沉降计算

减沉复合疏桩基础中点沉降可按式（8-63）～式（8-66）计算：

$$s=\psi(s_s+s_{sp}) \tag{8-63}$$

$$s_s = 4p_0 \sum_{i=1}^{m} \frac{z_i \overline{\alpha}_i - z_{i-1} \overline{\alpha}_{i-1}}{E_{si}} \tag{8-64}$$

$$s_{ap} = 280 \frac{\overline{q}_{su}}{\overline{E}_s} \frac{d}{(s_a d)^2} \tag{8-65}$$

$$p_0 = \eta_p \frac{F - nR_a}{A_c} \tag{8-66}$$

式中，s——桩基础中心点沉降量，m；

s_s——由承台底地基土附加压力作用下产生的中点沉降（图 8-17），m；

s_{sp}——由桩土相互作用产生的沉降，m；

p_0——按荷载效应准永久值组合计算的假想天然地基平均附加压力，kPa；

E_{si}——承台底以下第 i 层土的压缩模量，应取自重压力至自重压力与附加压力段的模量值，MPa；

m——地基沉降计算深度范围的土层数；沉降计算深度按 $\sigma_z = 0.1\sigma_c$ 确定；

$\overline{q}_{su}$、$\overline{E}_s$——桩身范围内按厚度加权的平均桩侧极限摩阻力、平均压缩模量，MPa；

d——桩身直径，当为方形桩时，$d=1.27b$（b 为方形桩截面边长），m；

s_a/d——等效距径比；

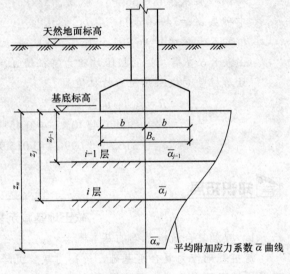

图 8-17 复合疏桩基础沉降计算的分层示意图

z_i、z_{i-1}——承台底至第 i 层、第（$i-1$）层土底面的距离，m；

$\overline{\alpha}_i$、$\overline{\alpha}_{i-1}$——承台底至第 i 层、第（$i-1$）层土层底范围内的角点平均附加应力系数；根据承台等效面积的计算分块矩形长宽比 a/b 及深宽比 $z_i/b = 2z_i/B_c$，由《建筑桩基技术规范》（JGJ 94—2008）附录 D 确定；其中承台等效宽度 $B_c = B\sqrt{A_c}/L$（B，L 为建筑物基础外缘平面的宽度和长度）；

F——荷载效应准永久值组合下，作用于承台底的总附加荷载，kN；

η_p——基桩刺入变形影响系数；按桩端持力层土质确定，砂土为 1.0，粉土为 1.15，黏性土为 1.30；

ψ——沉降计算经验系数，无当地经验时，可取 1.0。

本章小结

基础工程中，当浅层地基土无法满足建筑物对地基变形和强度要求时，可以用深层较坚硬的土层作为持力层，设计成深基础。其中，桩基础以承载力高、沉降小、施工方便等特点得到广泛应用。

通过对单桩基础和承台的深入学习，掌握桩基础的类型、适用范围、施工工艺，以及桩体的竖向承载力、桩基础设计的一般步骤等。结合地基与基础设计及施工的基本规定，对桩基础基本理论进行学习，并结合例题对单桩和群桩竖向承载力及桩基础计算步骤进行分析和学习。

学习检测

一、填空题

1. 灌注桩品种较多，一般有几十种，大致可以归纳为_____、_____和挖孔桩三类。灌注桩可采用_____、_____或干作业等方法成孔。

2. _____是指在竖向荷载作用下，桩顶荷载全部或主要由桩端阻力承担，桩侧摩擦阻力相对于桩端阻力较小的桩。根据桩端阻力分担荷载的比例，端承型桩又可分为_____和_____两类。其中，_____是指桩顶荷载绝大部分由桩端阻力承担，桩侧摩擦可以忽略不计的桩。

3. 桩型的选择要根据桩的_____、_____、_____、_____、_____、制桩材料及技术经济效果等因素，进行综合分析、比较后才能确定。

4. 桩基础施工过程中不可避免地要对周围环境造成一定的影响，如_____、_____、污水、泥浆、底面隆起、土体位移等，有可能对周围_____、_____等基础设施造成不同程度的影响。

5. 桩的_____和_____宜通过埋设桩身轴力测试元件由_____试验确定。

6. 在承台有效高度不够时将产生冲切破坏。其破坏方式可分为_____和_____两类。当柱边冲切破坏锥体斜截面与承台底面夹角大于或等于_____°时，该斜面上周边位于柱与承台交接处或变阶处。

二、选择题

1. 关于单桩竖向承载力的确定原则，下列说法错误的是（　　）。

　　A. 设计时应采用的单桩竖向极限承载力标准值

　　B. 设计等级为甲级的建筑桩基础，应通过单桩静荷载试验确定

　　C. 设计等级为乙级的建筑桩基础，当地质条件简单时，可通过单桩静荷载试验确定

　　D. 设计等级为丙级的建筑桩基础，可根据原位测试和经验参数确定

2. 在桩基础工程施工中可采取适当措施来消除或减小负摩阻力，下列选项中不属于消除或减小负摩阻力措施的是（　　）。

　　A. 对填土建筑场地，填土时保证其密实度符合要求，尽量在填土的沉降基本稳定后成桩

　　B. 当建筑物地面堆载面积较小时，成桩前采取预压等措施，减小堆载引起的桩侧土沉降

　　C. 对自重湿陷性黄土地基，先行用强夯方法消除或减轻桩侧土的湿陷性

　　D. 对中性点以上桩身表面进行处理（如涂刷沥青等）

3. 要弄清楚有限厚度硬层能否作为群桩的可靠持力层，需慎重对待。如果设计失当，可能产生较薄持力层冲切破坏而使桩基础整体失稳，或因下卧层的变形使桩基础沉降过大。其影响因素不包括（　　）。

　　A. 软弱下卧层的强度和压缩性　　　　B. 硬持力层的强度、压缩性和厚度

　　C. 群桩的桩距、桩数　　　　　　　　D. 桩长

4. 《建筑地基基础设计规范》（GB 50007—2011）规定了不需进行桩基础沉降验算的情况

217

为（　　）。

  A. 地基基础设计等级为甲级的建筑物桩基础

  B. 体型复杂、荷载不均匀或桩端以下存在软弱土层的设计等级为乙级的建筑物桩基础

  C. 对嵌岩桩、设计等级为乙级的建筑物桩基础

  D. 当有可靠地区经验时，对地质条件不复杂、荷载均匀、对沉降无特殊要求的端承型桩基础

  5. 一般情况下，承台埋深的选择主要从结构和冻胀要求考虑，并不得小于（　　）mm。

  A. 200   B. 300   C. 500   D. 600

三、判断题

  1. 钢桩的穿透能力较弱、自重轻、锤击沉桩效果好，承载能力较低，无论起吊、运输或是沉桩、接桩都不是很方便。（　　）

  2. 挖孔桩可以采用人工挖孔和机械挖孔，目前国内大都采用机械挖孔。（　　）

  3. 木桩常用松木、杉木做成，其桩径（尾径）为 160～260mm，桩长一般为 4～6m，杉木桩长些。（　　）

  4. 冲孔钻头易于击碎孤石和穿越粒径较大的卵石层，而钻孔所用的牙轮钻头能磨削坚硬的岩石，以便嵌岩，若能改装特种钻头，还能扩孔。（　　）

  5. 计算桩基础沉降时，最终沉降量宜按单向压缩分层总和法计算。（　　）

  6. 桩基础宜选用中、低压缩性土层作桩端持力层。（　　）

  7. 在承台及地下室周围的回填中，应满足填土密实度的要求。（　　）

  8. 条形排列群桩比方形排列群桩的承台分担荷载比大，但条形排列的桩群其承载力要比由几排桩组成的桩群的承载力低得多。（　　）

  9. 对于桩箱基础、剪力墙结构桩筏（含平板和梁板式承台）基础，宜将桩布置于墙下。（　　）

  10. 一般来讲，在桩土体系受力初期，中性点的位置随桩的沉降加大而稍有上升，随着桩的沉降趋于稳定，中性点也逐渐固定下来。（　　）

  11. 当土层不均匀或建筑物对不均匀沉降较敏感时，尚应将负摩阻力引起的下拉荷载计入附加荷载验算桩基础沉降。（　　）

  12. 对于设计等级为甲级和乙级建筑桩基础，基桩的抗拔极限承载力应通过现场单桩上拔静荷载试验确定。（　　）

  13. 等效作用面位于桩端平面，等效作用面积为桩承台投影面积，等效作用附加压力近似取承台底平均附加压力。（　　）

  14. 对中低压缩性土上承台，当承台与地基之间没有脱空现象时，可根据地区经验适当减少柱下桩基础独立承台受冲切计算的承台厚度。（　　）

四、名词解释

  1. 桩基础

  2. 预制桩

  3. 灌注桩

  4. 摩擦型桩

  5. 挤土桩

6. 单桩竖向承载力

五、问答题

1. 试述桩基础的分类情况。
2. 简述桩基础的选用条件、特点及其作用。
3. 灌注桩与预制桩相比有哪些优点？
4. 简述常见桩的布置形式。
5. 如何选择桩长？
6. 试述桩基础设计的基本规定。

学习情境九
设计基坑与地下连续墙工程

案例引入

　　某工程位于余杭区星桥镇临丁路与星源路交叉口的东侧，用地面积为 19091m²，总建筑面积 71341m²。该工程由 6 幢高层住宅组成（层高 25F～29F），设有地下车库 1 层，结构类型为框架—框剪。主楼部分采用钻孔灌注桩基础，地下室部分采用预制管桩基础。

　　该工程基坑周边场地相对建筑标高-2.300m，地下室底板垫层底标高-5.100m、-6.450m，电梯井承台垫层底标高-9.800m、-11.000m，则地下室部分基本挖深为 2.80m 和 4.15m，电梯井因距离基坑边较近，考虑至电梯井承台垫层底，挖深 7.50m、8.70m。

　　该工程基坑北侧和西侧为空地，北侧距离已建临丁路最近约 45.8m。东侧和南侧为已建天元路和星源路，道路上分布有雨水、污水等管线，道路面标高相对建筑标高为-2.300～-0.500m，天元路自北向南逐渐升高，星源路自西向东逐渐升高。道路采用塘渣垫层，上铺碎石，路面采用沥青混凝土，靠近基坑边采用重力式挡墙支护。道路上基本无重车通行，且车流量较小。

案例导航

　　根据该工程地下室基坑的特点，采用如下围护方案：基坑南侧和东侧采用一排 φ850@600 三轴水泥土搅拌结合三道土钉支护，其余区域均采用放坡开挖，并进行挂网喷射混凝土护面；坑内外均采用自流深井进行降水；坑中坑均采用 1:1.1 坡率放坡开挖。

　　坑外水位较高时，可进行适当降水，且宜在坑壁内侧设置排水孔；由于现场实际施工斜坡斜率比设计大，在进行设计时应适当考虑施工的误差；对于不同部位，在进行设计时应明确区分，当电梯井等坑中坑部位距离基坑边较近时，应按深坑考虑。

　　如何进行基坑与地下连续墙施工？如何对基坑与地下连续墙的设计荷载进行简单的计算？需要掌握如下要点：

1. 基坑工程的设计；
2. 地下连续墙的设计。

学习单元 1　设计基坑工程

知识目标

1. 熟悉基坑工程设计的内容与应具备的资料。
2. 掌握基坑支撑方案设计与基坑稳定性分析。

技能目标

1. 通过熟悉基坑工程设计的内容与应具备的资料，对基坑支撑方案的设计有一个大致的了解，并能掌握基坑支撑体系的分类、结构形式与支撑体系的布置要求。

2. 能够根据所学基本知识，掌握基坑工程设计的方法。

基础知识

一、基坑工程的发展现状及特点

基坑工程是建筑工程的一部分，它包括各类建筑场地的基坑开挖、施工降水和基坑支护等工程。基坑支护是为保证岩土开挖、地下结构的安全施工，并使周围环境不受损坏而采取的结构支护、地下水控制等方面的工程措施。基坑开挖可以采用不同的方法，而采用的方法在技术上、经济上的合理性对整个基础、地下工程的工程造价和进度均具有重要的影响。深基坑工程造价可占工程总造价的 10% 以上。

近年来，我国经济迅速发展，大中城市地价不断上升，空间利用率也随之提高，高层及超高层建筑物大量涌现。随着建筑物高度增加，根据结构及使用要求，基础埋置深度也随之增加。有的地下建筑埋置深度达 20 多米，深基坑工程越来越多。而传统的放坡开挖技术不能满足现代城市建筑的需要，因此，深基坑开挖与支护引起了各方面的广泛重视。

目前我国基坑开挖与支护状况具有以下主要特点：

（1）基坑深度大。建筑趋向高层化，基础埋置深度加大，地下空间被充分利用为人防、车库、机房等各种设施。因此，基坑向深度方向发展，开挖深度由 1~2 层发展到 3~4 层。

（2）施工条件差。高层、超高层建筑物一般都集中在市区，市区的建筑物密度大，人口密集，交通拥挤，施工场地狭小，而且深基坑施工工期长，场地狭窄，降雨、重物堆放等都会对基坑稳定性不利。因此，深基坑施工条件很差。

（3）对周围环境的影响大。由于场地狭小，邻近建筑物和地下设施多，进行基础施工时可能会危及它们的安全或影响其正常使用，故事先应全面加以考虑，并采取相应的预防措施。在相邻场地的施工中，打桩、降水、挖土及基础浇筑混凝土等工序会相互制约与影响，增加协调工作的难度。

（4）基坑围护方法多。目前常用的基坑支护方法有地下连续墙、预制桩、深层搅拌水泥土桩、人工挖孔桩、拉锚、注浆、喷锚网支护法，还有各种混合支护方法等。深基坑工程既具有很强的地域性，又具有很强的个性，须根据具体地质条件采用合适的支护方法。

（5）事故发生具有突发性。深基坑工程包含挡土、支护、防水、降水和挖土五个紧密相连的环节，其中任一环节失效都将导致整个工程的失败。深基坑工程虽然是临时性工程，但具有较大的风险性。深基坑工程从开挖至地面以下隐蔽工程的完成，施工周期较长，往往需经历多次降雨、周边堆载、振动及施工不当等众多不利条件，故其安全度的随机性较大，事故的发生往往具有突发性。

（6）信息化施工。深基坑支护结构与一般挡土墙的受力机理不同，其土压力计算、强度计算及稳定验算等计算理论及方法还不完善、不成熟。因此原位测试技术和信息施工法即显得更为重要。

二、基坑工程的分类

（一）有支护的基坑工程

有支护的基坑工程一般包括维护结构、支撑体系、土方开挖、降水工程、地基加固、现场

221

监测和环境保护工程。有支护的基坑工程还可以分为无支撑维护和有支撑维护。

（1）无支撑维护开挖适用于开挖深度较浅、地质条件较好、周围环境保护要求较低的基坑工程，具有施工方便、工期短等特点。

（2）有支撑维护开挖适用于地层软弱、周围环境复杂、环境保护要求较高的深基坑开挖，但开挖机械的施工活动空间受限，支撑布置需要考虑适应主体工程施工，换拆支撑施工较复杂。

（二）无支护放坡基坑工程

无支护放坡基坑开挖是在空旷施工场地环境下的一种常见的基坑开挖方法，一般包括降水工程、土方开挖、地基加固及土坡坡面保护。放坡开挖深度通常限于 3~6m，如果大于这一深度，则必须采取分段开挖，分段之间应设置平台，平台宽度为 2~3m。当挖土通过不同土层时，可根据土层情况改变放坡的坡率及平台宽度。

三、基坑工程的设计

（一）基坑工程设计的内容

（1）支护结构体系的方案和技术经济比较。

（2）支护体系的稳定性验算。

（3）支护结构的承载力、稳定和变形计算。

（4）地下水控制设计。

（5）对周边环境影响的控制设计。

（6）基坑土方开挖方案。

（7）基坑工程的监测要求。

（二）基坑工程设计应具备的资料

（1）岩土工程勘察报告。

（2）建筑物总平面图、用地红线图。

（3）建筑物地下结构设计资料，以及桩基础或地基处理设计资料。

（4）基坑环境调查报告，包括基坑周边建（构）筑物、地下设施及地下交通工程等的相关资料。

（三）基坑设计的要求

1. 安全可靠性

确保基坑工程安全及周围环境安全。

2. 经济合理性

基坑支护工程在安全可靠的前提下，要从工期设备材料人工及周围环境保护等多方面综合研究经济合理性。

3. 施工便利性和工期保证性

在安全可靠性和经济性能满足的前提下，最大限度满足便利施工和尽量缩短工期的要求。

基坑工程按支护工程损坏造成破坏的严重性程度，根据《建筑基坑支护技术规程》（JGJ 120—2012）规定，可分为三级，各自的重要性系数见表 9-1。

表 9-1   基坑侧壁安全等级重要性系数

安全等级	破 坏 后 果	γ_0
一级	支护结构破坏、土体失稳或过大变形对基坑周边环境及地下结构施工影响很严重	1.10
二级	支护结构破坏、土体失稳或过大变形对基坑周边环境及地下结构施工影响一般	1.00
三级	支护结构破坏、土体失稳或过大变形对基坑周边环境及地下结构施工影响不严重	0.90

注：有特殊要求的建筑基坑侧壁安全等级可根据具体情况另行确定。

（四）基坑工程的设计依据

在基坑工程设计的前期工作中，应对基坑内的主体工程设计、场地地质条件、周边环境、施工条件、设计规范等进行研究和收集，以全面掌握设计依据。

1. 深基坑支护工程勘察

在一般情况下，深基坑支护工程勘察应与主体工程的勘察同步进行。制定勘察任务书或编制勘察纲要时，应考虑深基坑支护工程的设计、施工的特点与内容，对深基坑支护工程的工程地质和水文地质的勘察工作提出专门要求。

（1）在建筑地基详细勘察阶段，对需要支护的工程，宜按下列要求进行勘察工作。

① 勘察范围应根据开挖深度及场地的岩土工程条件确定，并宜在开挖边界外按开挖深度的 1~2 倍范围内布置勘探点，当开挖边界外无法布置勘探点时，应根据调查取得相应的资料确定，对于软土地区应穿越软土层。

② 基坑周边勘探点的深度应根据基坑支护结构设计要求确定，不宜小于 1 倍的开挖深度，对于软土地区应穿越软土层。

③ 勘探点间距应视地层条件确定，可在 15~30m 间选择，地层变化较大时，应增加勘探点，查明地质分布规律。

（2）场地水文地质勘察应达到以下要求。

① 查明开挖范围内及邻近场地内含水层和隔水层的层位、埋深及分布情况，查明各含水层（包括上层滞水、潜水、承压水）的补给条件和水力关系。

② 测量场地各含水层的湿透系数和渗透影响半径。

③ 分析施工工程中水位变化对支护结构和基坑周围环境的影响，提出拟采取的措施。

（3）基坑开挖支护工程勘察报告应包括以下主要内容。

① 分析场地的地层分布和岩土的物理力学性质。

② 基坑支护方式的建议、计算参数及支护结构的设计原则。

③ 地下水控制方式和计算参数。

④ 基坑开挖工程中应注意的问题及其防治措施。

⑤ 基坑开挖施工中应进行的现场监测项目。

2. 基坑周围环境调查

基坑支护设计施工前，应对周围环境进行详细调查，查明影响范围内已有建筑物、地下结构物、道路及地下管线设施的位置、现状，并预测由于基坑开挖和降水对周围环境的影响，提出必要的预防、控制和监测措施。基坑周围环境调查应包括以下内容：

（1）查明影响范围内建（构）筑物的结构类型、层数、基础类型、埋深、基础荷载大小及上部结构的现状；

（2）查明基坑周边的各类地下设施，包括地上水、地下水、电缆、煤气、污水、雨水、热

223

力等管线或管道的分布和性状；

（3）查明场地周围和邻近地区地表水汇流、排泄情况，地下水管渗透情况及对基坑开挖的影响程度；

（4）查明基坑到四周道路的距离及车辆的载重情况。

3. 基坑支护结构的设计资料

基坑支护结构设计、施工前应取得以下基本资料。

（1）建筑场地及周边区域地表至支护结构底面下一定深度范围内地层分布、土（岩）的物理力学性质、地下水位及渗透系数等资料。

（2）标有建筑红线、施工红线的地形图及基础结构设计图。

（3）建筑场地及其附近的地下管线、地下埋设物的位置、深度、结构形式及埋设时间等资料。

（4）邻近的已有建筑的位置、层数、高度、结构类型、完好程度、已建时间及基础类型、埋置深度、主要尺寸、基础距基坑上口周围的净距离等资料。

（5）基坑周围的地面排水情况，地面雨水与污水、上下水管线排入或渗入基坑的可能性。

（6）基坑附近地面堆载及大型车辆的动、静荷载情况。

（7）已有相似支护工程的经验性资料。

4. 基坑支护结构的设计原则

（1）满足边坡和支护结构稳定的要求，即不产生倾覆、滑移和整体或局部失稳；基坑底部不产生隆起、管涌；锚杆系统不致拉拔失效。

（2）满足支护结构构件受荷后不致弯曲折断、剪短和压屈。

（3）水平位移和地基沉降不超过允许值，支护结构的最大水平位移允许值及变形控制保护等级标准见表 9-2 和表 9-3，地基沉降按邻近建筑不同结构形式的要求控制；当邻近有重要管线和支护结构作为永久性结构时，其水平位移和沉降按其特殊要求控制。

表 9-2　　　　　　　　　　　　　支护结构最大水平位移允许值

安全等级	支护结构最大水平位移允许值	
	排桩、地下连续墙、放坡、土钉墙	钢板桩、深层搅拌
一级	$0.002\,5h$	—
二级	$0.005\,0h$	$0.010\,0h$
三级	$0.010\,0h$	$0.020\,0h$

表 9-3　　　　　　　　　　　　　基坑变形控制保护等级标准

保护等级	地面最大沉降量及围墙水平位移控制要求	环境保护要求
特级	（1）地面最大沉降量≤0.1%H （2）围护路最大水平位移≤0.14%H 且≥2.2	离基坑 10m，周围有地铁、共同沟、煤气管、大型压力总水管等重要建筑及设施必须确保安全
一级	（1）地面最大沉降量≤0.1%H （2）围护路最大水平位移≤0.3%H 且≥2.2	离基坑周围为坑深（H）范围内没有较重要干线、水管、大型在使用的建（构）筑物
二级	（1）地面最大沉降量≤0.5%H （2）围护路最大水平位移≤0.7%H 且≥2.0	离基坑周围为坑深（H）范围内没有较重要支线管道和一般建筑设施
三级	（1）地面最大沉降量≤1%H （2）围护路最大水平位移≤1.4%H 且≥2.0	在基坑周围 30cm 范围内没有需要保护的建筑设施和管线、构筑物

5. 基坑支护结构的设计依据

（1）基坑支护设计必须依据国家及地区现行有关设计、施工技术规范、规程。如地下连续墙、钻孔灌注桩、搅拌桩等设计施工技术规程、规范和钢筋混凝土结构、钢结构等设计规范。因此，设计前必须调研和汇总有关规范和规程，并注意各类规范的统一和协调。

（2）调研当地相似基坑工程成败的原因，汲取经验，吸取教训。在基坑工程设计中应以此为重要设计依据。

6. 基坑工程设计要求

作用于支护结构的荷载一般包括土的压力、水的压力、影响区范围内建（构）筑物的荷载、施工阶段车辆与吊车及场地堆载，若支护结构作为主体结构的一部分时，应考虑地震作用、温度影响和混凝土收缩引起的附加荷载。

基坑工程的设计主要是指基坑工程支护结构的设计，基坑工程支护结构设计时，基本组合的效应设计值 S_d 计算公式如下：

$$S_d = \gamma_F s\left(\sum_{i \geqslant 1} G_{ik} + \sum_{i \geqslant 1} Q_{jk}\right) \tag{9-1}$$

式中，γ_F——作用的综合分项系数；

G_{ik}——第 i 个永久作用的标准值，kPa；

Q_{jk}——第 j 个可变作用的标准值，kPa。

基本组合的效应设计值可采用简化规则，应按式（9-2）进行计算：

$$S_d = 1.25 S_k \tag{9-2}$$

式中，S_d——基本组合的效应设计值，kPa；

S_k——标准组合的效应设计值，kPa。

对于轴向受力为主的构件，S_d 简化计算可按式（9-3）进行：

$$S_d = 1.35 S_k \tag{9-3}$$

☆小提示

支护结构的入土深度应满足基坑支护结构稳定性及变形验算的要求，并结合地区工程经验综合确定。有地下水渗流作用时，应满足抗渗流稳定的验算，并宜插入坑底下部不透水层一定深度。

桩、墙式支护可为柱列式排桩、板桩、地下连续墙、型钢水泥土墙等独立支护或与内支撑、锚杆组合形成的支护体系，适用于施工场地狭窄、地质条件差、基坑较深或需要严格控制支护结构或基坑周边环境地基变形时的基坑工程。桩、墙式支护结构的设计应包括下列内容：

（1）确定桩、墙的入土深度；

（2）支护结构的内力和变形计算；

（3）支护结构的构件和节点设计；

（4）基坑变形计算，必要时提出对环境保护的工程技术措施；

（5）支护桩、墙作为主体结构一部分时，尚应计算在建筑物荷载作用下的内力及变形；

（6）基坑工程的监测要求。

225

四、基坑支撑方案设计

（一）支撑结构类型

深基坑支护体系由围护墙和土层锚杆两部分组成。在基坑工程中，基坑结构是承受围护墙所传递土压力的结构体系。作用在围护墙上的土体水平压力、水的压力通过支撑可以有效传递和平衡，也可以由坑外设置的土锚维持其平衡，还能减少支护结构的位移。内支撑可以直接平衡坑内两端维护墙上所受的侧压力，具有构造简单、传力明确等特点。土锚设置在围护墙的背后，为挖土和结构施工创造空间，有利于提高施工效率。

支撑系统按材料性质不同可分为钢支撑和钢筋混凝土支撑。根据工程情况，有时在同一个基坑中还可以采用两种支撑组成的组合支撑。钢结构支撑具有自重小，安装和拆除方便，可重复使用等优点。使用钢支撑可以通过调整轴力，有效控制围护墙的变形，对控制墙体变形十分有利；钢筋混凝土支撑则有较大的刚度，适应于各种复杂平面形状的基坑支撑。

（二）支撑体系的结构形式

1. 单跨压杆式支撑

当基坑平面呈窄长条状，短边的长度不大时，所用的支撑杆件在该长度下的极限承载力尚能满足支护系统的需要，则采用这种形式具有受力明确、设计简洁、施工安装方便灵活等优点，如图9-1（a）所示。

2. 多跨压杆式支撑

当基坑平面尺寸较大，所用支撑杆件在基坑短边长度下的极限承载力尚不满足支护系统要求时，就需要在支撑杆件中部加设若干支点，在水平支撑杆上加设垂直支点，组成多跨压杆式的支撑系统。这种形式的支撑受力也较明确，施工安装较单跨压杆式要复杂，如图9-1（b）所示。

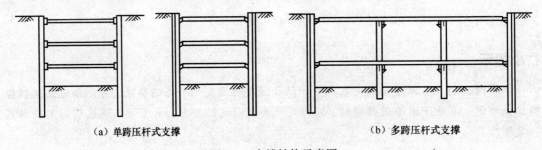

    （a）单跨压杆式支撑   （b）多跨压杆式支撑

图9-1　支撑结构示意图

（三）支撑体系的布置

在工程实际中，支撑体系的布置设计通常应考虑以下要求：

（1）能够因地制宜并合理选定支撑材料和支撑体系布置形式，使其综合技术经济指标得以优化。

（2）支撑体系受力明确，充分协调发挥各杆件的力学性能，安全可靠，经济合理，能够在稳定性和控制变形方面满足对周围环境保护的设计标准要求。

（3）支撑体系布置能在安全可靠的前提下，最大限度地满足土方开挖和主体结构的快速施工要求。

工程中常用的支撑体系的布置形式如图 9-2 所示。

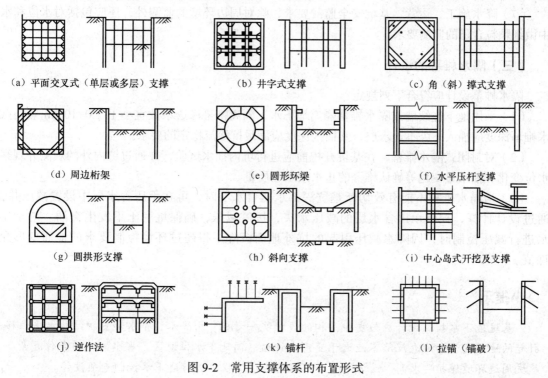

（a）平面交叉式（单层或多层）支撑　　（b）井字式支撑　　（c）角（斜）撑式支撑

（d）周边桁架　　（e）圆形环梁　　（f）水平压杆支撑

（g）圆拱形支撑　　（h）斜向支撑　　（i）中心岛式开挖及支撑

（j）逆作法　　（k）锚杆　　（l）拉锚（锚破）

图 9-2　常用支撑体系的布置形式

227

五、地下水的控制

（一）地下水控制的要求

基坑工程地下水控制应防止基坑开挖过程及使用期间的管涌、流砂、坑底突涌及与地下水有关的坑外地层过度沉降。地下水控制设计应满足下列要求：

（1）地下工程施工期间，地下水位控制在基坑面以下 0.5 ~ 1.5m；

（2）满足坑底突涌验算要求；

（3）满足坑底和侧壁抗渗流稳定的要求；

（4）控制坑外地面沉降量及沉降差，保证邻近建（构）筑物及地下管线的正常使用。

（二）地下水控制的内容

（1）基坑降水系统设计应包括下列内容：

① 确定降水井的布置、井数、井深、井距、井径、单井出水量；

② 疏干井和减压井过滤管的构造设计；

③ 人工滤层的设置要求；

④ 排水管路系统。

（2）验算坑底土层的渗流稳定性及抗承压水突涌的稳定性。

（3）计算基坑降水域内各典型部位的最终稳定水位及水位降深随时间的变化。

（4）计算降水引起的对邻近建（构）筑物及地下设施产生的沉降。

（5）回灌井的设置及回灌系统设计。

（6）渗流作用对支护结构内力及变形的影响。

（7）降水施工、运营、基坑安全监测要求，除对周边环境的监测外，还应包括对水位和水中微细颗粒含量的监测要求。

（三）隔水帷幕的设计

隔水帷幕设计应符合下列规定：

（1）采用地下连续墙或隔水帷幕隔离地下水，隔离帷幕渗透系数宜小于 $1.0×10^{-4}$m 竖向截水帷幕深度应插入下卧不透水层，其插入深度应满足抗渗流稳定的要求。

（2）对封闭式隔水帷幕，在基坑开挖前应进行坑内抽水试验，并通过坑内外的观测井观察水位变化、抽水量变化等确认帷幕的止水效果和质量。

（3）当隔水帷幕不能有效切断基坑深部承压含水层时，可在承压含水层中设置减压井，通过设计计算，控制承压含水层的减压水头，按需减压，确保坑底土不发生突涌。对承压水进行减压控制时，因降水减压引起的坑外地面沉降不得超过环境控制要求的地面变形允许值。

> ☼ **小提示**
>
> 基坑地下水控制设计应与支护结构的设计统一考虑，由降水、排水和支护结构水平位移引起的地层变形和地表沉陷不应大于变形允许值。高地下水位地区，当水文地质条件复杂，基坑周边环境保护要求高，设计等级为甲级的基坑工程应进行地下水控制专项设计。

学习单元 2　设计地下连续墙

📝 知识目标

1. 了解地下连续墙的分类及其特点。
2. 熟悉地下连续墙的适用条件。
3. 掌握地下连续墙的设计与施工工艺。

📝 技能目标

1. 通过了解地下连续墙的分类及其特点，熟悉并理解地下连续墙的适用条件。
2. 能够根据所学基本知识，掌握地下连续墙设计的方法，并大致了解地下连续墙的施工工艺。

➡ 基础知识

一、地下连续墙的分类及特点

地下连续墙是在泥浆护壁条件下，使用专门的成槽机械，在地面开挖一条狭长的深槽，然后在槽内设置钢筋笼，浇筑混凝土，逐步形成一道连续的地下钢筋混凝土连续墙。用以作为基坑开挖时防渗、截水、挡土、抗滑、防爆和对邻近建筑物基础的支护以及直接成为承受上部结构荷载基础的一部分。

地下连续墙，按其填筑的材料分为土质墙、钢筋混凝土墙、预制钢筋混凝土板和现浇混凝土的组合或预制钢筋混凝土墙板和自凝水泥膨润土泥浆的组合墙；按成墙方式分为桩排式（由钻孔灌注桩并排连接形成）、壁板式（采用专用设备，利用泥浆护壁在地下开挖深槽，水下浇筑混凝土所形成）和桩壁组合式（将桩排式和壁板式地下连续墙组合起来使用的连续墙）；按其用途可分为临时挡土墙、防渗墙、用作主体结构兼作临时挡土墙的地下连续墙。

地下连续墙的优点是无需放坡，土方量小；全盘机械化施工，工效高，速度快，施工期短；混凝土浇筑无需支模和养护，成本低；可在沉井作业、板桩支护等方法难以实施的环境中进行无噪音、无振动施工；可穿过各种土层进入基岩，无需采取降低地下水的措施，因此，可在密集建筑群中施工，尤其是用于两层以上地下室的建筑物，可配合"逆筑法"施工（从地面逐层而下修筑建筑物地下部分的一种施工技术），而更显出其独特的作用。

地下连续墙的施工方法，仍有其不足之处。施工过程中，需使用大量的泥浆，若管理不善，会给施工现场及周围环境造成污染，对使用过的泥浆还需进行处理。所以，应提高泥浆的分离技术，加强对泥浆的维护及管理，以减少对环境的影响。地下连续墙的施工技术较复杂，施工难度较大，工程造价也较高，若仅仅将其作为支护结构则不经济，将其作为承重结构才比较经济合理。

二、地下连续墙的适用条件

地下连续墙是用特殊的挖槽设备在地下构筑的连续墙体，常用于挡土、截水、防渗及承重等。地下连续墙在城市建设和公共交通的发展领域，高层建筑、重型厂房、大型地下设施和地铁、桥梁等工程领域广泛使用。地下连续墙在基础工程中的适用条件如下：

（1）基坑深度不少于 10m；

（2）软土地基或砂土地基；

（3）在密集建筑群中施工基坑，对周围地面沉降、建筑物沉降要求须严格限制时，宜用地下连续墙；

（4）维护结构与主体结构相结合，作为主体结构的一部分，对抗渗有较严格的要求时，宜采用地下连续墙；

（5）采用逆作法施工，内衬与护壁形成复合结构的工程。

三、地下连续墙的设计

用专门挖槽机开挖狭而深的基槽，在槽内分段浇筑而成的钢筋混凝土墙即为地下连续墙。这种墙可作为挡土墙、防渗墙及高层建筑地下室的外墙。

施工时，先修导墙，采用泥浆护壁、槽内挖土，放钢筋笼，浇筑混凝土，后成墙，依次进行下一槽段的施工。墙身完成后再进行墙内基坑挖土，继续完成基础结构及上部结构的施工。地下连续墙的结构设计应考虑以下两种情况：

（1）作挡土结构用时，墙承受土压力、水压力的挡土墙结构计算，应考虑在施工不同阶段，墙两侧压力的变化情况；

（2）作主体承重结构用时，施工阶段按挡土墙结构计算，也要进行墙身在各种荷载作用下的强度计算及墙底地基强度验算。

四、地下连续墙的施工

地下连续墙的施工需要经过以下几个工艺过程，即导墙、成槽、放接头管、吊放钢筋笼、浇筑水下混凝土及拔接头管成墙等，如图 9-3 所示。

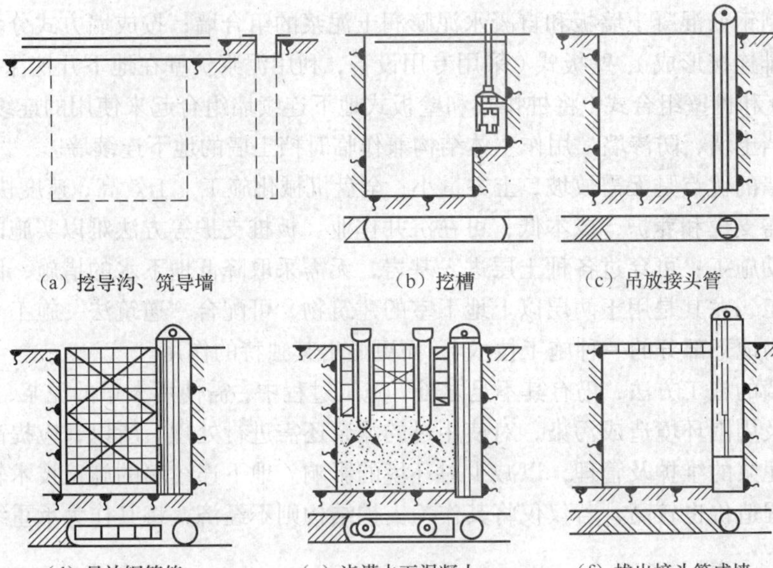

(a) 挖导沟、筑导墙　　　　　(b) 挖槽　　　　　(c) 吊放接头管

(d) 吊放钢筋笼　　　　(e) 浇灌水下混凝土　　　　(f) 拔出接头管成墙

图 9-3　地下连续墙施工顺序

（一）导墙

沿设计轴线两侧开挖导沟，修筑钢筋混凝土（钢、木）导墙，以供成槽机械钻进导向、维护表土和保持泥浆稳定液面。导墙内壁面之间的净空应比地下连续墙设计厚度加宽 40～60mm，埋深一般为 1～2m，墙厚 0.1～0.2m。

（二）槽段开挖

槽段开挖宽度及内外导墙之间的间距。施工时，沿地下连续墙长度分段开挖槽孔。

（三）制备泥浆

泥浆以膨润土或细粒土在现场加水搅拌制成，用以平衡侧向地下水压力和土压力，泥浆压力使泥浆渗入土体孔隙，在墙壁表面形成一层组织致密、透水性很小的泥皮，保护槽壁稳定而不致坍塌，并起到携渣、防渗等作用。泥浆液面应保持高出地下水位 0.5～1.0m，相对密度（1.05～1.10）应大于地下水的相对密度。其浓度、黏度、pH 值、含水量、泥皮厚度以及胶体率等多项指标应严格控制并随时测定、调整，以保证其稳定性。

（四）分段衔接

地下连续墙标准槽段为 6m 长，最长不得超过 8m。分段施工，两端之间的接头可采用圆形或凸形接头管，使相邻槽段紧密相接；还可放置竖向止水带防止渗漏。接头管应能承受混凝土的压力，在浇筑混凝土过程中，需经常转动或提动转头管，以防止接头管与一侧混凝土固结在一起。当混凝土凝固，不会发生流动或坍塌时，即可拔出接头管。

（五）钢筋笼制作与吊放

钢筋笼的尺寸应根据单元槽段的规格与接头形式确定，并应在平面制作台上成型或预留插放导管的位置，为了保证钢筋保护层的厚度，可采用水泥砂浆滚轮固定在钢筋笼两面的外侧。

同时应采用纵向钢筋桁架及在主筋平面内加斜向拉条等措施，使钢筋笼在清槽换浆合格后立即安装，用起重机整段吊起，对准槽孔徐徐落下，安置在槽段的准确位置。

（六）混凝土浇筑

在槽段中的接头管和钢筋笼就位后，用导管浇筑混凝土，混凝土的水灰比不大于 0.6，水泥用量不少于 370kg/m³，坍落度宜为 18～20mm，扩散度为 34～38cm，应通过试验确定。混凝土的细集料为中、粗砂，粗集料为粒径不大于 40mm 的卵石或碎石。

浇筑时，要求槽段内混凝土的上升速度不应小于 2m/h；导管埋入混凝土内的深度在 1.5～6.0m 范围。一个单元槽段应连续浇筑混凝土，直至混凝土顶面高于设计标高 300～500mm。凿去浮浆层后的墙顶标高应符合设计要求。重复上述步骤直到完成全部地下连续墙的施工为止。

学习案例

明日佳园地处桂林市兴安县，占地面积约 20 030m²，建筑面积约 24 000m²，绿化率为 47%，为兴安县首例宽景花园洋房生态社区。四期工程 4#楼第一施工段位于小区北侧，西边距灵渠边约 30m，期间又距鱼塘 5m，距西面农房 4m，北边距灌溉支渠约 20m，期间又距水田 5m（见图 9-4）。

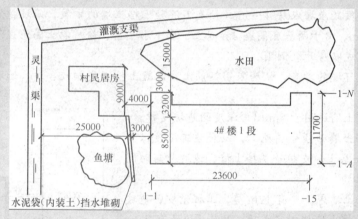

图 9-4 明日佳园 4#楼（1 段）与村民居房、鱼塘平面图

施工期间正值清明前后，地下水位上涨，地表水丰富。根据该施工段的工程地质勘察报告和基础施工图的要求，基地必须挖至稍密卵石层，开挖深度约 3m。据调查，西边农房基础为浆砌毛石基础，只有 1m 深，置于粉质黏土层上，与该段基底高差 2m。开挖 4# 楼基坑，由于地下水位降低，易形成流砂而淘空农房基底，从而造成农房倒塌等事故。基于工程安全及经济因素的考虑，该施工段基坑开挖必须要有可靠的防护措施。

想一想

1. 如何选定基坑支护的方案？
2. 钢筋土钉挡土墙施工方法及顺序是怎样的？

案例分析

1. 基坑支护方案的选定

施工单位根据该段工地的地质勘察报告和基础施工图，基坑支护主要采用自然放坡支护，坡度为 1 : 0.75。西侧靠农房部分约 7m 长，采用毛石混凝土挡土墙支护。挡土墙底宽 1.2m，高 3m，如图 9-5 所示。

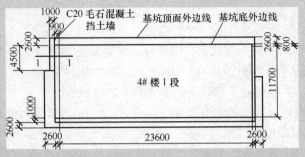

图 9-5　明日家园 4#楼（1 段）基坑开挖平面图

综合考虑项目安全系数及工程实际需求，认为临近农房部分的毛石混凝土挡土墙的支护方案不可取，主要原因有以下几点：

（1）毛石混凝土挡土墙施工必须要把基坑土方一次挖到基底，违反"开槽支撑，先撑后挖，分层开挖，严禁超挖"的规范。在地下水丰富地段，工程量大，基坑边坡暴露时间长，易造成塌方等事故；

（2）该施工段距鱼塘农房 4~5m，按毛石混凝土挡土墙的方案，基坑挖好后，基坑边距农房边界不足 1m。由于两基底高差 2m 以上，地下水丰富，粉质粘土易形成流砂，进而淘空农户地基，易造成农房开裂倒塌。

经过对周边环境的考查，认为采用钢筋土钉混凝土挡墙支护较合适，选取该方案有以下技术支撑：

（1）土钉挡土墙适用于 5m 以内深度的基坑支护；

（2）土钉挡土墙必须分层施工，每层施工深度只有 1.2~1.5m，挖一层土、支护一层挡土墙，边坡暴露时间短，不易塌方；

（3）土钉挡土墙薄，只有 12m 厚，工程量少，边坡坡度只需 1:0.2，挡土墙施工完成后，距农房边还有 2.2m 以上。钢筋土钉挡土墙支护方案如图 9-6 所示。

2. 钢筋土钉挡土墙施工方法及顺序

（1）施工准备。工程所需材料：水泥、砂石、焊机、模版、已加工钢筋；人员配置：各工种技术人员充足；仪器配备：工程中所需机具保证完好。

（2）施工顺序。基坑边放线→开挖第一层土方（深度 1.2~1.5m）→挖机压植钢筋土钉→修边坡→扎钢筋网与钢筋土钉焊接→支模版装泄水管→浇挡土墙混凝土→浇挡土墙上地面封闭混凝土。

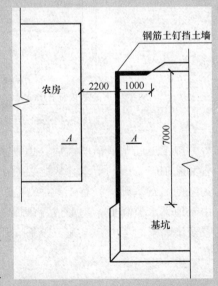

图 9-6　钢筋土钉挡土墙平面位置图

（3）注意事项。

① 基坑开挖应尽量避开雨天施工；

② 每层土方开挖完工后，要立即组织各工种连续施工，尽快封闭边坡，减少边坡暴露时间；

③ 上一层挡土墙混凝土硬化后，方可开挖下一层土方；

④ 如遇险情应分段施工，每次施工长度不超过 2m，并隔断施工。

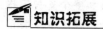知识拓展

土层锚杆的设计施工工艺

1. 土层锚杆的概念及分类

土层锚杆就是在稳定土层内部的钻孔中，用水泥砂浆将钢筋（或钢绞线）与土体粘接在一起的拉结挡土结构。它由外锚具、自由段和锚固段组成，如图 9-7 所示。外锚具是指连接支挡结构，固定拉杆的锁定结构；自由段是指将锚头处的拉力传至锚固体的区段，其功能是对锚杆施加预应力；锚固段是指粘结材料将预应力筋与土层粘结的区段，其功能是通过锚固体与土层的粘结摩阻作用或锚固体的承压作用，将自由段的拉力传至土层深部。

图 9-7 土层锚杆施工现场

根据工程的要求，已经研制出多种锚杆。从不同的角度对锚杆也有不同的分类，按工作年限可分为临时性锚杆、永久性锚杆，按工作机理锚杆可分为主动锚杆、被动锚杆，按锚固机理分为粘结型锚杆、摩擦型锚杆、端头锚固型锚杆、混合型锚杆，以及其他多种分类方法。

2. 土层锚杆的设计

锚杆设计一般分为以下几个步骤：

（1）分析其必要因子。一般需考虑锚杆使用的所限、锚固体横截面积及长度、锚杆钢筋级别及大小、水泥砂浆强度等方面的要素；

（2）锚杆的布置是一个重要过程，需要考虑锚杆层数、锚杆间距、锚杆倾角等因素；

（3）锚杆围护结构的安全确定是一个必要过程，一般按照相关土层锚杆设计与施工规范进行操作；

（4）锚杆长度的确定。锚杆长度由锚固长度、非锚固长度、锚固段长度组成；

（5）锚杆杆件计算一般包括钢绞线、粗钢筋这两方面的计算；

（6）安全性是一个工程设计施工的重要环节，锚杆设计的安全性通过锚杆围护的稳定性来检验，一般情况下要进行锚杆围护结构整体稳定性检验和深部破裂面稳定性检验两种。

3. 土层钻杆施工

土层锚杆施工主要包括钻孔、安放拉杆、灌浆和张拉这四个步骤。在正式开工之前还需进行必要的准备工作。

（1）钻孔。土层锚杆的钻孔工艺直接影响土层锚杆的承载能力、施工效率和整个支护工程的成本。因此，根据不同土质正确选择钻孔方法对保证土层锚杆的质量和降低工程成本至关重要。钻孔方法可分为干作业法与湿作业法。

（2）安放拉杆。土层锚杆用的拉杆，常用的有钢管、粗钢筋、钢丝束和钢绞线。主要根据土质、土层锚杆的承载能力和现有材料的情况来选择。所受承载能力较小时，多用粗钢筋；所受承载能力较大时，多用钢绞线。

（3）灌浆。灌浆是土层锚杆施工中的一个重要工序。施工时，应将有关数据记录下来，以备将来查用。灌浆的作用是：形成锚固段，将锚杆锚固在土层中；防止钢拉杆腐蚀；充填土层中的孔隙和裂缝。灌浆方法有一次灌浆法和二次灌浆法两种。灌浆材料应根据设计要求确定，一般宜选用水泥∶砂=1∶1～1∶2，水灰比 0.38～0.45 的水泥砂浆或水灰比 0.40～0.45 的纯水泥浆，必要时可加人一定量的外加剂或掺合料。浆液应搅拌均匀，过筛，随搅随用，浆液应在初凝前用完，注浆管路应经常保持畅通。

（4）张拉锚固。土层锚杆灌浆后，待锚固体强度达到80%设计强度以上，便可对锚杆进行张拉。张拉前先在支护结构上装围檩。张拉所用设备与预应力结构张拉所用设备相同。预加应力的锚杆，要正确估算预应力损失。由于土层锚杆与一般预应力结构不同，预应力损失的因素除了通常发生的外，还包括相邻锚杆施工引起的预应力损失、支护结构变形引起的预应力损失、以及土体蠕变引起的预应力损失。锚杆锁定后，若发现有明显预应力损失时，应进行补偿张拉。

本章小结

基坑支护工程是随着我国城市建设事业的发展而出现的一种较新类型的岩土工程，发展至今，量多面广的基坑工程已成为城市岩土工程的主要内容之一。基坑开挖是基础和地下工程施工中一个古老的课题，同时又是一个综合性的岩土工程难题，既涉及土力学中典型强度与稳定问题，又包含了变形问题，同时还涉及土与支护结构的共同作用。基坑工程一般位于城市中，地质条件和周边环境条件复杂，有各种建筑物、构筑物、管线等，一旦失事就会造成生命和财产的重大损失。因此，在基坑支护工程的设计和施工过程中，一定要做到对地质条件和周边环境进行考察，充分认识到在基坑施工过程中还会遇到很多设计阶段难以预测到的问题，及时和施工人员联系，全面把握施工进展状况，处理施工中遇到的意外情况。

本章主要学习基坑与地下连续墙的特点及设计方法。由于各工程场地的地质、环境条件千差万别，在每个深基坑工程设计施工的具体技术方案的制订中，必须因地制宜，切不可生搬硬套。

学习检测

一、填空题

1. 有支护的基坑工程一般包括_____、_____、_____、_____、_____、现场监测和环境保护工程。有支护的基坑工程还可以分为_____和_____。

2. 无支护放坡基坑开挖是在空旷施工场地环境下的一种常见的基坑开挖方法，一般包括_____、_____及_____。

3. 在基坑工程设计的前期工作中，应对基坑内的_____、_____、_____、_____、

_____等进行研究和收集，以全面掌握设计依据。

4. 基坑支护设计施工前，应对周围环境进行_____，查明影响范围内已有_____、_____、道路及地下管线设施的位置、现状，并预测由于基坑开挖和降水对周围环境的影响，提出必要的预防、控制和监测措施。

5. 作用于支护结构的荷载一般包括_____、_____、_____、施工阶段车辆与吊车及场地堆载，若支护结构作为主体结构的一部分时，应考虑地震作用、温度影响和混凝土收缩引起的附加荷载。

6. 当基坑平面尺寸较大，所用支撑杆件在基坑短边长度下的极限承载力尚不满足支护系统要求时，就需要在支撑杆件中部加设若干_____，在水平支撑杆上加设_____，组成多跨压杆式的支撑系统。

7. 地下连续墙是用特殊的挖槽设备在地下构筑的连续墙体，常用于_____、_____、防渗及承重等。

8. 地下连续墙的施工需要经过以下几个工艺过程，即_____、_____、_____、吊放钢筋笼、浇筑水下混凝土及拔接头管成墙等。

9. 地下连续墙为整体连续结构，加上现浇墙壁厚度一般不小于_____mm，钢筋保护层较大，_____，_____也较好。

10. 混凝土浇筑时，在槽段中的接头管和钢筋笼就位后，用导管浇筑混凝土，混凝土的水灰比不大于_____，水泥用量不少于_____kg/m³，坍落度宜为_____mm，扩散度为_____cm，应通过试验确定。

二、选择题

1. 下列关于基坑工程设计的基本技术要求，错误的是（　　）。
　　A. 安全可靠性　　B. 经济合理性　　C. 施工便利性　　D. 环境保护性

2. 深基坑支护勘察应与主体工程的勘察同步进行。下列选项不属于在制定勘察任务书或编制勘察纲要时应考虑的内容是（　　）。
　　A. 支护工程的设计　　　　　　　B. 施工的特点与内容
　　C. 施工的安全措施　　　　　　　D. 工程地质和水文地质的勘察

3. 基坑支护设计施工前，应对周围环境进行详细调查，下列选项不属于基坑周边环境勘察的内容是（　　）。
　　A. 查明基坑周围土质情况
　　B. 查明基坑周边各类地下设施的分布和性状
　　C. 查明场地周围和邻近地区地表水情况及对基坑开挖的影响程度
　　D. 查明基坑到四周道路的距离及车辆的载重情况

4. 关于地下连续墙的优点，下列说法错误的是（　　）。
　　A. 可以减少工程施工对环境的影响
　　B. 地下连续墙可用于超深维护结构，也可用于主体结构
　　C. 地下连续墙为整体连续结构，耐久性好，抗渗性也较好
　　D. 可实行逆作法施工，有利于施工安全，加快施工进度，但造价较高

三、判断题

1. 基坑支护工程在经济合理的前提下，要从工期设备材料人工及周围环境保护等多方面综

合研究其安全性。（　　）

2. 基坑周边勘探点的深度应根据基坑支护结构设计要求确定，不宜小于 2 倍的开挖深度，对于软土地区应穿越软土层。（　　）

3. 支护结构的入土深度应满足基坑支护结构稳定性及变形验算的要求，并结合地区工程经验综合确定。（　　）

4. 在基坑工程中，基坑结构是承受围护墙所传递土压力的结构体系。（　　）

5. 基坑工程地下水控制应防止基坑开挖过程及使用期间的管涌、流砂、坑底突涌及与地下水有关的坑外地层过度沉降。（　　）

6. 地下连续墙标准槽段为 6m 长，最长不得超过 8m。（　　）

四、名词解释

1. 基坑

2. 地下连续墙

五、问答题

1. 目前我国基坑工程具有哪些特点？

2. 简述基坑的设计依据。

3. 基坑中支撑体系的结构形式有哪几种？

4. 对基坑中支撑体系布置有哪些要求？

5. 地下连续墙适用于哪些情况？

6. 简述地下连续墙的优缺点。

7. 简述地下连续墙的施工工艺。

学习情境十

处理软弱地基

　　某罐区地形由原堤岸向海湾深处倾斜延伸，标高由沿岸的 4.0～5.0m 下降到 10～12m，即基岩标高-6～-7m，设计最高潮位标高为 3.25m，罐区内有 0.7～2.5m 厚的淤泥层和 0.5～1.2m 厚含碎石黏土层，再下为风化石灰岩，储罐平面图如图 10-1 所示。罐区的钻孔柱状图如图 10-2 所示。罐区填石层厚为 10～12m，堆填材料主要用开山爆破后的块石所组成，块石粒径不等，最大的粒径 50～60cm，个别块石的尺度达 1m 左右，由自卸卡车运往现场，倾倒堆填而成。由于块石粒径大、级配差、堆填层又厚，所以整个场地的地基非常疏松，且极不均匀，而新建大型储罐对地基沉降与不均匀沉降要求严格，因此采用何种方法处理地基，就成为该项目建设中的首要问题。

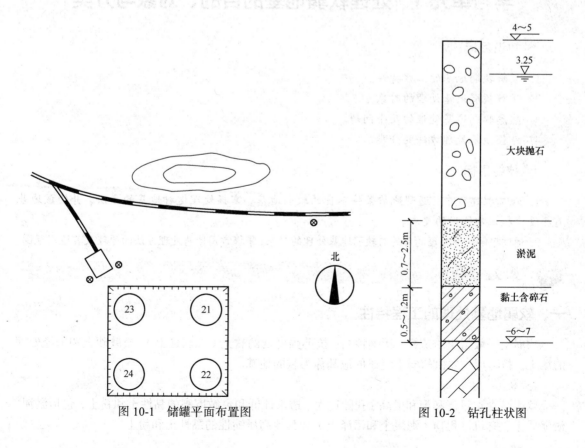

图 10-1　储罐平面布置图　　　　　　图 10-2　钻孔柱状图

案例导航

通观本例中的工程概况，可采用强夯法进行地基处理。强夯法多年来广泛应用在建筑、水利、交通、港口和石化工程等多种工程的地基加强夯适用于各种类型的土壤，土壤的粒度无限制。可用强夯加固由几吨重的块石组成的回填层，也可用强夯加固含水量高于80%的黏土。近几年来，国内在淤泥或淤泥质土、软塑至流塑的一般黏土、饱和砂土、一般黏性土、膨胀土、黄土、高填土、碎石块石、砂土等地基上都进行了尝试和应用。有的土性得到了明显的改善，有的效果甚微。这表明强夯法和其他加固方法一样，受到地基土的性质及工程类别等多种因素的影响。目前，国内所用的单击能从 50kN·m 到 8 000kN·m，多数应用从 100kN·m 到 200kN·m，在各种能量级下，在国内几种类型地基上采用强夯的 100 多个工程实例看，其效果是好的。

如何根据不同的软土类型选择正确的地基处理方法并对其进行设计与施工？需要掌握如下重点：

1. 软弱地基处理的目的、对象与分类；
2. 软弱地基的利用与处理措施；
3. 换土垫层法；
4. 强夯法；
5. 振冲法；
6. 排水固结法；
7. 化学加固法。

学习单元 1　处理软弱地基的目的、对象与分类

知识目标

1. 了解软弱地基的工程特性。
2. 了解软弱地基处理的对象。
3. 熟悉软弱地基处理的几个问题。
4. 掌握地基处理方法的分类。

技能目标

1. 在工程建设中，遇到地质条件不良的软弱地基，掌握处理这种地基的方法，并使该地基满足设计和正常使用的要求。
2. 通过了解地基处理的目的与软弱地基处理的对象，掌握常用地基处理方法的原理及其适用范围。

基础知识

一、软弱地基处理的工程特性

软弱土一般指土质疏松、压缩性高、抗剪强度低的软土（如软黏上）、松散砂土和未经处理的填土。持力层主要由软弱土组成的地基称为软弱地基。

1. 软土

软土是含水量高和饱和度高、孔隙比大、透水性低和灵敏度高的黏性土和粉土，包括淤泥、淤泥质土、有机沉积物（泥炭土和沼泽土）和其他高压缩性的黏性土和粉土。

软土的工程特性与一般黏性土不同：

（1）软土的强度是比较低的，不排水抗剪强度一般小于 20kPa。其大小与土层的排水固结条件有密切的关系；

（2）软土的透水性较差，其渗透系数一般在 $i×10^{-5} \sim i×10^{-7}$mm/s（i=1，2，…，9）之间。因此土层在自重或荷载作用下达到完全固结所需的时间很长；

（3）软土具有显著的结构性。特别是滨海相的软土，一旦受到扰动（振功、搅拌或搓揉等），其絮状结构受到破坏，土的强度显著降低，甚至呈流动状态；

（4）软土的流变性是比较明显的。在不变的剪应力的作用下，将连续产生缓慢的剪切变形，并可能导致抗剪强度的衰减。在固结沉降完成之后，软土还可能继续产生可观的次固结沉降。许多工程的现场实测结果表明：当土中孔隙水压力完全消散后，基础还继续沉降；

（5）软土的构造较为复杂。由于软土具有强度较低、压缩性较低和透水性很小等特性，因此，在软土地基上修建建筑物，必须重视地基的变形和稳定问题。

☼小提示

软土因其含水量高、孔隙比大，因而使软土地基具有变形大、强度低的特点。软土的饱和度通常在 95%以上。液性指数大多大于 1.0。

2. 冲填土

冲填土系由水力冲填泥砂而形成的填土。一般是结合整治或疏浚江河航道，用高压泥浆泵将河底泥砂通过输泥管排放到地面而形成的大片冲填土层。冲填土具有以下特点：

（1）颗粒组成随泥砂来源而不同，粗细不一，有的是砂粒，但大多数情况是黏粒和粉粒；在吹泥的入口处，沉积的土粒较粗，顺着出口方向则逐渐变细；土粒沉淀后常形成约 1%的坡度；

（2）由于土粒不均匀分布，以及受表面形成的自然坡度影响，因而距入口处越远，土料越细，排水越慢，土的含水量也越大；

（3）冲填土的含水量较大，一般都大于液限；

（4）冲填前原地面形状和冲填过程中是否采取排水措施对冲填土的排水固结影响很大；如原地面高低不平或局部低洼，冲填后土内水不易排出，长期处于饱和软弱状态。

3. 杂填土

由于杂填土是人类活动所形成的无规则堆填物，因而具有如下特性：

（1）成分复杂。有碎砖、瓦砾和腐木等建筑垃圾，残骨、炉灰和杂物等生活垃圾和矿渣、煤渣和废土等工业底料；

（2）无规律性。成层有厚有薄，土的颗粒和孔隙有大有小，强度和压缩性有高有低；

（3）性质随着堆填龄期而变化。填龄较短的杂填土往往在自重的作用下沉降尚未稳定，在水的作用下，细颗粒有被冲刷而塌陷的可能；一般认为，填龄达五年以上的填土，性质才逐渐趋于稳定；杂填土的承载力常随填龄增大而提高；

（4）含腐殖质及水化物。以生活垃圾为主的填土，其中腐殖质的含量常较高。随着有机质的腐化，地基的沉降将增大；以工业残渣为主的填土，要注意其中可能含有水化物，因而遇水后容易发生膨胀和崩解，使填土的强度迅速降低。

在大多数情况下，杂填土是比较疏松和不均匀的，在同一建筑场地的不同位置，其承载力和压缩性往往有较大的差异。如作为地基持力层，一般须经人工处理。

二、软弱地基处理的问题

衡量地基好坏的一个主要标准就是看其承载力和变形性能是否满足要求。地基处理就是利用换填、夯实、挤密、排水、胶结和加筋等方法对地基进行加固，用以改良地基土的特性。工程实际中建筑地基所需处理的问题表现在以下几个方面：

（一）地基的强度与稳定性问题

当地基的抗剪强度不足以支撑上部结构传来的荷载时，地基就会产生局部剪切或整体滑移破坏，它不仅影响建筑物的正常使用，还将对建筑物的安全构成很大威胁，以至于造成灾难性的后果。

（二）地基的变形问题

地基在上部荷载作用下，产生严重沉降或不均匀沉降时，就会影响建筑物的正常使用，甚至引发建筑物整体倾斜、墙体开裂、基础断裂等事故。

（三）地基的渗漏与溶蚀

水库一类构筑物的地基发生渗漏就会使库内存水渗漏，严重的会引起溃坝等破坏。溶蚀会使地面塌陷。

（四）地基振动液化与振沉

强烈地震会引起地表以下一定深度范围内含水饱和的粉土和砂土产生液化，使地基丧失承载力，造成地表、地基或公路发生破坏；会造成软弱黏性土发生振沉现象，导致地基下沉。

> ☀ **小提示**
>
> 建筑物的天然地基存在上述问题时就必须采取地基处理措施以确保建筑物的安全性、适用性和耐久性。

三、地基处理方法的分类

地基处理方法的分类见表 10-1。

表 10-1　　　　　　　　　　地基处理方法分类

序号	分类	处理方法	原理及作用	适用范围
1	换土垫层法	机械碾压法	通过除浅层软弱土，分层碾压或夯实来压实土，按回填的材料可分为砂垫层、碎石垫层、灰土垫层、二灰垫层和素土垫层等。它可提高持力层的承载力，减少沉降量，消除或部分消除土的湿陷性和胀缩性，防止土的冻胀作用，以及改善土的抗液化性	机械碾压法常适用于基坑面积大和开挖土方量较大的回填土方工程，一般适用于处理浅层软土地基、湿陷性黄土地基、膨胀土地基和季节性冻土地基
		重锤夯实法		重锤夯实法一般适用于地下水位以上稍湿的黏性土、砂土、湿陷性黄土、杂填土及分层填土地基
		平板振动法		平板振动法适用于处理无黏性土或黏粒含量少和透水性好的杂填土地基

序号	分类	处理方法	原理及作用	适用范围
2	深层密实法	强夯法	强夯法系利用强大的夯击功能,迫使深层土液化和动力固结而密实	强夯法一般适用于碎石土、砂土、杂填土、黏性土、湿陷性黄土及人工填土,对淤泥质土经试验证明施工有效时方可使用
		振动水冲法	挤密法系通过挤密或振动使深层土密实,并在振动挤密过程中,回填砂、砾石、灰土、土或石灰等,形成砂桩、碎石桩、灰土桩、二灰桩、土桩或石灰桩,与桩间土一起组成复合地基,从而提高地基承载力、减少沉降量、消除或部分消除土的湿陷性,改善土的抗液化性	砂桩挤密法和振动水冲法一般适用于杂填土和松散砂土,对软弱地基经试验证明加固有效时方可使用
		灰土、二灰或土桩挤密法		灰土、二灰或土桩挤密法一般适用于地下水位以上,深度为 5~10m 的湿陷性黄土和人工填土
		粉体喷射搅拌法、石灰桩挤密法	粉体喷射搅拌法是将生石灰或水泥等粉体材料,利用粉体喷射机械,以雾状喷入地基深部,由钻头叶片旋转,将粉体加固料与原位置软土搅拌均匀,使软土硬结,可提高地基承载力、减少沉降量、加快沉降速率和增加边坡稳定性	粉体喷射搅拌法和石灰桩挤密法一般都适用于各种软弱地基
3	排水固结法	堆载预压法、真空预压法、降水预压法、电渗排水法	通过布置垂直排水井,改善地基的排水条件,以及采取加压、抽气、抽水和电渗等措施,以加速地基土的固结和强度增长,提高地基土的稳定性,并使沉降提前完成	适用于处理厚度较大的饱和软土和冲填土地基,但需要具有预压的荷载和时间的条件。对于较厚的泥炭层则要慎重对待
4	化学加固法	灌浆法、混合搅拌法(高压喷射浆法、深层搅拌法)	通过注入水泥或化学浆液,或将水泥等浆液进行喷射或机械拌和等措施,使土粒胶结,用以改善土的性质,提高地基承载力,增加稳定性,减少沉降,防止渗漏	适用于处理砂土、黏性土、湿陷性黄土及人工填土的地基。尤其适用于对已建成的由于地基问题而产生工程事故的托换技术
5	加筋法	土工织物	在软弱土层建造树根桩或碎石桩,或在人工填土的路堤或挡墙内铺设土工织物、钢带、钢条、尼龙绳或玻璃纤维等作为拉筋,使这种人工复合的土体,可承受抗拉、抗压、抗剪和抗弯作用,以提高地基承载力、增加地基稳定性和减少沉降	土工织物适用于砂土、黏性土和软土
		加筋土		加筋土适用于人工填土的路堤和挡墙结构
		树根桩		树根桩适用于各类土
		碎石桩(包括砂桩)		碎石桩(包括砂桩)适用于黏性土,对于软土,经试验证明施工有效时方可采用

续表

序号	分类	处理方法	原理及作用	适用范围
6	热学法	热加固法	热加固法是通过渗入压缩的热空气和燃烧物，并依靠热传导，将细颗粒土加热到适当温度，如温度在100℃以上，则土的强度就会增加，压缩性随之降低	热加固法适用于非饱和黏性土、粉土和湿陷性黄土
		冻结法	冻结法是采用液体氮或二氧化碳膨胀的方法，或采用普通的机械制冷设备与一个封闭式液压系统相连接，使冷却液在里面流动，从而使软而湿的土冻结，以提高土的强度和降低土的压缩性	冻结法适用于各类土。对于临时性支撑和地下水进行控制；特别是在软土地质条件，开挖深度大于7~8m，以及低于地下水位的情况下，它是一种普遍而有用的施工措施

学习单元2　利用与处理软弱地基的措施

知识目标

1. 了解软弱地基的一般规定。
2. 熟悉软弱地基的利用与处理。
3. 掌握软弱地基的建筑措施与结构措施。
4. 熟悉地基上有大面积地面荷载的设计。

技能目标

1. 当软弱土层作为持力层时，掌握其处理规定；当局部软弱土层及暗塘、暗沟等时，掌握其处理方法。

2. 当建筑物需要设置沉降缝时，能够掌握其相关处理措施。当建筑物沉降和不均匀沉降时，能够掌握其相关的结构处理措施。当需要增强整体刚度和承载力时，能够运用所学知识选择相应的措施。

3. 在建筑范围内地基上有大面积荷载需要设计时，能够掌握其设计方法与要求，并能根据《建筑地基基础设计规范》（GB 50007—2011）的相关规定进行验算。

4. 通过了解地基处理的目的与软弱地基处理的对象，能够掌握常用地基处理方法的原理及其适用范围。

 基础知识

一、软弱地基的一般规定

当地基压缩层主要由淤泥、淤泥质土、冲填土、杂填土或其他高压缩性土层构成时，应按软弱地基进行设计。在建筑地基的局部范围内有高压缩性土层时，应按局部软弱土层处理。勘察时应查明软弱土层的均匀性、组成、分布范围和土质情况；冲填土应查明排水固结条件；杂填土应查明堆积历史，确定自重压力下的稳定性、湿陷性等。

设计时，应考虑上部结构和地基的共同作用。对建筑体型、荷载情况、结构类型和地质条件进行综合分析，确定合理的建筑措施、结构措施和地基处理方法。

施工时，应注意对淤泥和淤泥质土基槽底面的保护，减少扰动。荷载差异较大的建筑物，宜先建重、高部分，后建轻、低部分。

活荷载较大的构筑物或构筑物群（如料仓、油罐等），使用初期应根据沉降情况控制加载速率，掌握加载间隔时间，或调整活荷载分布，避免过大倾斜。

二、软弱地基的利用与处理

（一）利用软弱土层作为持力层时应符合的规定

1. 对于淤泥和淤泥质土，宜利用其上覆较好土层作为持力层，当上覆土层较薄，应采取避免施工时对淤泥和淤泥质土扰动的措施。

2. 对于冲填土、建筑垃圾和性能稳定的工业废料，当均匀性和密实度较好时，可利用其作为轻型建筑物地基的持力层。

（二）局部软弱土层及暗塘、暗沟等的处理方法

当地基承载力或变形不能满足设计要求时，地基处理可选用机械压实、堆载预压、真空预压、换填垫层或复合地基等方法。处理后的地基承载力应通过试验确定。

1. 机械压实，包括重锤夯实、强夯、振动压实等方法，可用于处理由建筑垃圾或工业废料组成的杂填土地基，处理有效深度应通过试验确定。

2. 堆载预压，可用于处理较厚淤泥和淤泥质土地基。预压荷载宜大于设计荷载，预压时间应根据建筑物的要求及地基固结情况确定，并应考虑堆载大小和速率对堆载效果和周围建筑物的影响。采用塑料排水带或砂井进行堆载预压和真空预压时，应在塑料排水带或砂井顶部做排水砂垫层。

3. 换填垫层（包括加筋垫层），可用于软弱地基的浅层处理。垫层材料可采用中砂、粗砂、砾砂、角（圆）砾、碎（卵）石、矿渣、灰土、黏性土，以及其他性能稳定、无腐蚀性的材料。加筋材料可采用高强度、低徐变、耐久性好的土工合成材料。

4. 复合地基设计应满足建筑物承载力和变形要求。

三、软弱地基的建筑措施

在满足使用和其他要求的前提下，软弱地基上的建筑体型应力求简单。当软弱地基上的建筑体型比较复杂时，宜根据其平面形状和高度差异情况，在适当部位用沉降缝将其划分成若干个刚度较好的单元；当高度差异或荷载差异较大时，可将两者隔开一定距离，当拉开距离后的两单元必须连接时，应采用能自由沉降的连接构造。

当建筑物设置沉降缝时，应符合下列规定：

（1）建筑物的下列部位，宜设置沉降缝：

① 建筑平面的转折部位；

② 高度差异或荷载差异处；

③ 长高比过大的砌体承重结构或钢筋混凝土框架结构的适当部位；

④ 地基土的压缩性有显著差异处；

243

⑤ 建筑结构或基础类型不同处；

⑥ 分期建造房屋的交界处。

（2）沉降缝应有足够的宽度，沉降缝宽度可按表 10-2 选用。

表 10-2　　　　　　　　　房屋沉降缝的宽度

房 屋 层 数	沉降缝宽度
2～3	50～80
4～5	80～120
>5	≥120

相邻建筑物基础间的净距，可按表 10-3 选用。相邻高耸结构或对倾斜要求严格的构筑物的外墙间隔距离，应根据倾斜允许值计算确定。

表 10-3　　　　　　　　　相邻建筑物基础间的净距

影响建筑的预估平均沉降量 s/mm	被影响建筑的长高比	
	$2.0 \leqslant \dfrac{L}{H_f} < 3.0$	$3.0 \leqslant \dfrac{L}{H_f} < 5.0$
70～150	2～3	3～6
160～250	3～6	6～9
260～400	6～9	9～12
>400	9～12	≥12

注：1. 表中 L 为建筑物长度或沉降缝分隔的单元长度（m）；H_f 为自基础底面标高算起的建筑物高度（m）。

2. 当被影响建筑的长高比为 $1.5 < L/H_f < 2.0$ 时，其间净距可适当缩小。

建筑物各组成部分的标高，应根据可能产生的不均匀沉降采取下列相应措施：

① 室内地坪和地下设施的标高，应根据预估沉降量予以提高。建筑物各部分（或设备之间）有联系时，可将沉降较大者标高提高；

② 建筑物与设备之间应留有净空。当建筑物有管道穿过时应预留孔洞，或采用柔性的管道接头等。

四、软弱地基的结构措施

（一）减少建筑物沉降和不均匀沉降的措施

为减少建筑物沉降和不均匀沉降，可采用下列措施：

（1）选用轻型结构，减轻墙体自重，采用架空地板代替室内填土；

（2）设置地下室或半地下室，采用覆土少、自重轻的基础形式；

（3）调整各部分的荷载分布、基础宽度或埋置深度；

（4）对不均匀沉降要求严格的建筑物，可选用较小的基底压力。

（二）增强整体刚度和承载力的措施

对于建筑体型复杂、荷载差异较大的框架结构，可采用箱基、桩基础、筏基等加强基础整体刚度，减少不均匀沉降。对于砌体承重结构的房屋，宜采用下列措施增强整体刚度和承载力：

（1）对于 3 层和 3 层以上的房屋，其长高比 L/H_f 不宜大于 2.5；当房屋的长高比为 $2.5 < L/H_f \leqslant 3.0$ 时，宜做到纵墙不转折或少转折，并应控制其内横墙间距或增强基础刚度和承载力。当

房屋的预估最大沉降量不大于 120mm 时，其长高比可不受限制；

（2）墙体内宜设置钢筋混凝土圈梁或钢筋砖圈梁；

（3）在墙体上开洞时，宜在开洞部位配筋或采用构造柱及圈梁加强，圈梁应按下列要求设置：

① 在多层房屋的基础和顶层处应各设置一道，其他各层可隔层设置，必要时也可逐层设置。单层工业厂房、仓库，可结合基础梁、连系梁、过梁等酌情设置。

② 圈梁应设置在外墙、内纵墙和主要内横墙上，并宜在平面内连成封闭系统。

五、地基上有大面积地面荷载的设计

在建筑范围内有地面荷载的单层工业厂房、露天车间和单层仓库的设计，应考虑由于地面荷载所产生的地基不均匀变形及其对上部结构的不利影响。当有条件时，宜利用堆载预压过的建筑场地。

地面荷载系指生产堆料、工业设备等地面堆载和天然地面上的大面积填土。其中，地面堆载应均衡，并应根据使用要求、堆载特点、结构类型和地质条件确定允许堆载量和范围，但堆载不宜压在基础上；大面积的填土，宜在基础施工前 3 个月完成。

> ☼**小提示**
>
> 　　地面堆载应满足地基承载力、变形、稳定性的要求，并应考虑对周边环境的影响。当堆载量超过地基承载力特征值时，应进行专项设计。

厂房和仓库的结构设计，可适当提高柱、墙的抗弯能力，增强房屋的刚度。对于中小型仓库，宜采用静定结构。对于在使用过程中允许调整吊车轨道的单层钢筋混凝土工业厂房和露天车间的天然地基设计，除应遵守《建筑地基基础设计规范》（GB 50007—2011）的有关规定外，尚应符合式（10-1）的要求：

$$s_g' \leqslant \left[s_g' \right] \tag{10-1}$$

式中，s_g'——由地面荷载引起柱基内侧边缘中点的地基附加沉降量计算值；

$\left[s_g' \right]$——由地面荷载引起柱基内侧边缘中点的地基附加沉降量允许值，可按表 10-4 采用。

表 10-4　　　　　　　　　地基附加沉降量允许值　　　　　　　　（单位：mm）

b \ a	6	10	20	30	40	50	60	70
1	40	45	50	55	55			
2	45	50	55	60	60			
3	50	55	60	65	70	75		
4	55	60	65	70	75	80	85	90
5	65	70	75	80	85	90	95	100

注：表中 a 为地面荷载的纵向长度（m）；b 为车间跨度方向基础底面边长（m）。

按《建筑地基基础设计规范》（GB 50007—2011）的有关规定设计时，应考虑在使用过程中垫高或移动吊车轨道和吊车梁的可能性。应增大吊车顶面与屋架下弦间的净空和吊车边缘与上柱边缘间的净距，当地基土平均压缩模量 E_s 为 3MPa 左右，地面平均荷载大于 25kPa 时，净高宜大于 300mm，净距宜大于 200mm。并应按吊车轨道可能移动的幅度，加宽钢筋混凝土吊车梁腹部及配置抗扭钢筋。

具有地面荷载的建筑地基遇到下列情况之一时，宜采用桩基础：

（1）不符合《建筑地基基础设计规范》（GB 50007—2011）有关要求；

（2）车间内设有起重量 300kN 以上、工作级别大于 A5 的吊车；

（3）基底下软土层较薄，采用桩基础经济者。

学习单元 3　利用换填法处理软弱地基

知识目标

1. 了解换填法的适用范围。
2. 掌握换填法垫层的设计。
3. 掌握垫层施工技术。
4. 熟悉地基上有大面积地面荷载的设计。

技能目标

1. 当软弱土层作为持力层时，掌握其处理规定；当局部软弱土层及暗塘、暗沟等时，掌握其处理方法。

2. 当建筑物需要设置沉降缝时，掌握其相关处理措施。当建筑物沉降和不均匀沉降时，掌握其相关的结构处理措施。当需要增强整体刚度和承载力时，运用所学知识选择相应的措施。

3. 在建筑范围内地基上有大面积荷载需要设计时，掌握其设计方法与要求，并能根据《建筑地基基础设计规范》（GB 50007—2011）的相关规定进行验算。

246

 基础知识

一、换填法的基本概念与适用范围

（一）换填法的定义与作用

换填法是将基础底面下一定范围内的软弱土层挖去，然后分层填入强度较大的砂、碎石、素土、灰土以及其他性能稳定和无侵蚀性的材料，并夯实（或振实）至要求的密实度。

换填法常用作地基的浅层处理，其主要作用包括：

1. 提高地基承载力

浅基础的地基承载力与持力层的抗剪强度有关。如果以抗剪强度较高的砂或其他填筑材料代替软弱土，可提高地基的承载力，避免地基破坏。土工合成材料加筋垫层则通过垫层中布置的加筋体来提高地基承载力。

2. 减少沉降量和湿陷量

一般地基浅层部分沉降量在总沉降量中所占的比例是比较大的。由于砂垫层或其他垫层对应力的扩散作用，使作用在下卧层土上的压力较小，这样也会相应减少下卧层土的沉降量。

☼小提示

聚苯乙烯板块垫层由于自重轻，因此可作为轻质填料减少填土荷重，从而达到减小地基沉降的目的。对于湿陷性黄土地基，采用不具有湿陷的垫层处理后可大大减少地基湿陷量。

3. 加速软弱土层的排水固结

建筑物的不透水基础直接与软弱土层相接触时，在荷载的作用下，软弱土层地基中的水被迫绕基础两侧排出，因而使基底下的软弱土不易固结，形成较大的孔隙水压力，还可能导致由于地基强度降低而产生塑性破坏的危险。砂垫层和砂石垫层等垫层材料透水性大，软弱土层受压后，垫层可作为良好的排水面，可以使基础下面的孔隙水压力迅速消散，加速垫层下软弱土层的固结和提高其强度，避免地基土塑性破坏。

4. 防止冻胀

粗颗粒的垫层材料孔隙大，不易产生毛细现象，可以防止寒冷地区土中结冰所造成的冻胀。砂垫层的底面应满足当地冻结深度的要求。

5. 消除膨胀土的胀缩作用

在膨胀土地基上可选用砂、碎石、块石、煤渣、二灰或灰土等材料作为垫层以消除胀缩作用，但垫层厚度应依据变形计算确定，一般不少于0.3m，且垫层宽度应大于基础宽度，而基础的两侧宜用与垫层相同的材料回填。

6. 用于处理暗浜和暗沟的建筑场地

城市建筑场地有时会遇到暗浜和暗沟。此类地基具有土质松软、均匀性差、有机质含量较高等特点，其承载力和变形一般都满足不了建筑物的功能要求。一般处理的方法有基础加深、基础梁跨越、短桩支承和换土垫层。而换土垫层主要适用于需要处理深度不大、范围较大，土质较差，无法直接作为基础持力层的情况。

（二）换填法的适用范围

换填法的适用范围见表10-5。

表 10-5　　　　　　　　　　　换填法的适用范围

垫层种类	适 用 范 围
砂（砂石、碎石）垫层	适用于一般饱和、非饱和的软弱土和水下黄土地基处理，不宜用于湿陷性黄土地基，也不宜用于大面积堆载、密集基础和动力基础下的软弱地基处理，砂垫层不宜用于地下水流速快和流量大地区的地基处理
素土垫层	适用于中小型工程及大面积回填和湿陷性黄土的地基处理
灰土垫层	适用于中小型工程，尤其是适用于湿陷性黄土的地基处理
粉煤灰垫层	适用于厂房、机场、港区陆域和堆场等工程的大面积填筑
干渣垫层	适用于中小型建筑工程，尤其是适用于地坪、堆场等工程的大面积地基处理和场地平整。对于受酸性或碱性废水影响的地基不得采用干渣垫层

二、换填法垫层的设计

垫层的设计不但要满足建筑物对地基变形及稳定的要求，而且应符合经济合理的原则。换填垫层法设计的主要内容是确定断面的合理厚度和宽度。对于垫层，应保持足够的断面厚度以增加地基持力层承载力，防止地基浅层剪切变形，保持足够的宽度以防止垫层向两侧挤出。对于有排水要求的垫层，除要求有一定的厚度和宽度外，还需形成一个排水面，促进软弱土层的固结，提高其强度，以满足上部荷载的要求。

（一）垫层的分类

按换填材料的不同，将垫层分为砂垫层、素土垫层、矿渣垫层和粉煤灰垫层等。不同材料的垫层，其应力分布稍有差异，但根据实验结果及实测资料，垫层地基的强度和变形特性基本相似，因此可将各种材料的垫层设计都近似地按砂垫层的设计方法进行计算。

（二）垫层的适用范围

1. 砂垫层

砂垫层多用于中小型建筑工程的浜、塘、沟等的局部处理，适用于一般饱和、非饱和的软弱土和水下黄土地基处理；不宜用于湿陷性黄土地基，也不宜用于大面积堆载、密集基础和动力基础的软土地基处理。砂垫层不宜用于有地下水流流速快、流量大的地基处理。

2. 素土垫层

素土垫层（简称土垫层）和灰土垫层（石灰与土的体积配合比一般为 2∶8 或 3∶7）在湿陷性黄土地区使用较广泛，处理厚度一般为 1～3m。通过处理基底下的部分湿陷性土层，可达到减小地基的总湿陷量，并控制未处理土层湿陷量的处理效果。

素土垫层或灰土垫层可分局部垫层和整片垫层。当仅要求消除基底下处理土层的湿陷性时，宜采用素土垫层；除上述要求外，还要求提高土的承载力或水稳性时，宜采用灰土垫层。

局部垫层一般设置在矩形（或方形）基础或条形基础底面下，主要用于消除地基的部分湿陷量，并可提高地基的承载力。根据工程实践经验，局部垫层的平面处理范围，每边超出基础底边的宽度不应小于其厚度的一半，即使地基处理后，地面水仍可从垫层侧向渗入下部未经处理的湿陷性土层而引起湿陷，故对有防水要求的建筑物不得采用。

整片垫层一般设置在整个建（构）筑物（跨度大的工业厂房除外）的平面范围内，每边超出建筑物墙基础外缘的宽度不应小于垫层的厚度，并不得小于 2m。整片垫层的作用是消除被处理土层的湿陷量，以及防止生产和生活用水从垫层上部或侧向渗入下部未经处理的湿陷性土层。

素土垫层适用于中小型工程及大面积回填、湿陷性黄土地基的处理。

3. 砂渣垫层

砂渣垫层适用于中小型建筑工程，尤其适用于地坪、堆场等工程大面积的地基处理和场地平整。但对于受酸性或碱性废水影响的地基不得采用矿渣垫层。

4. 粉煤灰垫层

粉煤灰垫层适用于厂房、机场、港区陆域和堆场等大、中、小型工程的大面积填筑。

（三）垫层材料的选用

1. 砂石

（1）用砂石料作垫层填料时，宜选用颗粒级配良好、质地坚硬的中砂、粗砂、砾砂、圆砾、卵石或碎石等。填料中不得含有植物残体、垃圾等杂质，且含泥量不应超过 5%。

（2）用粉细砂作填筑料时，应掺入不少于 30%的碎石或卵石，且应分布均匀，最大粒径均不得大于 50mm。

（3）当碾压（或夯、振）功能较大时，最大粒径亦不宜大于 80mm；用于排水固结地基垫层的砂石料，含泥量不宜超过 3%。

（4）对湿陷性黄土地基，不得选用砂石等渗水材料。砂垫层材料应选用级配良好的中粗砂，含泥量不超过 3%，并应除去树皮、草皮等杂质。

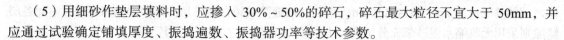

（5）用细砂作垫层填料时，应掺入 30%~50% 的碎石，碎石最大粒径不宜大于 50mm，并应通过试验确定铺填厚度、振捣遍数、振捣器功率等技术参数。

2. 灰土

灰土的体积配合比宜为 2：8 或 3：7。土料宜采用粉质黏土，不宜使用块状黏土和砂质粉土，不得含有松软杂质，并应过筛，其颗粒粒径不得大于 15mm。灰土强度随土料中黏粒含量增高而加大，塑性指数小于 4 的粉土中的黏粒含量太少，不能达到提高灰土强度的目的，因而不能用于拌和灰土。石灰宜采用新鲜的消石灰，其颗粒粒径应小于 5mm。

3. 粉煤灰

粉煤灰垫层上应覆土 0.3~0.5m。粉煤灰垫层中采用掺加剂时，应通过试验确定其性能及适用条件。作为建筑物垫层的粉煤灰应符合有关放射性安全标准的要求。粉煤灰垫层中的金属构件、管网应采用适当的防腐措施。大量填筑粉煤灰时应考虑对地下水和土壤的环境影响。

4. 干渣

干渣又称高炉重矿渣，简称矿渣，是高炉冶炼生铁过程中所产生的固体废渣经自然冷却而成。干渣具有原料足、造价低、节约天然资源（砂石料）等优点。干渣垫层材料可根据工程的具体条件选用分级干渣、混合干渣或原状干渣。小面积垫层一般用 8~40mm 与 40~60mm 的分级干渣，或 0~60mm 的混合干渣；大面积铺填时，可采用混合干渣或原状干渣，原状干渣最大粒径不大于 200mm 或不大于碾压分层虚铺厚度的 2/3。

5. 土工合成材料加碎石

由分层铺设的土工合成材料与地基土构成加筋垫层时，所用土工合成材料的品种与性能及填土类应根据工程特性和地基土条件，按照现行国家标准《土工合成材料应用技术规范》（GB 50290—2014）的要求，通过设计并进行现场试验后确定。加筋的土工合成材料应采用抗拉强度较高，同时受力伸长率不大于 4%~5%、耐久性好、抗腐蚀的土工格栅、土工格室、土工垫或土工织物等土工合成材料；垫层填料宜用碎石、角砾、砾砂、粗砂、中砂或粉质黏土等材料。

> ☼**小提示**
>
> 当工程要求垫层具有排水功能时，垫层材料应具有良好的透水性。在软土地基上使用加筋垫层时，应保证建筑物稳定并满足允许变形的要求。

6. 其他工业废渣

在有可靠试验结果或成功工程经验时，对质地坚硬、性能稳定、无腐蚀性和放射性危害的工业废渣等均可用于填筑换填垫层。被选用工业废渣的粒径、级配和施工工艺等应通过试验确定。

7. 聚苯乙烯板（EPS）

聚苯乙烯板（Expand Polystyrene Sheet，EPS）又称泡沫苯乙烯，是以石油为原料，经加工提炼出苯和乙烯合成，又经脱氧处理后得到苯乙烯，再经聚合反应生成聚苯乙烯，然后添加发泡剂而形成。根据发泡剂添加方式的不同，可生产不同类型的材料。

在软弱地基上的填土工程，有时因采用的垫层材料密度大，难以满足设计中地基承载力和变形要求。而 EPS 是具有足够强度和超轻质的优良填土材料，可有效减少作用在地基上的荷载，可借以取得设计和施工上的良好效果。

EPS 块体侧面应设置包边土，防止有害物质和明火侵入，遮断日光紫外线的直接照射，并对 EPS 块体起重压效果。每层 EPS 块体铺筑之前，包边土必须先分层填筑、压实，以免后施工造成 EPS 块体受到挤压和损坏，压实度也难以得到有效控制。EPS 自下而上逐层错缝铺设，块体之间的缝隙≤20mm，错台≤10mm。块体间的缝隙或错台最下层由砂浆垫层来调整，中间各层缝隙则采用无收缩水泥砂浆充分填塞。为防止 EPS 块体之间错位，上下两层 EPS 块体之间采用具有一定强度的双面爪形件连结，每层侧面采用一定强度的单面爪形件连结，爪钉通过镀锌防腐处理。最下层 EPS 块体与施工基面之间采用 L 形金属销钉连结，销钉插入施工基面深度≥20cm。EPS 铺设过程中要注意干拌砂浆的施工质量。EPS 每层铺设完成后，其与老路基的接合处宜采用 C20 细石混凝土密实衔接，以防水由老路基处渗入。与包边土接合处采用无收缩水泥砂浆填密。

EPS 用作路堤材料时，其路堤边坡的稳定性取决于包边土体的稳定性，可用常规土力学中分析边坡稳定性的方法进行确定。

EPS 可应用于公路及铁路路堤、桥头及挡墙填土、机场建设、港口工程及道路拓宽、地下结构上部覆土、景观造园绿化和赛车场等。

8. 粉质黏土

土料中有机质含量不得超过 5%，亦不得含有冻土或膨胀土。当含有碎石时，其粒径不宜大于 50mm。用于湿陷性黄土或膨胀土地基的粉质黏土垫层，土料中不得含有砖、瓦和石块。

（四）垫层厚度的确定

对于非自重湿陷性黄土地基上的垫层厚度，应保证天然黄土层所受的压力小于其湿陷起始压力值。根据试验结果，当矩形基础的垫层厚度为 0.8~1.0 倍基底宽度，条形基础的垫层厚度为 1.0~1.5 倍基底宽度时，能消除部分至大部分非自重湿陷性黄土地基的湿陷性。当垫层厚度为 1.0~1.5 倍柱基基底宽度或 1.5~2.0 倍条基基底宽度时，可基本消除非自重湿陷性黄土地基的湿陷性。

> ☀ **小提示**
>
> 在自重湿陷性黄土地基上，垫层厚度应大于非自重湿陷性黄土地基上垫层的厚度，或控制剩余湿陷量不大于 20cm 才能取得好的效果。

垫层厚度一般是根据垫层底部下卧土层的承载力确定，即作用在垫层底面处土的自重应力与附加应力之和不大于垫层底面下土层的承载力，如图 10-3 所示。

$$p_z + p_{cz} \leqslant f_{az} \tag{10-2}$$

式中，p_z——垫层底面处土的附加应力值（kPa）；

p_{cz}——垫层底面处土的自重应力值（kPa）；

f_{az}——垫层底面处软弱土层经深度修正后的地基承载力特征值（kPa）。

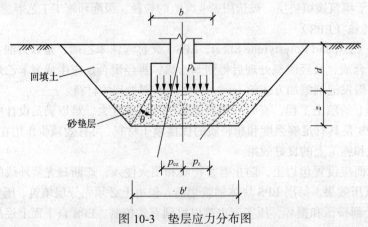

图 10-3　垫层应力分布图

设计计算时，先根据垫层的地基承载力特征值（通过现场试验或按表 10-6 选用）确定出基础宽度，再根据下卧层的承载力特征值确定垫层的厚度。一般情况下，垫层厚度应大于 0.5m，但不大于 3m。垫层太厚成本高而且施工比较困难，垫层效用并不随厚度线性增大。

垫层底面处的附加压力，对条形基础和矩形基础分别按式（10-3）和式（10-4）计算。

条形基础时：

$$p_z = \frac{b(p_k - p_c)}{b + 2z\tan\theta} \qquad (10\text{-}3)$$

矩形基础时：

$$p_z = \frac{bl(p_k - p_c)}{(b + 2z\tan\theta)(l + 2z\tan\theta)} \qquad (10\text{-}4)$$

式中，p_z——荷载作用下，基础底面处的平均压力（kPa）；

p_c——基础底面处土的自重压力（kPa）；

b——矩形基础或条形基础底面的宽度（m）；

l——矩形基础底面的长度（m）；

z——基础底面下垫层的厚度（m）；

θ——垫层的压力扩散角，可按表 10-6 取值。

表 10-6   压力扩散角 θ（°）

z/b \ 换填材料	中砂、粗砂、砾砂、圆砾、角砾、卵石、碎石、石屑、矿渣	粉质黏土、粉煤灰	灰土
0.25	20	6	28
≥0.50	30	23	

注：1. $z/b < 0.25$ 时，除灰土取 $\theta = 28°$ 外，其余材料均取 $\theta = 0°$，必要时，宜由试验确定；

2. 当 $0.25 < z/b < 0.5$ 时，θ 值可内插求得。

各种垫层的承载力特征值宜通过现场载荷试验确定。

（五）垫层宽度的确定

垫层的宽度除要满足应力扩散的要求外，还应防止垫层向两边挤出。若垫层宽度不足，就有可能部分挤入侧面软弱土中，增加基础沉降。垫层宽度的计算通常可按应力扩散角法进行。

垫层底面的宽度应满足基础底面应力扩散的要求，可按式（10-5）确定：

$$b' \geq b + 2z\tan\theta \qquad (10\text{-}5)$$

式中，b'——垫层底面的宽度（m）；

θ——压力扩散角（°），可按表 10-6 采用；当 $z/b < 0.25$ 时，仍按表中 $z/b = 0.25$ 取值。

整片垫层底面的宽度可根据施工的要求适当加宽。垫层顶面宽度可从垫层底面两侧向上按基坑开挖期间保持边坡稳定的当地经验放坡确定，即得垫层的设计断面。垫层顶面每边超出基础底边不宜小于 300mm。

📚课堂案例

某工程地基为软弱地基采用换填法处理，换填材料为砾砂，垫层厚度为 1m。已知：该基础为条形基础，基础宽度为 2m，基础埋深位于地表下 1.5m，上部结构作用在基础上的荷载 $p=200$kN/m；自地面至 6.0m 均为淤泥质土，其天然重度为 17.6kN/m³，饱和重度为

$19.7kN/m^3$，承载力特征值为 80kPa，地下水位在地表下 2.7m，试判定其下卧层承载力是否满足要求，并确定垫层的宽度。

解：基础底面处的平均压力值 p_k 为

$$p_k = \frac{F_k - G_k}{b} = \frac{200 + 20 \times 2 \times 1.5}{2} = 130(kPa)$$

垫层底面处的附加压力值 p_z：

由于 $z/b = 1/2 = 0.5$，查表 10-6，垫层的压力扩散角 $\theta = 30°$

$$p_z = \frac{b(p_k - p_c)}{b + 2z\tan\theta} = \frac{2 \times (130 - 17.6 \times 1.5)}{2 + 2 \times 1 \times \tan 30°} = 65.78(kPa)$$

垫层底面处土的自重压力值 p_{cz} 为

$$p_{cz} = 17.6 \times 2.5 = 44(kPa)$$

查《建筑地基基础设计规范》（GB 50007—2011）中承载力修正系数表得 $\eta_d = 1.0$，则经深度修正后淤泥质土的承载力特征值 f_{az} 为

$$f_{az} = f_{ak} + \eta_d \gamma_m (d - 0.5) = 80 + 1.0 \times 17.6 \times (2.5 - 0.5) = 115.2(kPa)$$

则

$$p_z + p_{cz} = 65.78 + 44 = 109.78(kPa) \leqslant f_{az} = 115.2 \ kPa$$

故满足要求。

垫层宽度 b' 为：

$$b' = b + 2z\tan\theta = 2 + 2 \times 1 \times \tan 30° = 3.15(m)$$

取 $b' = 3.2m$。

252

（六）垫层的承载力和变形验算

垫层的承载力宜通过现场荷载试验确定，并应进行下卧层承载力的验算。对于垫层下存在软弱下卧层的建筑，在进行地基变形计算时应考虑邻近基础对软弱下卧层顶面应力叠加的影响。当超出原地面标高的垫层或换填材料的重度高于天然土层重度时，宜早换填，并应考虑其附加的荷载对建筑及邻近建筑的影响。

垫层地基的变形由垫层自身变形和下卧层变形组成。换填垫层在满足断面有足够厚度、宽度和垫层压实标准的条件下，垫层地基的变形可仅考虑其下卧层的变形。对沉降要求严的或垫层厚的建筑，应计算垫层自身的变形。垫层下卧层的变形量可按现行国家标准《建筑地基基础设计规范》（GB 50007—2011）的有关规定计算。

三、垫层施工

（1）垫层施工应根据不同的换填材料选择施工机械。粉质黏土、灰土宜采用平碾、振动碾或羊足碾，中小型工程也可采用蛙式夯、柴油夯。砂石等宜用振动碾。粉煤灰宜采用平碾、振动碾、平板振动器、蛙式夯。矿渣宜采用平板振动器或平碾，也可采用振动碾。

（2）一般情况下，垫层的分层铺填厚度可取 200～300mm。为保证分层压实质量，应控制机械碾压速度。换填垫层施工应注意基坑排水，除采用水撼法施工砂垫层外，不得在浸水条件下施工，必要时应采用降低地下水位的措施。垫层底面宜设在同一标高上，如深度不同，基坑底土面应挖成阶梯或斜坡搭接，并按先深后浅的顺序进行垫层施工时，搭接处应夯压密实。

（3）粉质黏土和灰土垫层土料的施工含水量宜控制在最优含水量（$\omega_{op} \pm 2\%$）的范围内，粉煤

灰垫层的施工含水量宜控制在（$\omega_{op} \pm 4\%$）的范围内。粉质黏土及灰土垫层分段施工时，不得在柱基、墙角及承重窗间墙下接缝。上下两层的缝距不得小于 500mm。接缝处应夯压密实。灰土应拌和均匀并应当日铺填夯压。灰土夯压密实后 3 天内不得受水浸泡。粉煤灰垫层铺填后宜当天压实，每层验收后应及时铺填上层或封层，防止干燥后松散起尘污染，同时应禁止车辆碾压通行。

（4）铺设土工合成材料时，下铺地基土层顶面应平整，防止土工合成材料被刺穿、顶破。铺设时应把土工合成材料张拉平直、绷紧，严禁有褶皱；端头应固定或回折锚固；切忌暴晒或裸露；连接宜用搭接法、缝接法和胶粘法，并均应保证主要受力方向的连接强度不低于所采用材料的抗拉强度。

学习单元 4 利用强夯法处理软弱地基

知识目标

1. 了解强夯法的适用条件。
2. 熟悉并掌握强夯法的加固处理与设计。

技能目标

1. 在了解强夯法概念的基础上，对强夯法的适用条件有较为直观的理解。
2. 通过理解强夯法的加固处理方法，全面掌握强夯法的设计要求。

基础知识

强夯法亦称动力固结法。强夯法处理地基是 20 世纪 60 年代末由法国路易斯梅那德（Louismenard）技术公司首先创用的。强夯法就是以 8 ~ 30t 的重锤，8 ~ 20m 的落距（最高为 40m）自由下落对土进行强力夯击的一种地基加固方法。强夯时对地基土施加很大的夯击能，在地基土中产生的冲击波和动应力，可提高土体强度，降低土的压缩性，起到改善砂土的振动液化性和消除湿陷性黄土的湿陷性等作用。同时，夯击还能提高土层的均匀程度，减少将来可能出现的不均匀沉降。

强夯法是在重锤夯实的基础上发展起来，但其机理又不相同的一项技术。两者根本区别在于后者采用的夯击能量较小，仅适用于含水量较低的回填土表层加固，影响深度为 1 ~ 2m，而强夯法主要是深层加固，加固深度和所采用的能量远远超过浅层重锤夯实法。强夯法已广泛应用于杂填土、碎石土、砂土、低饱和度粉土、黏性土及湿陷性黄土等地基的加固中。它不但可以在陆上施工，而且也可在水下夯实。工程实践表明，强夯法加固地基具有施工简单、使用经济、加固效果好等优点，因而被各国工程界所重视。其缺点是施工时噪声和振动较大，一般不宜在人口密集的城市内使用。对高饱和度的粉土与黏性土等地基，当采用夯坑内回填块石、碎石或其他粗颗粒材料进行强夯置换时，应通过现场试验确定其适用性。

类似的还有强夯置换法，但其在设计前必须通过现场试验确定其适用性和处理效果。

强夯法和强夯置换法施工前，应在施工现场有代表性的场地上选取一个或几个试验区，进行试夯或试验性施工。试验区数量应根据建筑场地复杂程度、建筑规模及建筑类型确定。

一、强夯法的适用条件

（1）强夯加固深度最好不超过 15m（特殊情况除外）。
（2）对于饱和软土，地表面应铺一层较厚的砾石、砂土等粗颗粒填料。
（3）地下水位离地面宜为 2 ~ 3m。

253

（4）夯击对象最好由粗颗粒土组成。

（5）施工现场与既有建筑物之间有足够的安全距离（一般应大于10m），否则不宜施工。

二、强夯法的加固处理

前文已述，强夯法采用质量为8～30t的重锤（最至可达200t），以8～20m的落距（最高为40m），对土进行强力夯击。这种方法具有施工简单、费用低廉和效果显著等优点。但噪音和振动较大，不宜在城市内密集建筑物处使用。

对高饱和度的粉土与软塑～流塑的黏性土等地基上对变形控制要求不严的工程，可采用强夯置换法。

> ☼**小提示**
>
> 随着孔隙水压力的消散和土颗粒间接触紧密以及吸附水层逐渐固定，土的抗剪强度和变形模量就有较大幅度的增长。在触变恢复期间，土体的变形（沉降）是很小的。

三、强夯法设计

（一）有效加固深度

影响强夯法有效加固深度影响的因素很多，有锤重、锤底面积和落距，还有地基土性质、土层分布、地下水位以及其他有关设计参数等。强夯法的有效加固深度应根据现场试夯或当地经验确定。我国常采用的是根据国外经验公式进行修正后的估算公式：

$$H = \alpha\sqrt{Mh} \tag{10-6}$$

式中，H——加固深度（m）；

M——夯锤质量（t）；

h——落距（m）；

α——小于1的修正系数，变动范围为0.35～0.8，饱和软土取0.45～0.5，一般黏性土取0.5，砂性土取0.7，填土取0.6～0.8，黄土取0.35～0.5。

影响有效加固深度的因素很多，除了锤重和落距外，还有地基土的性质、不同土层的厚度和埋藏顺序、地下水位以及其他强夯的设计参数等都与有效加固深度有着密切的关系。因此，强夯的有效加固深度应根据现场试夯或当地经验确定。

（二）单位夯击能

单位夯击能指单位面积上所施加的总夯击能，它的大小应根据地基土的类别、结构类型、荷载大小和处理的深度等综合考虑，并通过现场试夯确定。对于粗粒土可取1 000～4 000kN·m/m²；细粒土可取1 500～5 000kN·m/m²。夯锤底面积对砂类土一般为3～4m²，对黏性土不宜小于6m²。

（三）单点夯击数、夯击遍数、时间间隔

单点夯击数指单个夯点一次连续夯击的次数，强夯法夯点的单点夯击数应按现场试夯得到的夯击数和夯沉量关系曲线确定，并应同时满足以下条件：

（1）最后两击的平均夯沉量：当单击夯击能小于4 000kN·m时为50mm，当单击夯击能为

4 000 ~ 6 000kN·m时为100mm，当单击夯击能大于6 000kN·m时为200mm；

（2）周围地面不应发生过大的隆起；

（3）不因夯坑过深而发生起锤困难。每夯击点的夯击数一般为3 ~ 10击。夯击遍数应根据地基土的性质确定，一般可取2或3遍，对于渗透性较差的细颗粒土，必要时夯击遍数可适当增加。最后再以低能量满夯2遍，满夯可采用轻锤或低落距锤多次夯击，锤印搭接。两遍夯击之间应有一定的时间间隔，间隔时间取决于土中超静孔隙水压力的消散时间。一般间隔 1 ~ 4 周。当缺少实测资料时，可根据地基土的渗透性确定，对于渗透性较差的黏性土地基，间隔时间不应少于3 ~ 4周；对于渗透性好的地基可连续夯击。

（四）夯击点布置与间距

强夯法处理范围应大于建筑物基础范围，每边超出基础外缘的宽度宜为基底下设计处理深度的1/3 ~ 1/2，并不宜小于3m。

夯击点位置应根据基底平面的形状和加固要求而定，对大面积地基一般采用等边三角形、等腰三角形或正方形；对条形基础夯击点可成行布置；对独立柱基础可按柱网设置采取单点或成组布置。夯击点间距（夯距）的确定，一般根据地基土的性质和要求处理的深度而定，以保证使夯击能量传递到深处和邻近夯坑免遭破坏为基本原则。第一遍夯击点间距可取夯锤直径的2.5 ~ 3.5 倍，第二遍夯击点位于第一遍夯击点之间，以后各遍夯击点间距可适当减小。对处理深度较大或单击夯击能量较大的工程，第一遍夯击点间距宜适当增大。

学习单元 5　利用振冲法处理软弱地基

255

知识目标

1. 了解振冲法的分类及适用范围。

2. 掌握振冲法的设计。

技能目标

1. 在了解振冲法概念的基础上，对强夯法的分类及适用范围有较为直观的理解。

2. 通过本单元的学习，能够有效地掌握振冲法的设计方法与要求，并能按照相关公式对承载力进行计算。

基础知识

振冲法又称振动水冲法，是以起重机吊起振冲器，启动潜水电机后带动偏心块，使振冲器产生高强振动；同时开动水泵，使高压水通过喷嘴喷射高压水流，在边振边冲的联合作用下将振冲器沉到土中的预定深度；经过清孔后，就可从地面向孔中逐段填入碎石，每段填料均在振动作用下被振挤密实，达到所要求的密实度后提升振冲器，如此重复填料和振密，直至地面，从而在地基中形成一根大直径的很密实的桩体。振冲法施工顺序示意图如图10-4所示。

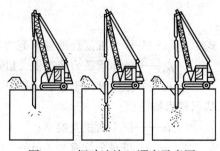

图 10-4　振冲法施工顺序示意图

一、振冲法的分类及适用范围

振冲法可分为振冲置换法和振冲密实法两类。振冲置换法适用于处理不排水抗剪强度不小于20kPa的黏性土、粉土、饱和黄土和人工填土等地基。这类土难以挤密、振密，故本身密实度提高不大或不提高，地基承载力依靠所加填料形成的密实桩柱与其构成复合地基，由于桩身为散体材料，其抗压强度与周围压力有关，故过软的土层不宜使用。振冲密实法适用于处理砂土和粉土等地基，这类土可被振冲器振密和挤密。桩柱可加填料或不加填料，不加填料仅适用于处理黏粒含量小于10%的粗砂、中砂地基。

二、振冲法设计

（一）破坏形式

1. 刺入破坏

如图 10-5（a）所示，当桩比较短而且没有打到硬层时，在荷载作用下容易发生刺入破坏，即整个桩体在地基中下沉。

2. 鼓出破坏

如图 10-5（b）所示，若桩比较长，在荷载作用下桩上段往往会出现鼓出破坏。实践中常出现的是这种破坏形式。

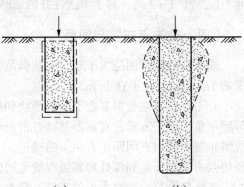

（a）　　　　（b）

图 10-5　碎石桩的破坏形式

（二）桩孔布置

振冲法处理范围应根据建筑物的重要性和场地条件确定，当用于多层建筑和高层建筑时，宜在基础外缘扩出 1~2 排桩。当要求消除地基液化时，基础外缘扩大宽度不应小于基底下可液化土层厚度的 1/2。因此，应根据上部结构的荷载在地基中形成的土中应力来确定桩孔位置。对于条形基础或单独基础，常用等腰三角形或矩形布置；对于大面积基础或筏形基础，则以等边三角形布置为好。

（三）承载力计算

振冲桩复合地基承载力特征值应通过现场复合地基荷载试验确定，初步设计时也可按式（10-7）和式（10-8）估算：

$$f_{spk} = mf_{pk}+(1-m)f_{sk} \tag{10-7}$$

$$m = \frac{d^2}{d_e^2} \tag{10-8}$$

式中，f_{spk}——振冲桩复合地基承载力特征值（kPa）；

f_{pk}——桩体承载力特征值（kPa）；

f_{sk}——振后桩间土承载力特征值（kPa）。宜按当地经验取值，如无经验时，可取天然地基承载力特征值；

m——桩土面积置换率；

d——桩身平均直径（m）；

d_e——一根桩分担的处理地基面积的等效圆直径（m），对于等边三角形布桩，$d_e=1.05s$；

对于正方形布桩，$d_e=1.13s$；对于矩形布桩，$d_e=1.13\sqrt{s_1s_2}$（s、s_1、s_2分别为桩间距、矩形布桩时纵向间距和横向间距）。

对小型工程的黏性土地基如无现场荷载试验资料，初步设计时，复合地基的承载力特征值也可按式（10-9）估算：

$$f_{spk}=[1+m(n-1)]f_{sk} \tag{10-9}$$

式中，n——桩土应力比，在无实测资料时，可取 2～4，原土强度低时取大值，原土强度高时取小值。

其余符号意义同前。

📖课堂案例

用直径为 1m 的振冲碎石桩加固软黏土地基，由单桩和桩间土荷载试验得 $f_{pk}=250kPa$，$f_{sk}=90kPa$，要求达到的 $f_{spk}=150kPa$，等边三角形布置，试确定振冲碎石桩的置换率 m 和间距 s。

解：由振冲桩复合地基承载力公式（10-7）得：

$$m=\frac{f_{spk}-f_{sk}}{f_{pk}-f_{sk}}=\frac{150-90}{250-90}=0.375$$

由面积置换率公式（10-8）得：

$$d_e=\sqrt{\frac{d_e}{m}}=\sqrt{\frac{1}{0.375}}=1.633(m)$$

因此，对于等边三角形布桩有：

$$s=\frac{d_e}{1.05}=\frac{1.633}{1.05}=1.56(m)$$

257

学习单元6　利用排水固结法处理软弱地基

📝知识目标

1. 了解排水固结法的概念及适用范围。
2. 掌握排水固结法的分类与设计。

📝技能目标

1. 在了解排水固结法概念的基础上，对排水固结法的分类及适用范围有较为直观的理解。
2. 通过本单元的学习，较有效地掌握排水固结法的设计方法与要求。

➡️ 基础知识

排水固结法是利用地基排水固结的特性，通过施加预压荷载，并增设各种排水条件（砂井和排水垫层等排水体），以加速饱和软黏土固结，提高土体强度的一种软弱地基处理方法。排水固结法加固软弱地基是一种比较成熟的方法，它可以解决饱和黏性土地基两个方面的问题：

（1）沉降问题。可使地基的沉降在加载预压期间大部分或基本完成，使建筑物在使用期间不致产生较大的沉降量和沉降差；

（2）稳定问题。可加速地基土抗剪强度的增长，从而提高地基的承载力和稳定性。

排水固结法加固的基本原理是，软黏土地基在荷载作用下，土中孔隙水慢慢排出，孔隙体积不断减小，地基发生固结变形；同时，随着超静孔隙水压力的逐渐消散，土的有效应力增大，地基强度逐步增长。影响预压固结效果的主要因素如下：

（1）必要的预压荷载。包括堆载预压荷载、真空预压荷载、自重预压荷载、降水预压荷载等；

（2）良好的排水边界条件。包括水平向排水垫层、竖向排水砂井、袋装砂井、塑料排水带等。

综合以上因素，排水固结法一般由排水系统和加压系统两部分组成。

排水系统主要用于改变原有地基的排水条件，缩短排水距离，使地基有良好的排水边界条件。该系统是由水平向的排水垫层和竖向排水体构成的。当软土层较薄或土的渗透性较好而施工期较长时，可仅在地面铺设一定厚度的砂垫层，然后加载。当软土层较厚且土的渗透性较差时，可在地基中设置砂井等竖向排水体，再与砂垫层相连，构成排水系统，加快土体固结。

加压系统即对地基施加起固结作用的预压荷载，它可使地基土的有效应力增加而产生固结。根据所施加的预压荷载不同，预压法可分为堆载预压法、真空预压法、自重预压法、降水预压法等。在实际工程中，可单独使用一种方法，也可将几种方法联合使用。

排水固结法适用于处理淤泥、淤泥质土和冲填土等饱和黏性土地基。

一、堆载预压法

（一）预压法及适用范围

堆载预压法是直接在地基上加载而使地基固结的方法一般用填土、砂土等材料。由于堆载需要大量的土石料，往往需要到外地运输，工程量很大，造价高。对于砂类土和粉土，以及软土层厚度不大或软土层含较多薄粉砂夹层，且固结速率能满足工期要求时，可直接用堆载预压法；对于深厚软黏土地基，应设置塑料排水带或砂井等排水竖井。

（二）设计的内容和具体方法

堆载预压法处理地基的设计应包括下列内容。

（1）选择塑料排水带或砂井，确定其断面尺寸、间距、排列方式和深度。

（2）确定预压区范围、预压荷载大小、荷载分级、加载速率和预压时间。

（3）计算地基土的固结度、强度增长、抗滑稳定性和变形。

设计的具体方法如下所述。

（1）设置排水竖井和排水带。排水竖井分普通砂井、袋装砂井和塑料排水带。普通砂井直径可取 300~500mm，袋装砂井直径可取 70~120mm。排水竖井的平面布置可采用等边三角形或正方形排列。竖井的有效排水直径 d_e 与间距 l 的关系如下：等边三角形排列时，$d_e=1.05l$；正方形排列时，$d_e=1.13l$。

☼小提示

排水竖井的间距可根据地基土的固结特性和预定时间内所要求达到的固结度确定。设计时，竖井的间距可按井径比 n 选用（$n=d_e/d_w$，d_w 为竖井直径）。塑料排水带或袋装砂井的间距可按 $n=15~22$ 选用，普通砂井的间距可按 $n=6~8$ 选用。

排水竖井的深度应根据建筑物对地基的稳定性、变形要求和工期确定。对以地基抗滑稳定性控制的工程，竖井深度至少应超过最危险滑动面 2.0m。对以变形控制的建筑，竖井深度应根据在限定的预压时间内需完成的变形量确定。竖井宜穿透受压土层。

（2）确定预压荷载。预压荷载大小应根据设计要求确定。对于在沉降有严格限制的建筑，应采用超载预压法处理，超载量大小应根据预压时间内要求完成的变形量通过计算确定，并宜使预压荷载下受压土层各点的有效竖向应力大于建筑物荷载引起的相应点的附加应力。

预压荷载顶面的范围应大于或等于建筑物基础外缘所包围的范围。

加载速率应根据地基土的强度确定。当天然地基土的强度满足预压荷载下地基的稳定性要求时，可一次性加载，否则应分级逐渐加载，待前期预压荷载下地基土的强度增长满足下一级荷载下地基的稳定性要求时方可加载。

（3）铺设砂垫层。堆载预压法处理地基必须在地表铺设与排水竖井相连的砂垫层，砂垫层厚度不应小于 500mm。砂垫层砂料宜用中粗砂，黏粒含量不宜大于 3%，砂料中可混有少量粒径小于 50mm 的砾石。在预压区边缘应设置排水沟，在预压区内宜设置与砂垫层相连的排水盲沟。

（4）计算变形量。预压荷载下地基的最终竖向变形量可按式（10-10）计算：

$$s_{\mathrm{f}} = \xi \sum_{i=1}^{n} \frac{e_{0i} - e_{1i}}{1 + e_{0i}} h_i \qquad (10\text{-}10)$$

式中，s_{f}——最终竖向变形量（m）；

e_{0i}——第 i 层中点土自重应力所对应的孔隙比，由室内固结试验 e-p 曲线查得；

e_{1i}——第 i 层中点土自重应力与附加应力之和所对应的孔隙比，由室内固结试验 e-p 曲线查得；

h_i——第 i 层土层厚度（m）；

ξ——经验系数，对正常固结饱和黏性土地基可取 ξ=1.1 ~ 1.4。荷载较大、地基土较软弱时取较大值，否则取较小值。

变形计算时，可取附加应力与土自重应力的比值为 0.1 的深度作为受压层的计算深度。

二、真空预压法

（一）加压方法及适用范围

真空预压法是通过对覆盖于竖井地基表面的不透气薄膜内抽真空，而使地基固结的方法。它是在软土表面铺设一层透水的砂或砾石，然后打设竖向排水通道袋装砂井或塑料排水板，并在砂或砾石层上覆盖不透水的薄膜材料，如塑料布、橡胶布或沥青等，使软土与大气隔绝。通过在砂垫层里预埋的吸水管道，用真空泵抽气形成真空，利用大气压力加压。

真空预压法适用于能在加固区形成（包括采取措施后形成）稳定负压边界条件的软土地基。

（二）设计内容

真空预压法处理地基必须设置排水竖井。设计内容包括：

（1）竖井断面尺寸、间距、排列方式和深度的选择；

（2）预压区面积和分块大小；

（3）真空预压工艺；

（4）要求达到的真空度和土层的固结度；

（5）真空预压和建筑物荷载下地基的变形计算；

（6）真空预压后地基土的强度增长计算等。

设计的具体方法如下：

（1）排水竖井的设计同堆载预压法，砂井的砂料应选用中粗砂，其渗透系数应大于 $1×10^{-2}$cm/s；

（2）真空预压区边缘应大于建筑物基础轮廓线，每边增加量不得小于 3.0m。每块预压面积宜尽可能大且呈方形；

真空预压的膜下真空度应稳定地保持在 650mmHg 以上，且应均匀分布，竖井深度范围内土层的平均固结度应大于 90%。

学习单元 7　利用化学加固法处理软弱地基

知识目标

1. 了解化学加固法的概念及其种类。
2. 掌握化学加固法的设计。

技能目标

1. 在了解化学加固法概念的基础上，对化学加固法的分类有较为直观的理解。
2. 通过本单元的学习，较有效地掌握化学加固法的设计方法与要求，并能按照相关公式进行计算。

基础知识

化学加固法是在软土地基土中掺入水泥、石灰等，用喷射、搅拌等方法使其与土体充分混合固化；或把一些能固化的化学浆液（水泥浆、水玻璃、氯化钙溶液等）注入地基土孔隙，以改善地基土的物理力学性质，达到加固软土地基的目的。化学加固法，按固化剂的状态可分为粉体类（水泥、石灰粉末）加固法和浆液类（水泥浆及其他化学浆液）加固法；按施工工艺可分为低压搅拌法（粉体喷射搅拌法、水泥土搅拌法）、高压喷射注浆法（高压旋喷法等）和浆液灌注胶结法（灌浆法、硅化法）。

一、水泥土搅拌法

水泥土搅拌法是以水泥为固化剂，通过深层搅拌机在地基深部就地将软土和固化剂强制拌和，利用固化剂和软土发生一系列物理化学反应，使其凝结成具有整体性、水稳性好和较高强度的水泥土，与天然地基形成复合地基，从而提高地基承载力及其他特性。

水泥土搅拌法分为深层搅拌法（以下简称湿法）和粉体喷搅法（以下简称干法）。水泥土搅拌法适用于处理正常固结的淤泥与淤泥质土、粉土、饱和黄土、素填土、黏性土以及无流动地下水的饱和松散砂土等地基。当地基土的天然含水量小于 30%（黄土含水量小于 25%）、大于 70%或地下水的 pH 值小于 4 时不宜采用干法。

（一）水泥土搅拌桩设计

水泥土搅拌法形成的水泥土加固体，可作为竖向承载的复合地基。竖向承载搅拌桩的平面布置可根据上部结构特点及对地基承载力和变形的要求，采用柱状、壁状、格栅状或块状等加固形式。只在基础平面范围内布置桩，独立基础下的桩数不宜少于 3 根。柱状加固可采用正方形、等边三角形等布桩形式。竖向承载搅拌桩的长度应根据上部结构对承载力和变形的要求确

定，并宜穿透软弱土层到达承载力相对较高的土层。为提高抗滑稳定性而设置的搅拌桩，其桩长应超过危险滑弧以下 2m。湿法的加固深度不宜大于 20m；干法不宜大于 15m。水泥土搅拌桩的桩径不应小于 500mm。

（二）水泥土搅拌桩复合地基的承载力计算

竖向承载水泥土搅拌桩复合地基的承载力特征值应通过现场单桩或多桩复合地基荷载试验确定。初步设计时也可按式（10-11）估算：

$$f_{spk} = mR_a/A_p + \beta(1-m)f_{sk} \tag{10-11}$$

式中，A_p——桩面积（m^2）；

　　　m——面积转换频率；

　　　f_{spk}——复合地基承载力特征值（kPa）；

　　　f_{sk}——桩间土承载力特征值（kPa），可取天然地基承载力特征值；

　　　R_a——单桩竖向承载力特征值（kN）；

　　　β——桩间土承载力折减系数，当桩端土未经修正的承载力特征值大于桩周土的承载力特征值的平均值时，可取 0.1 ~ 0.4，差值大时取低值；当桩端土未经修正的承载力特征值小于或等于桩周土的承载力特征值的平均值时，可取 0.5 ~ 0.9，差值大或设置褥垫层时均取高值。

单桩竖向承载力特征值应通过现场荷载试验确定。应使由桩身材料强度确定的单桩承载力大于或等于由桩周土和桩端土的抗力所提供的单桩承载力：

$$R_a = u_p \sum_{i=1}^{n} q_{si} l_i + \alpha q_p A_p \tag{10-12}$$

$$R_a = \eta f_{cu} A_p \tag{10-13}$$

式中，R_a——单桩竖向承载力特征值（kPa）；

　　　f_{cu}——与搅拌桩桩身水泥土配比相同的室内加固土试块（边长为 70.7mm 的立方体，也可采用边长为 50mm 的立方体）在标准养护条件下 90 天龄期的立方体抗压强度标准值（kPa）；

　　　η——桩身强度折减系数，干法可取 0.20 ~ 0.30，湿法可取 0.25 ~ 0.33；

　　　u_p——桩的周长（m）；

　　　n——桩长范围内所划分的土层数；

　　　q_{si}——桩周第 i 层土的侧阻力特征值，对淤泥可取 4 ~ 7kPa；对淤泥质土可取 6 ~ 12kPa；对软塑状态的黏性土可取 10 ~ 15kPa；对可塑状态的黏性土可取 12 ~ 18kPa；

　　　l_i——桩长范围内第 i 层土的厚度（m）；

　　　q_p——桩端地基土未经修正的承载力特征值（kPa），可按现行国家标准《建筑地基基础设计规范》（GB 50007—2011）有关规定确定；

　　　α——桩端天然地基土的承载力折减系数，可取 0.4 ~ 0.6，承载力高时取低值。

261

课堂案例

某小区六层民用住宅，地基土为厚层淤泥质粉质黏土，$f_{sk}=80$kPa，$\beta=0.7$，采用水泥土搅拌桩，桩身水泥土 $f_{cu}=870$kPa，桩身强度折减系数 $\eta=0.45$，单桩荷载试验 $R_a=256$kN，采用 $d=0.7$m 的双孔搅拌桩；$A_p=0.71m^2$，基础面积 $A=228.04m^2$，设计要求 $f_{spk}=152.2$kPa。试确定水泥土搅拌桩的单桩承载力置换率 m 和桩数 n。

解：先确定单桩竖向承载力值：

由式（10-13）得：

$$R_a = \eta f_{cu} A_p = 0.45 \times 870 \times 0.71 = 278(kN); 278kN > 256kN$$

则取小值，$R_a = 256kN$。

由式（10-11）得，置换率：

$$m = \frac{f_{spk} - \beta f_{sk}}{\dfrac{R_a}{A_p} - \beta f_{sk}} = \frac{152.2 - 0.7 \times 80}{\dfrac{256}{0.71} - 0.7 \times 80} = 0.316$$

桩数：

$$n = \frac{mA}{A_p} = \frac{0.316 \times 228.04}{0.71} = 102（根）$$

二、高压喷射注浆法

高压喷射注浆法是利用高压喷射化学浆液与土混合固化处理地基的一种方法。它是利用钻机把带有喷嘴的注浆管钻进至土层的预定位置后，以高压设备使浆液或水以 20～40MPa 的高压射流从喷嘴中喷射出来，冲击破坏土体，同时钻杆以一定的速度逐渐向上提升，将浆液与土粒强制搅拌混合，浆液凝固后，在土中形成一个固结体。高压喷射注浆法处理深度可达 8～12m。

高压喷射注浆法适用于处理淤泥、淤泥质土、流塑、软塑或可塑黏性土、粉土、砂土、黄土、素填土和碎石土等地基。

（一）高压喷射桩设计

高压喷射注浆法，按喷射方向和形成固结体的形状不同可分为旋转喷射注浆（旋喷法）、定向喷射注浆（定喷法）、在某一角度范围内摆动喷射注浆（摆喷法），对应形成的固结体形状分别为圆柱状、墙壁状、扇形状；按注浆管类型不同可分为单管法（单管旋喷注浆法）、二重管法（所用注浆管为具有双通道的二重注浆管）和三重管法（所用注浆管为分别传送高压水、压缩空气和水泥浆三种介质的三重注浆管）。

竖向承载旋喷桩的平面布置可根据上部结构和基础特点确定。独立基础下的桩数一般不应少于 4 根。竖向承载旋喷桩复合地基宜在基础和桩顶之间设置褥垫层。褥垫层厚度可取 200～300 mm，其材料可选用中砂、粗砂、级配砂石等，最大粒径不宜大于 30mm。

（二）竖向承载旋喷桩复合地基承载力计算

竖向承载旋喷桩复合地基承载力特征值应通过现场复合地基荷载试验确定。初步设计时，也可按式（10-11）估算，式（10-11）中 β 为桩间土承载力折减系数，可根据试验或类似土质条件工程经验确定，当无试验资料或经验时，可取 0～0.5，承载力较低时取低值。单桩竖向承载力特征值可通过现场单桩荷载试验确定，也可按式（10-14）和式（10-15）估算，取其中较小值：

$$R_a = \eta f_{cu} A_p \tag{10-14}$$

$$R_a = u_p \sum_{i=1}^{n} q_{si} l_i + \alpha q_p A_p \tag{10-15}$$

式中，f_{cu}——与旋喷桩桩身水泥土配比相同的室内加固土试块（边长为 70.7mm 的立方体）在标准养护条件下 28 天龄期的立方体抗压强度标准值（kPa）；

η——桩身强度折减系数，可取 0.33；

u_p——桩的周长（m）；

n——桩长范围内所划分的土层数；

q_{si}——桩周第 i 层土的侧阻力特征值，可按现行国家标准《建筑地基基础设计规范》（GB 50007—2011）有关规定确定；

l_i——桩长范围内第 i 层土的厚度（m）；

q_p——桩端地基土未经修正的承载力特征值（kPa），可按现行国家标准《建筑地基基础设计规范》（GB 50007—2011）有关规定确定。

三、浆液灌注胶结法

浆液灌注胶结法主要是利用化学溶液或流质胶结剂，将其灌入土中后能将土粒胶结起来的性能，提高地基承载力。常用的浆液如下：

（1）水泥浆液，以强度等级高的硅酸盐水泥和速凝剂组成的浆液用得较多，适用于最小粒径为 0.4mm 的砂砾地基；

（2）以硅酸钠（水玻璃）为主的浆液，适用于土料较细的地基土，常称硅化法或电渗硅化法。

学习案例

某多层住宅楼位于重庆市南岸区，上部结构采用砖混结构，基础采用钢筋混凝土墙下条形基础，基础宽度为 1.5～2.0m，基础埋深 1.3m。

1. 工程地质条件

拟建场地地貌单元属构造剥蚀丘陵山坡地貌，根据现场钻探揭露，原地貌大致西北高东南低，现场地已经人工随机堆填。地面标高在 251～252mm 之间，地势较平坦。

场地位于川黔南北向（经向）构造体系的南温泉背斜东翼，岩层呈单斜状产出，产状为 125°∠19°区内及附近未发现断层及破碎带通过，地质构造简单。综合分析，场地岩体裂隙不发育。

场地地层结构为：上覆第四纪全新人工填土层、坡残积粉质黏土层，下伏侏罗系砂质泥岩、砂岩互层，由新到老分别为：

（1）素填土（Q_4^{ml}）。呈杂色，成分由强风化～中等风化砂质泥岩、砂岩碎块石、卵石及可塑状黏性土等组成，粒径绝大部分在 5～300mm 之间，最大超过 450mm，硬质含量大部分超过 50%，其中碎块石含量接近，稍湿，松散～稍密，厚度为 10～15m，分布于整个场地，为新近随机抛填，堆填时间 1～2 年。填土上部松散，下部稍密，天然重度为 18kN/m³，综合内摩擦角为 22°～26°，压缩模量为 4.0MPa，地基承载力特征值为 80kPa；

（2）粉质黏土（Q_4^{dl+el}）。呈灰褐色，可塑状，表层为耕土，摇震反应中等，无光泽，干强度中等，韧性中等。分布于场地大部分地带。厚度 1.0～3.0m；

（3）砂质泥岩（J_{2s}）。呈紫褐色，由黏土矿物组成，粉砂泥质结构，局部含灰绿色砂质团斑，局部相变为粉砂岩。薄层～中厚层状构造；

（4）砂岩（J_{2s}）。呈灰褐色，成分主要为石英、长石，其次为岩屑，见少量白云母，粗粒结构，钙质胶结，中厚层～厚层状。经工程地质调查测绘及钻探揭露，场地地势较平坦，场地未发现滑坡、危岩崩塌等不良地质作用。场地地质剖面如图10-6所示。

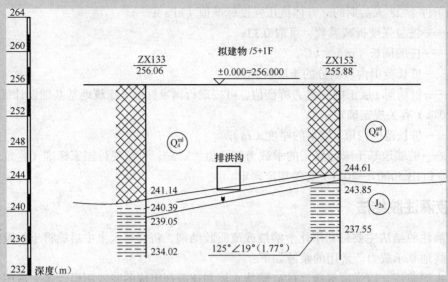

图10-6 场地地质剖面图

想一想

1. 该工程应采取哪种地基处理方工？
2. 试计算该工程中垫层的厚度与承载力特征值。

264

案例分析

1. 设计要求

该建筑共6层，一层为商业用房，2～5层为住宅，填土层由于结构松散，承载力和变形均无法满足要求。原设计对地基进行强夯处理后，基础采用钢筋混凝土条形基础，要求地基承载力特征值不小于200kPa。由于该幢房屋底部埋有一市政排洪沟，为避免强夯对排洪沟的不利影响，故改为换填处理，采用压实填土地基，处理后的地基要求地基承载力特征值为200kPa。

2. 设计计算

以其中一承重墙下条形基础为例，基础宽度为2.0m，基础埋深1.3m。承重墙传到基顶的荷载 F_k=310kN/m。

（1）垫层材料选碎石土，γ=20.0kN/m³，并设垫层厚度 $z = 2.5$m，$z/b = 2/2 = 1 > 0.5$，则垫层的压力扩散角θ=30°。

（2）垫层厚度的验算。根据题意，基础底面处的平均压力值为：

$$p_k = \frac{F_k + G_k}{b} = \frac{310 + 2 \times 1.3 \times 20}{2} = 181\text{kPa}$$

基础底面处土的自重应力为：

$$p_c = 18.0 \times 1.3 = 23.4\text{kPa}$$

垫层底面处的附加压力值：

$$p_z = \frac{(p_k - p_c)b}{b + 2z\tan\theta} = \frac{(181 - 23.4) \times 2}{2 + 2 \times 2.5 \tan 30°} = 64.5\text{kPa}$$

垫层底面处土的自重应力为：

$$p_{cz} = 18.0×1.3+20.0×2.5 = 73.4\text{kPa}$$

$\eta_d=1.0$，则经深度修正后填土的承载力特征值：

$$f_{az}=f_{ak}+ \eta_d \gamma_{mz} (d-0.5)-80.0+1.0×(3.8×0.5)×18 = 139.4\text{kPa}$$

则

$$p_z+p_{cz} = 64.5+73.4-137.8\text{kPa}<f_{az} = 139.4\text{kPa}$$

满足强度要求，垫层厚度选定为 2.5 m 合适。

（3）确定垫层底面宽度 b'

$$b' = b+2z\tan\theta= 2.0+2×2.5×\tan30°=4.9\text{m}$$

取 b' 为 5m，按 1∶1.5 放坡开挖。

3．垫层施工

开挖至垫层底部设计标高后，采用分层振动碾压法进行压实填土，填土每层的铺设厚度及碾压遍数，由现场试验确定。在施工开始时，由设计人员、甲方及监理人员根据现场试验情况作适当调整。

4．质量检验

在垫层填土施工过程中，严格分层检验填土的干密度及相应的含水量。垫层填土的密实程度检验方法以灌砂或灌水法为准，每间隔 10～15m 设一个检测点，且每幢单体建筑物范围内不少于 5 个检测点。

垫层的承载力和压缩变形模量，根据现场静载荷试验确定。同时采用动力触探等现场原位测试技术配合确定。从现场静载荷试验结果来看，地基承载力特征值达到了 250kPa，变形模量为 25MPa，满足设计要求。竣工验收时建筑物没有出现异常情况，使用 2 年来，主体结构未发现明显裂缝。

265

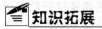 **知识拓展**

地基处理技术的发展

地基处理在我国有着悠久的历史，早在 3000 年前就有采用竹子、木头以及麦秸等材料加固地基的史料记载。新中国成立后，特别在近 20 年来得到了迅猛发展。回顾近 50 年来我国地基处理技术的发展历程大体经历了两个阶段。

第一阶段：20 世纪 50 年代～60 年代为起步应用阶段，这一时期大量地基处理技术从苏联引进国门，使用最为广泛的是垫层等浅层处理法。砂石垫层、砂桩挤密、石灰桩、灰土桩、化学灌浆、重锤夯实、预浸水法及井点降水等地基处理技术应用于工业民用建筑。由于是起步阶段，既有成功之经验，又有盲目照搬之教训。

第二阶段：20 世纪 70 年代至今，为应用、发展、创新阶段。大批国外先进技术被引进、开发，并结合我国自身特点，初步形成了具有中国特色的地基处理技术及其支护体系，许多领域达到了国际领先水平。

1. 大直径灌注桩得到了前所未有的发展。20 世纪 70 年代中后期，大直径灌注桩陆续在广州、深圳、北京、上海、厦门等大城市应用于高层和重型构筑物地基处理。20 世纪 80 年代～90 年代初已普及到全国数以百计的大中城市及新兴开发区，广泛应用于软土、黄土、膨胀土、特殊土地基。据估计，近年我国应用大直径灌注桩数量之多堪称世界各国之最，可谓起步虽晚而发展迅猛。

2. 石灰桩、碎石桩、高喷注浆、深层搅拌、真空预压、动力固结、塑料排水板法等得到了广泛的研究和应用。同时，土工织物在建筑中得到重视和使用，利用工业废渣、废料及其城市建筑垃圾处理地基的研究取得了可喜的进步，譬如采用粉煤灰、生石灰开发成二灰复合地基，又如利用废钢渣开发成了钢渣桩复合地基，利用城市建筑垃圾开发成了渣土桩复合地基等等。这些项目的开发利用，不仅能节约大量资源、降低建设费用，同时为改善环境、减少城市污染开辟了新的途径。

3. 托换技术在手段和工艺上有了显著进展。托换技术分加固和纠偏托换两类。前者常采用的有微型钢筋混凝土灌注桩、锚杆静压桩、一般灌注桩及旋喷等措施。后者是一种将已影响建筑物正常使用的不均匀沉降或倾斜纠正过来的特殊的地基处理手段。近十几年来由于掏土纠偏技术的应用发展，大量条形以及筏式基础的倾斜建筑物得到了纠正，而且使倾斜的桩基础建筑物得到了奇迹般的纠偏，在地基处理中特别是在已建工程中有着广阔的应用前景。

4. 大刚度柔性桩复合地基的出现，极大地拓宽了地基处理的应用领域。其主要途径是通过提高桩体材料的强度或刚度来实现提高复合地基的承载力。在这一领域，1990 年～1994 年先后有中国建科院、浙江建科院、浙江大学研究开发了碎石、水泥、粉煤灰以及水泥、赤泥、碎石和水泥、粉煤灰、生石灰、砂石桩等复合地基、使得工业废料得到综合利用，有效地降低了成本费用。

5. 近年来引人注目的发展还有大桩距的较短钢筋混凝土疏桩复合地基的开发与应用。它是一种介于传统概念上的桩基与复合地基之间的新型地基基础形式。采用桩基疏布，使得桩间土的承载作用得到充分发挥，使桩与土共同承受上部结构荷载，从而有效地将建筑物沉降控制在允许范围内。尽管疏桩基础设计理论有待完善，但它必将会推动这一新型基础形式的广泛应用。

6. 近年来令人关注的还有：我国武汉、成都等地研制开发了将人工挖孔桩设计成空心桩，这在国外是没有的。与实心桩相比，可节省混凝土 50%以上，仍可满足强度要求，同时能减少废土外运。施工便捷、工艺安全、结构合理，具有应用前景。

7. 我国近年有一项，称为"钻孔压浆成桩法"的发明专利。基本原理是用螺旋钻杆钻至预定深度后，从钻具内管底端以高压喷射出水泥浆，边喷边提钻杆，直至浆液达到无坍孔预定深度，再提钻具，投置钢筋笼、骨料。然后通过附着于钢筋笼的通水管，由孔底自下而上以高压补浆而成桩，该法适应于杂填土、淤泥、流砂、卵石等各种地基，具有较好、较广的实用价值，不受地下水位影响，不需泥浆护壁，具有推广价值和应用前景。

8. 深基坑工程及其支护体系得到迅猛发展。深基坑工程是近十几年来我国在城市建设迅猛发展中伴随着大量高层、超高层建筑、地铁、地下车库、地下商城等大型市政地下设施的兴建而发展起来的地基处理技术。据有关资料，我国大中城市仅十几年间 10 层以上的建筑物已逾 1 亿 m^2，其中高度超 100m 的已近 200 座。已跻身于世界百座超级巨厦之列的有上海金茂大厦（高 420m）、深圳地王大厦（高 325m）、广州中天大厦（高 322m），分别排名第三、第十和第十三。资料表明，我国已建和在建的高楼、超高楼其基坑深度已由 6m、8m 发展到 10m、20m 以上，自 20 世纪 80 年代以来已开发利用地下空间约 5000 万 m^3，大体相当于深基坑工程规模。深基坑的发展伴随着支护结构的发展，经过实践筛选，又形成了我国自己的支护体系。基坑深度在 6m 以内乃至 10m 以内的支护结构类型为水泥搅拌桩和土钉墙。6～10m 的基坑除采用前述方法外，常采用钻孔桩、沉管桩或钢筋混凝土预制桩等，并根据边界条件如防渗止水时，则辅以水泥土搅拌桩、化学灌浆或高压喷射注浆而成水帷幕，有时亦用钢板桩或 H 型钢桩。若基坑深度大于 10m，一般考虑采用地下连续墙或 SMW 工法连续墙等。

我国地基处理技术的发展主流成绩骄人，经验是通过吸收国外开发的先进技术及其原理和方法，从而开发研制了我国独有的技术工法，诸多方面拥有了与国外媲美的先进技术，达到国际领先水平。但同应看到由于受我国仪表工业、机械制造业水平限制，机械设备和处理能力与国外先进水平仍有相当差距。展望前景，地基处理技术必将迎来更加辉煌灿烂的明天，诸多领域有待岩石工程界开发创新，研究探索。在不久的将来，我国地基处理必将在设计理论、计算方法、施工工艺、质量检测、信息反馈、临界报警、应变措施、设备创新等一系列理论与技术有新的突破，向更高的目标迈进。

本章小结

软弱地基处理的目的是选择合理的地基处理方法，对不能满足直接使用要求的天然地基进行有针对性的处理，以解决不良地基所存在的承载力、变形、液化及渗流等问题，从而满足工程建设的要求。

本章主要学习换土垫层、强夯、振冲、排水固结和化学加固等地基处理方法，以多种地基处理技术针对软弱地基进行处理。

学习检测

一、填空题

1. 由于_____的物质组成、成因及存在环境（如水的影响等）不同，不同软弱地基的性质是完全不同的。根据工程地质特征，软弱地基系指主要由_____、_____、_____及其他高压缩性土层构成的地基。

2. 衡量地基好坏的一个主要标准就是看其_____和_____是否满足要求。地基处理就是利用_____、_____、_____、_____、_____和_____等方法对地基进行加固，用以改良地基土的特性。

3. 对于建筑_____、_____较大的框架结构，可采用_____、_____、筏基等加强基础整体刚度，减少不均匀沉降。

4. 在建筑范围内有地面荷载的_____、_____和_____的设计，应考虑由于地面荷载所产生的_____及其对上部结构的不利影响。当有条件时，宜利用堆载预压过的建筑场地。

5. 地面堆载应满足_____、_____、_____的要求，并应考虑对周边环境的影响。当堆载量超过地基承载力特征值时，应进行_____设计。

6. _____多用于中小型建筑工程的浜、塘、沟等的局部处理。适用于一般饱和、非饱和的软弱土和水下黄土地基处理。不宜用于_____地基，也不宜用于_____、_____和动力基础的软土地基处理。_____不宜用于有地下水流流速快、流量大的地基处理。

7. 用砂石料作垫层填料时，宜选用_____、质地坚硬的_____、_____、砾砂、圆砾、卵石或碎石等，填料中不得含有植物残体、垃圾等杂质，且含泥量不应超过_____%。

8. 根据试验结果，当矩形基础的垫层厚度为_____倍基底宽度，条形基础的垫层厚度为_____倍基底宽度时，能消除部分至大部分非自重湿陷性黄土地基的湿陷性。当垫层厚度为_____倍柱基基底宽度_____倍条基基底宽度时，可基本消除非自重湿陷性黄土地基的湿陷性。

9. 影响强夯法有效加固深度影响的因素很多，有_____、_____和_____，还有地基土性质、土层分布、地下水位以及其他有关设计参数等。

二、选择题

1. 换填垫层法的换填垫层的厚度不宜小于（　　　）m，也不宜大于（　　　）m。
    A. 0.3，1　　　　B. 0.5，3　　　　C. 0.75，1　　　　D. 1，3

2. 整片垫层底面的宽度可根据施工的要求适当加宽。垫层顶面每边超出基础底边不宜小于（　　　）mm。
    A. 100　　　　B. 300　　　　C. 500　　　　D. 1 000

3. 粉质黏土及灰土垫层分段施工时，不得在柱基、墙角及承重窗间墙下接缝。上下两层的缝距不得小于（　　　）mm。
    A. 100　　　　B. 300　　　　C. 500　　　　D. 1 000

4. 强夯加固深度最好不超过（　　　）m。
    A. 5　　　　B. 8　　　　C. 10　　　　D. 15

5. 强夯法处理范围应大于建筑物基础范围，每边超出基础外缘的宽度宜为基底下设计处理深度的 1/3 ~ 1/2，并不宜小于（　　　）m。
    A. 3　　　　B. 5　　　　C. 8　　　　D. 10

三、判断题

1. 当地基的自应力强度不足以支撑上部结构传来的荷载时，地基就会产生局部倾斜或整体滑移破坏，它不仅影响建筑物的正常使用，还将对建筑物的安全构成很大威胁，以至于造成灾难性的后果。　　　　　　　　（　　　）

2. 平板振动法一般适用于地下水位以上稍湿的黏性土、砂土、湿陷性黄土、杂填土及分层填土地基。　　　　　　　　（　　　）

3. 强夯法一般适用于碎石土、砂土、杂填土、黏性土、湿陷性黄土及人工填土，对淤泥质土经试验证明施工有效时方可使用。　　　　　　　　（　　　）

4. 砂桩挤密法和振动水冲法一般适用于杂填土和松散砂土，对软弱地基经试验证明加固有效时方可使用。　　　　　　　　（　　　）

5. 灰土、二灰或土桩挤密法一般适用于地下水位以上，深度为 5 ~ 10m 的湿陷性黄土和人工填土。　　　　　　　　（　　　）

6. 粉体喷射搅拌法和石灰桩挤密法一般都适用于各种软弱地基。　　（　　　）

7. 冻结法适用于各类土。　　　　　　　　（　　　）

8. 当地基压缩层主要由淤泥、淤泥质土、冲填土、杂填土或其他高压缩性土层构成时应按软弱地基进行设计。　　　　　　　　（　　　）

9. 对于淤泥和淤泥质土，宜利用其上覆较好土层作为持力层，当上覆土层较薄，应采取避免施工时对淤泥和淤泥质土扰动的措施。　　　　　　　　（　　　）

10. 换填垫层（包括加筋垫层），可用于软弱地基的浅层处理。　　（　　　）

11. 复合地基设计，应满足建筑物承载力和变形要求。　　　　（　　　）

12. 在满足使用和其他要求的前提下，软弱地基上的建筑体型应力求简单。（　　　）

13. 室内地坪和地下设施的标高，应根据预估沉降量予以提高。　　（　　　）

14. 素土垫层适用于中小型工程及大面积回填和湿陷性黄土的地基处理。（　　　）

15. 灰土垫层适用于中小型工程，尤其是适用于湿陷性黄土的地基处理。（　　　）

16. 浆液灌注胶结法主要是利用化学溶液或流质胶结剂，将其灌入土中后能将土粒胶结起

来的性能，提高地基承载力。　　　　　　　　　　　　　　　　（　　　）

四、名词解释

1. 换填法
2. 强夯法
3. 振冲法
4. 排水固结法
5. 化学加固法

五、问答题

1. 软弱地基的处理目的是什么？
2. 软弱地基土的处理方法有哪些？
3. 简述换土垫层法的作用和适用范围。
4. 简述化学加固法的分类及适用范围。

参 考 文 献

［1］中华人民共和国国家标准. GB 50007—2011 建筑地基基础设计规范[S]. 北京：中国建筑工业出版社，2012.

［2］中华人民共和国行业标准. JGJ 94—2008 建筑桩基技术规范[S]. 北京：中国建筑工业出版社，2008.

［3］孙维东. 土力学与地基基础[M]. 北京：机械工业出版社，2004.

［4］陈书申. 土力学与地基基础[M]. 武汉：武汉理工大学出版社，2006.

［5］陈国兴. 基础工程学[M]. 北京：中国水利水电出版社，2009.

［6］王成华. 基础工程学[M]. 天津：天津大学出版社，2002.

［7］张力霆. 土力学与地基基础[M]. 北京：高等教育出版社，2002.

［8］王文睿. 土力学与地基基础[M]. 北京：中国建筑工业出版社，2012.

［9］何世玲. 土力学与地基基础[M]. 北京：化学工业出版社，2006.

［10］张茹，吴继锋，刘永户. 地基与基础. [M]. 北京：北京理工大学出版社，2014.